"十四五"时期国家重点出版物出版专项规划项目

"中国山水林田湖草生态产品监测评估及绿色核算"系列丛书

王　兵▓主编

天然林保护修复
生态监测区划和布局研究

王　兵　甘先华　牛　香　许庭毓
宋露露　陶玉柱　郭乐东　宋庆丰　　▓著

www.cfern.org

中国林业出版社
China Forestry Publishing House

图书在版编目(CIP)数据

天然林保护修复生态监测区划和布局研究 / 王兵等著. -- 北京:中国林业出版社,
2022.2
("中国山水林田湖草生态产品监测评估及绿色核算"系列丛书)
ISBN 978-7-5219-1130-5

Ⅰ.①天… Ⅱ.①王… Ⅲ.①天然林－森林保护－生态系统－环境监测－农业区划－
研究－中国②天然林－森林保护－生态系统－环境监测－农业布局－研究－中国Ⅳ.
①S718.54

中国版本图书馆CIP数据核字(2021)第070754号

审图号:GS〔2021〕1565号

策划、责任编辑: 于界芬 于晓文

出版发行	中国林业出版社有限公司 (100009 北京西城区德内大街刘海胡同 7 号)	
网 址	http://www.forestry.gov.cn/lycb.html	
电 话	(010) 83143542	
印 刷	河北京平诚乾印刷有限公司	
版 次	2022 年 2 月第 1 版	
印 次	2022 年 2 月第 1 次印刷	
开 本	889mm×1194mm 1/16	
印 张	14.25	
字 数	343 千字	
定 价	128.00 元	

《天然林保护修复生态监测区划和布局研究》著者名单

项目完成单位：

中国林业科学研究院森林生态环境与自然保护研究所

中国森林生态系统定位观测研究网络（CFERN）

国家林业和草原局典型林业生态工程效益监测评估国家创新联盟

广东省林业科学研究院

国家林业和草原局生态建设工程管理中心

项目首席科学家：

王　兵　中国林业科学研究院森林生态环境与自然保护研究所

项目组成员：

王　兵　甘先华　牛　香　许庭毓　宋露露　陶玉柱　郭乐东
宋庆丰　李大锋　岳　圆　刘　润　王　慧　郭　珂　王　南
段玲玲　李慧杰　白浩楠　袁卿语　林野墨　刘　艳　刘萍萍
杜佳洁　王　强　王以惠

编写组成员：

王　兵　甘先华　牛　香　许庭毓　宋露露　陶玉柱　郭乐东
宋庆丰

特别提示

1. 本研究针对全国天然林资源进行生态功能监测区划及网络布局。2015 年 5 月，中共中央、国务院印发的《关于加快推进生态文明建设的意见》明确提出："将天然林资源保护范围扩大到全国。"同年 9 月，中共中央、国务院印发的《生态文明体制改革总体方案》再次强调："建立天然林保护制度。将所有天然林纳入保护范围。"2016 年，国务院印发了《国民经济和社会发展第十三个五年规划纲要》，"十三五"期间"全面停止天然林商业性采伐。"这意味着天然林资源保护由传统意义上的天然林资源保护工程（简称天保工程）实施区逐渐扩大到全国范围内的天然林。因此，本研究除了对全国范围内明确实施天然林保护工程的工程区进行生态功能监测区划及网络布局外，还对全国范围内天然林资源进行区划和布局。

2. 本研究依据《天然林保护修复方案》及天然林资源保护工程（简称天保工程）的实施时间和实施类别进行区划，并将全国天然林资源划分为 1998—1999 年试点工程区、天保工程一期工程区、天保工程二期工程区、天然林保护扩大范围（纳入国家政策）、天然林保护扩大范围（未纳入国家政策）和非天保工程区 6 种类型。需要说明的是，天保工程二期包括天保工程一期的所有实施范围，天保工程一期的实施范围涵盖所有试点工程区范围，在未标注包含关系时，本区划的天保工程一期监测范围是指在试点工程区监测范围外新增的一期工程监测区，天保工程二期监测范围是指在一期工程监测区基础上新增的二期工程监测范围，以此类推。

序

2019年7月，中共中央办公厅、国务院办公厅印发了《天然林保护修复制度方案》(以下简称《方案》)，并发出通知，要求各地区各部门结合实际认真贯彻落实。《方案》中明确提出："完善天然林保护修复效益监测评估制度。制定天然林保护修复效益监测评估技术规程，逐步完善骨干监测站建设，指导基础监测站提升监测能力。定期发布全国和地方天然林保护修复效益监测报告。建立全国天然林数据库。"生态功能监测工作已经成为天然林保护修复的重要基础工作。

我曾长期从事大兴安岭、川西、滇北、天山、阿尔泰山等天然林区的综合考察研究，对祖国的天然林有着深厚的感情。无论是大兴安岭的樟子松、白桦林还是天山的雪岭云杉林，都是美丽的风景，更是功能强大的生态系统，是涵养水源的"绿色水库"，保育生物多样性的"基因库"，净化大气的"氧吧库"和封存大气中二氧化碳的"碳库"。新中国成立初期天然林区为国家提供了大量木材的同时，也造成天然林资源的锐减。另外，毁林开荒、乱砍滥伐等不合理的开发利用导致我国天然林资源被严重破坏，生态系统结构和功能退化，由此引发的自然灾害不断加剧，造成生态和环境的不断恶化。为从根本上扭转我国天然林资源危机和生态环境恶化的局面，1998年起国家实施了举世瞩目的天然林资源保护工程，开展工程试点，2000年实施第一期天保工程，2010年实施二期工程，2014年天保工程实施范围扩大到国有林区，2016年全面停止天然林商业性采伐。2017年10月，"完善天然林保护制度"被写进党的十九大报告。天然林资源保护受到前所未有的重视，成为生态文明建设的重要内容。

随着天保工程的持续实施，天然林资源数量明显增加，森林质量显著提高，更为重要的是天然林的生态功能得到了提升，在构建长江上游和黄河上中游、东北和华北地区生态屏障，保障国家大江大河安澜、增加森林碳汇、保育生物多样性等方面发挥了重要作用。但目前对天保工程的生态功能还多是定性评价和零散的定量评价，还没有实现对全国天保工程生态功能和服务进行科学、系统、全面的监测和精准评估。天然林分布广泛、类型多样、结构复杂、功能强大，要对全国天保工程生态功能进行精准监测和科学评估的难度非常大。中国林业科学研究院王兵研究员所提出和设计的森林生态连清技术体系在全国、省域、保护区等多个尺度得到广泛应用，并且成功地应用于我国退耕还林工程及内蒙古、东北重点国有林区天保工程的生态功能监测与评估。因此，基于森林生态连清技术体系，通过建立天保工程生态效益监测站，形成布局合理、建设标准、监测规范、协调高效的天保工程生态效益监测网络是开展生态功能监测最科学有效的手段。

合理布局是有效开展天然林保护修复生态功能监测的基础，科学区划是合理布局的关键。科学区划、合理布局是应用森林生态连清技术体系进行天然林保护修复生态功能监测与评估的重要前提。王兵研究员团队所著的《天然林保护修复生态监测区划和布局研究》以服务天保为宗，以科学量化为旨，基于对相关规划系统分析的基础上，根据影响天保工程生态功能有关驱动力的内在联系和结构，构建了合理的指标体系，利用地统计学、叠置分析等空间分层异质性抽样技术，对全国天然林保护修复进行了科学区划。在科学分区的基础上，计算站点密度、依据分区结果和重点生态功能区优先、生物多样性保护优先区域优先等布局原则，充分整合了全国各部门的天然林生态监测研究资源，科学规划了天然林保护修复生态功能监测网络布局以及生物多样性大样地观测计划、时空格局演变大样带观测计划、CO_2/水／热通量观测计划、植被物候观测计划，既满足了对天然林保护修复生态功能监测评估的需要，又满足了开展天然林群落动态与生物多样性、天然林大尺度空间格局生态过程、天然林生态系统碳水通量及天然林植被物候等专题监测研究的需求。

该书的出版满足了天然林保护修复生态功能监测评估的迫切需求，有望开创天然林保护修复生态功能监测新局面，使精准量化天然保护修复生态功能相关研究达到新的历史高度，实现从定性评估转为可以用数字说话的定量评估，从零散的、片面的、局部的评估转为全面的、系统的、标准化的评估，从短期的、分散的、不成体系的临时性阶段性调查评估转为全要素全指标的长期连续定位规范的监测和评估。希望本书能够充分发挥作用，为天然林保护修复和林业建设作出应有的贡献。

是为序。

中国科学院院士
2019 年 6 月

前　言

生态兴则文明兴，生态衰则文明衰。

《国语·周语》记载，周灵王二十二年，灵王之子晋劝阻其父雍塞谷水，太子晋认为，不毁高山，不填沼泽，不堵江河，不决湖泊，百姓方有万物可资。

新中国成立以后，历代党和国家领导人对林业建设都极为关注。天然林是森林资源的主体和精华，是自然界中群落最稳定、生物多样性最丰富的陆地生态系统。1998年发生特大洪水灾害后，党中央、国务院在长江上游、黄河上中游地区及东北、内蒙古等重点国有林区启动实施天然林资源保护工程这项重大战略决策，标志着我国林业从以木材生产为主向以生态建设为主转变。2011年5月20日，国务院召开全国天然林资源保护工程工作会议，国家天保工程二期正式实施，进一步确立了天保工程在生态建设中标志性大工程的重要地位，明确了林业加快转型发展的根本方向。

党的十八大首次将生态文明建设作为"五位一体"总体布局的一个重要部分，党的十八届三中、四中全会先后提出"建立系统完整的生态文明制度体系""用严格的法律制度保护生态环境"，将生态文明建设提升到制度层面；十八届五中全会提出"创新、协调、绿色、开放、共享"的新发展理念，生态文明建设的重要性愈加凸显，同时也给天保工程二期赋予了新的内涵和使命。2015年5月，中共中央、国务院印发的《关于加快推进生态文明建设的意见》，明确提出："加强森林保护，将天然林资源保护范围扩大到全国。"同年9月，中共中央、国务院印发了《生态文明体制改革总体方案》，再次提出："建立天然林保护制度，将所有天然林纳入保护范围。"2016年国务院印发了《国民经济和社会发展第十三个五年规划纲要》，提出"十三五"期间"全面停止天然林商业性采伐。"

党的十八大将"中国共产党领导人民建设社会主义生态文明"写入党章，高度重视生态文明建设和美丽中国建设，非常明确地把"完善天然林保护制度"作为加快生态文明体制改革、建设美丽中国的重点任务，体现了党中央对天然林资源保护事业的高度重视和期待，也是中国积极参与、引领应对全球气候变化的担当与自信。直至十三届全国人大一次会议表决通过了《中华人民共和国宪法修正案》，"生态文明"写入宪法，实现了党的主张、国家意志、人民意愿的高度统一。

走基于东方智慧的生态文明之路，是以习近平同志为核心的党中央带领中国人民为克服生态危机而进行的新的伟大实践。正因为如此，党的十八大关于生态文明建设的命题一经提出，立刻受到国际瞩目。2013 年 2 月，联合国环境规划署第 27 次理事会将来自中国的生态文明理念正式写入决议案。2016 年 5 月，联合国环境规划署发布《绿水青山就是金山银山：中国生态文明战略与行动》报告。中国的生态文明建设，被认为是对可持续发展理念的有益探索和具体实践，为其他国家应对类似的经济、环境和社会挑战提供了经验借鉴。

回首来时路，从党的十七大到十九大，这一将生态文明纳入政府执政理念的发展过程，也是天保工程建设实施推进的全过程。作为中国生态保卫战的领军工程，天保工程已成为生态文明建设的一面旗帜，是中国生态建设的一座丰碑。

根据习近平总书记"争取把所有天然林都保护起来"的指示，中国天然林资源保护工作成就斐然，举世瞩目。《东北、内蒙古重点国有林区天保工程生态效益监测国家报告》评估结果显示：以 2015 年为评估基准年，天保工程实施期间，东北、内蒙古重点国有林区生态效益价值量增加了 6366.45 亿元。全国森林资源清查结果显示，天保工程区的天然林面积、蓄积量增速明显高于全国平均水平。据天保工程 50 个样本县的监测数据，2015 年年底样本县水土流失面积比 2011 年减少了 191.2 万公顷。

不仅如此，从世界格局和全球气候变化的角度来看，实施天然林资源保护，对树立中国负责任的大国形象发挥着重要作用；从坚持创新和维护我国生态安全的战略高度来看，天保工程构筑了生态脆弱地区的生态屏障，保护了中国最精华的原始林，承担着构建完善的生态体系、践行"两山论"的重要任务。此外，天保工程区牢牢把握保护森林资源和解决民生问题两大主题，甩掉了"资源危机、经济危困"，走出了一条有中国特色的保护天然林资源的新路子，抓好天然林资源保护，是进一步提升林区产业发展水平、助力扶贫攻坚的重要平台。但同时，我国天然林数量少、质量差、生态系统脆弱、保护制度不健全、管护水平低等问题仍然存在。对全国天然林保护修复生态功能进行科学、系统、全面的科学监测和精准评估显得尤为重要。

　　为贯彻落实党中央、国务院关于完善天然林保护制度的重大决策部署，用最严格制度、最严密法治保护修复天然林，2019 年 7 月，中共中央办公厅、国务院办公厅印发了《天然林保护修复制度方案》，方案中明确提出："完善天然林保护修复效益监测评估制度，制定天然林保护修复效益监测评估技术规程，逐步完善骨干监测站建设，指导基础监测站提升监测能力。定期发布全国和地方天然林保护修复效益监测报告。建立全国天然林数据库。"通过信息技术和生态监测站等现代化的科技手段，获取天然林保护修复过程中准确、及时、科学的数据，客观评价工作成效和全面提升工程质量，是天然林保护修复工作当前必须要解决的问题。

　　森林空间异质性、森林生态系统结构复杂性与功能多样性，决定了森林尤其是天然林生态效益的核算与评估十分困难。森林生态连清体系有效地解决了当今评估中的关键技术瓶颈，成为能够精准开展森林生态系统服务功能评估的先进方法学，森林生态连清技术是经过理论与实践检验的，目前最适合天然林资源保护工程生态功能核算的方法学体系。要将森林生态连清技术应用于天然林保护修复生态功能核算需要海量的森林生态系统长期野外观测数据，而基于中国森林生态系统定位观测研究网络的长期观测数据是应用森林生态连清技术进行森林生态功能核算的一个关键数据源基础。为了进一步夯实天然林保护修复生态效益评估的数据源基础，国家林业和草原局启动了"天然林保护修复生态监测区划与网络布局"研究项目。

　　项目组遵循工程导向和天然林特色、统一规划和科学区划、标准规范和开放共享的原则，突出生态监测网络长期连续性、空间固定性、观测指标和方法一致性的特点。基于中国森林植被、气候、土壤等指标，与天然林相关规划系统综合分析，根据影响天然林保护修复生态功能有关驱动力的内在联系和结构，构建了包含森林植被、环境、气候等自然要素和工程政策管理要素在内的指标体系，建立了天然林保护修复生态功能监测研究的空间数据库，通过地理信息系统软件 ArcGIS，利用地统计学、叠置分析等空间分层异质性典型抽样技术，进行生态功能监测分区。在监测分区的基础上，依据分区结果和重点生态功能区、生物多样性保护优先区域、国有重点林区优先的相关原则，计算站点密度，科学布局天然林保护修复生态功能监测网络，以满足大尺度空间格局、碳／水／热通量和天然林生物多样性及植被物候等专项监测需要。

基于天然林保护修复生态功能监测区划的 82 个分区统筹布局，将现有森林生态系统野外科学观测研究站（以下简称"兼容型监测站"）和新建天然林保护修复生态效益监测站（以下简称"专业型监测站"）有机结合，若监测分区有已建兼容型监测站，则直接纳入监测网络布局，不再重新建设专业型监测站，反之，则根据需要重新布设专业型监测站。以此为依据，全国天然林保护修复生态功能监测需要布设监测站 84 个，其中兼容型监测站 64 个、专业型监测站 20 个。依照区位重要程度、森林生态系统典型性、生态站科研实力等因素，将兼容型监测站和专业型监测站划分为一级站和二级站。兼容型监测站占 77%，其中包括 24 个一级站和 40 个二级站；专业型监测站占 23%，其中包括 12 个一级站和 8 个二级站。合计一级站布设 36 个，二级站布设 48 个。

科学规划、合理布局的天然林保护修复保生态功能监测网络是研究天然林资源特征、监测天然林生态系统动态变化，评估天然林保护修复生态功能，核查林业"三增长"目标的技术支撑平台。

本项研究是在国家林业和草原局生态建设工程管理中心的直接领导下开展的，完成过程中也得到了国家林业和草原局有关司局的大力支持。在此，向所有对本项工作给予帮助和支持的人员表示深深的感谢！

著　者

2021 年 10 月

目 录

序

前 言

第一章 绪 论

一、天然林资源保护发展历史沿革 …………………………………… 2

二、中国典型生态地理区划对比分析 ……………………………… 6

三、天然林保护修复生态功能监测区划目的与意义 ……………… 11

第二章 天然林保护修复生态功能监测区划

一、区划原则 ……………………………………………………… 15

二、区划方法 ……………………………………………………… 16

三、区划结果 ……………………………………………………… 50

第三章 天然林保护修复生态功能监测网络布局

一、布局思路 ……………………………………………………… 85

二、布局原则 ……………………………………………………… 95

三、布局方法 ……………………………………………………… 96

四、布局结果 ……………………………………………………… 98

五、布局分析 ……………………………………………………… 111

第四章 天然林保护修复专项生态观测计划

一、天然林保护修复生物多样性大样地观测计划 ……………… 125

二、天然林保护修复时空格局演变大样带观测计划 …………… 128

三、天然林保护修复 CO_2/ 水 / 热通量观测（全口径碳汇观测）计划 …… 135

四、天然林保护修复植被物候观测计划 ………………………… 138

第五章 天然林保护修复生态功能监测评估实践

一、天然林保护修复生态连清体系 ……………………………… 146

二、天然林保护修复生态连清监测评估标准体系 ……………… 147

三、监测评估指标体系 …………………………………………… 147

四、东北、内蒙古重点国有林区天然林保护修复生态功能监测评估实践 … 149

五、黄河流域中上游天然林保护修复生态功能监测评估实践 ……………… 156

六、长江流域上游天然林保护修复生态功能监测评估实践 ……………… 161

参考文献 …………………………………………………………………… 167

附　表

表 1　天然林保护修复生态功能监测区基础信息 ………………………… 171

表 2　天然林保护修复生态功能监测网络布局 …………………………… 183

附　件

生态系统服务价值的实现路径 …………………………………………… 200

中国森林生态系统服务评估及其价值化实现路径设计 ………………… 202

第一章

绪 论

天然林是生物多样性最富集、结构最复杂、生态功能最强大的生态系统，是改善陆地生态环境的主体，在延缓温室效应、提高大气环境质量方面发挥着不可替代的作用。保护生态首先要保护森林，保护森林的根本是保护天然林，保护天然林就是把从祖宗继承来的森林资源，留传给子孙后代，给他们留下天蓝、地绿、水净的美好家园。

新时代天然林资源保护事业任重道远，既需要进一步完善天然林资源保护制度，也需要加快林区经济社会发展转型，更需要精准提升天然林资源质量，增强生态系统稳定性，切实提升生态系统服务功能。科学高效地开展天然林保护修复生态功能监测是推进天然林保护修复工作进一步完善和发展的重要基石。天保工程二期至 2020 年实施完成，国家为工程建设已投入 4000 多亿元，天保工程实施的成效受到了广泛关注。要切实回答天保工程的成效，则需要高质高效地开展生态效益监测，做到用数据说话，形成有数据、有观点、有说服力的报告，其科学性、客观性、精准性才能够经受住检验，获得认可。

从森林生态学研究的实践看，建立森林生态系统定位观测研究站，形成布局合理、建设标准、监测规范、协调高效的监测网络是开展生态功能监测最有效的手段。森林生态系统定位观测研究始于 1939 美国 Laguillo 实验站，该站点主要对美国南方热带雨林森林生态系统结构和功能的状况和变化展开研究。随后，更多国家相继开展定位观测研究工作，由单个台站的观测研究逐渐发展为观测网络的研究。

美国、英国、加拿大、波兰、巴西、中国等国家以及 UNDP、UNEP、UNESCO、FAO 等国际组织都独立或合作建立了国家、区域或全球性的长期监测、研究网络，形成了庞大的国际森林生态监测网络。在国家尺度上的主要有美国的长期生态学研究网络（US-LTER）、美国国家生态观测网络（NEON）、英国环境变化研究网络（ECN）、加拿大生态监测与分析网络（EMAN）等；在区域尺度上主要有亚洲通量观测网络（AsiaFlux）等；在全球尺度上主要有全球陆地观测系统(GTOS)、全球气候观测系统(GCOS)、全球海洋观测系统(GOOS)和国际长期生态学研究网络（ILTER）等。观测研究对象几乎囊括了地球表面的所有生态系统类型，涵盖了包括极地在内的不同区域和气候带。根据其研究对象差异，生态系统研究网络可分为综合生态系统研究网络和专项生态系统研究网络，其中综合生态系统研究网络主要针对网络范围内生态系统和环境变化进行研究，例如全球尺度的国际长期生态系统研究网络（ILTERN）（段经华，2017）。目前已有 40 多个国家网络加入 ILTERN，如美国国家生态系统研究网络（NEON）、澳大利亚陆地生态系统研究网络（TERN）、法国区域长期生态学研究网络（ZA-LTER）、英国环境变化网络（ECN）、加拿大生态监测和评估网络（EMAN）等。

我国森林生态站建设始于 20 世纪 50 年代末，国家结合自然条件和林业建设的实际需要，在西南林区、东北林区、海南热带雨林等典型生态区域开展了专项半定位观测研究，并逐步建立了森林生态站，标志着我国生态系统定位观测研究的开始。1978 年，林业部首次组织编制了《全国森林生态站发展规划草案》。随后，在林业生态工程区、荒漠化地区等典型区域陆续补充建立了多个生态站。1998 年起，国家林业局（现国家林业和草原局）逐步加快了生态站网建设进程，新建了一批生态站，形成了初具规模的生态站网站点布局。2003 年 3 月，召开了"全国森林生态系统定位研究网络工作会议"，正式研究成立中国森林生态系统定位研究网络（CFERN），明确了生态站网络在林业科技创新体系中的重要地位（汪兆洋等，2012），标志着生态站网络建设进入了加速发展、全面推进的关键时期。目前，我国森林生态站网络（CFERN）发展迅速，已基本形成横跨 30 个纬度的全国性观测研究网络，以及由北向南以热量驱动和由东向西以水分驱动的生态梯度十字网，是目前全球范围内单一生态类型、生态站数量最多的国家生态观测网络，一些生态站还被 GTOS 收录，并且与 ILTER、ECN、AsiaFlux 等建立了合作交流关系（郑世伟，2014）。但该网络的建设目的是对全国的森林生态系统进行长期定位观测研究，虽然与天然林保护修复生态监测有重合，但并不是一个具有明确指向性的天然林保护修复生态效益监测站网。

2019 年 7 月，中共中央办公厅、国务院办公厅印发的《天然林保护修复制度方案》，明确提出："完善天然林保护修复效益监测评估制度。制定天然林保护修复效益监测评估技术规程，逐步完善骨干监测站建设，指导基础监测站提升监测能力。定期发布全国和地方天然林保护修复效益监测报告。建立全国天然林数据库。"更加有效地开展天然林保护修复生态功能监测，规划和建设具有明确指向性的天然林保护修复专项生态功能监测网络是当前工作的迫切需求。

一、天然林资源保护发展历史沿革

（一）生态与文明发展

《国语·晋语》记载，山有朽壤而崩。将若何？夫国主山川，故川涸山崩。

生态环境是人类生存和发展的根基，生态环境的变化直接影响文明的兴衰演替。在人类社会的早期，人口的分布及文明的形成主要受自然生态环境的影响。古代农耕的自然村落一般都分布于河流的两岸，河流成为古代文明的摇篮。古代埃及、古代巴比伦、古代印度、古代中国四大文明古国均发源于森林茂密、水量丰沛、田野肥沃的地区，形成所谓的"大河文明"。

古中华文明是从未间断、延续至今的伟大文明，这与它所依存的自然生态环境有着极为密切的关系。虽然黄河流域的森林被破坏也导致了气候的变迁，但是华夏地大物博，具有丰富的生物多样性，这使得中华文明体系对自然环境的变化具有较强的反馈机制。

表 1-1　《西山经》中植物地理分布

原书地理位置	现在地理位置及对应天保工程区	所载植物
西山首经	秦岭 （1998—1999年试点工程）	松树、枸杞树、棕树、楠木、檀树、箭竹、构树、柞树、桂树
西次二经	祁连山脉 （天保工程一期）	檀木、构树、棕树、楮树、楠木、樟树
西次三经	天山山脉 （1998—1999年试点工程）	棕树、楠木
西次四经	六盘山 （天保工程一期）	构树、柞树、桑树、榛树、漆树、松树、柏树、檀木、栎树

（二）森林与中华文明

虽然古老的中华文明得以延续，但是森林的破坏、过度放牧等行为导致的历史悲剧在我国古代一些地区也有过惨痛教训。

黄河中游地区是华夏文明的发源地。黄帝时期，农业开始产生，进而成为人类文明的重要标志。随后，大量的森林被开垦为农田。其主要方式是放火毁林，所谓"舜使益掌火，益烈山泽而焚之，禽兽逃匿"。随着人口的增长，人们不得不开垦更多的耕地以满足对粮食的需求。管子曾论述黄帝、虞舜和夏禹的毁林情况："黄帝之王，谨逃其爪牙，有虞之王，枯泽童山，夏后之王，烧增薮，焚沛泽，不益民之利。"

根据史料推测，毁林较为严重的时期，是自黄帝至夏代的数百年间。其毁林地区遍及当时所有农区，较严重的是今天的陕西、山西、河北、河南、安徽等地（张钧成，1980）。在帝尧时期，我国黄河流域发生了较大的洪灾。《尚书·尧典》记载，当时"汤汤洪水方割，荡荡怀山襄陵，浩浩滔天"。这次洪水造成极其严重的灾难，引发了大禹治水（张钧成，1982）。从此，随着这一地区森林草原植被遭受破坏的程度日益加深，黄河流域的水土流失日益严重，洪水灾害不断加剧。

据史念海先生考证，我国周代时期的森林覆盖率高达53%以上（史念海等，1985），经历代破坏，到隋唐以后，从五代开始，全国森林覆盖率降低到33%以下，此时黄河中游地区的森林覆盖率可能降至20%以下，黄河水患的周期已缩短到不足1年（樊宝敏，2003）。

随着环境的变迁，中华文明的中心从古代的黄河流域逐渐南移。

五代十国时期，全国经济文化的重心从黄河流域转移到长江流域，以淮河、秦岭为界，南方人口开始超过北方（王育民，1995）。宋代在南方开垦大量农田，并兴修水利工程，农业生产有较大发展。宋徽宗大观年间，全国人口已突破1亿，为中国人口增长的一个高峰期（王育民，1995）。南宋初年（1126～1145年），出现了继西晋"永嘉之乱"后第2次北人南迁的高潮。尤其是清代，人口的高速增长加大了森林的破坏，在华中地区出现大批的"棚民"，进驻山林，垦种山坡。明清两代，广筑宫殿和园林，也消耗了很多木材。由于中原地区已基本上无林可采，长江流域便成为森林破坏的重点地区。

据考证，长江流域森林覆盖率到2世纪末接近70%，到14世纪中天然森林覆盖率不足40%（周宏伟，1999）。进入20世纪，人们对长江流域尤其是长江源头的森林资源进行掠夺式采伐，造成森林覆盖率锐减，水土流失剧增。1957年，长江流域森林覆盖率下降至22%，水土流失面积达到36.38万平方千米，占流域总面积的20.2%。到1986年，森林覆盖率锐减至10%，水土流失面积猛增到73.94万平方千米，增加了1倍。就水土流失的总量而言，长江早已超过了黄河（夏汉平，1999）。自夏代建立以后的4000多年间，中国森林覆盖率大约由60%缩减为10%左右。前2000年，森林破坏的主要地区在黄河流域；后2000年，森林破坏则是遍布全国所有林区，尤以南方为主（樊宝敏，2003）。

"人与天调，而后天地之美生"。文明的兴衰待续与自然生态环境的关系密不可分。天然林作为结构最复杂、生物量最大、群落最稳定、生物多样性最丰富、生态功能最强大的陆地生态系统，对于维护生态安全、国土安全、淡水安全、物种安全等方面具有不可替代的作用。

（三）天保工程的提出与发展

1998年，长江、松花江、嫩江流域洪水肆虐。洪水刚退，党中央、国务院作出了停止采伐长江上游、黄河上中游地区天然林的决策，根据《中共中央、国务院关于灾后重建、整治江湖、兴修水利的若干意见》（中发〔1998〕15号）中关于"全面停止长江黄河流域上中游的天然林采伐，森工企业转向营林管护"的要求，原国家林业局编制了《长江上游、黄河上中游地区天然林资源保护工程实施方案》和《东北、内蒙古等重点国有林区天然林资源保护工程实施方案》，并在云南、四川、重庆、贵州、陕西、甘肃、青海、新疆、内蒙古、吉林、黑龙江和海南等12个省份开始了天然林资源保护工程试点（图1-1）。

试点两年后，2000年年底，国务院批准天然林资源保护工程实施方案，天保工程全面启动，规划期为2000—2010年，总投资962亿元。其中，中央投资784亿元，建设任务包括两部分：在长江上游和黄河上中游地区，年减少商品木材产量1239万立方米，使9.17亿亩森林得到切实保护，新增森林面积1.3亿亩，使工程区森林覆盖率由17.52%提高到21.24%；在东北、内蒙古等重点国有林区，年调减木材产量751.5万立方米，使4.95亿亩森林得到有效管护。

据统计，天保工程一期累计减少木材砍伐 2.2 亿立方米，森林面积净增 1.5 亿亩，森林蓄积量净增 7.25 亿立方米，工程区森林覆盖率增加了 3.7 个百分点，天保工程一期实施情况达到预期效果。

2010 年 12 月 29 日，国务院第 138 次常务会议决定，2011—2020 年，实施天然林资源保护二期工程，总投资 2440.2 亿元。其中，中央投资 2195.2 亿元。主要目标：到 2020 年，新增森林面积 7800 万亩、森林蓄积量 11 亿立方米、碳汇 4.16 亿吨；工程区水土流失明显减少，生物多样性明显增加，同时为林区提供就业岗位 64.85 万个，基本解决转岗就业问题，实现林区社会和谐稳定。为保护南水北调重要水源地，工程实施范围在天保一期基础上，增加了丹江口库区的 11 个县（市、区）。

2014 年 4 月 1 日起，在长江上游、黄河上中游地区继续执行停伐的基础上，龙江森工集团和大兴安岭林业集团全面停止了木材商业性采伐。2015 年 4 月 1 日起，内蒙古、吉林、长白山森工集团全面停止了木材商业性采伐。与此同时，河北省也纳入了停伐范围试点。限伐、停伐措施让天然林资源持续增加。

2015 年 5 月，党中央、国务院印发《关于加快推进生态文明建设的意见》，明确提出："加强森林保护，将天然林资源保护范围扩大到全国。"同年 9 月，中共中央、国务院印发《生态文明体制改革总体方案》，又一次明确提出："建立天然林保护制度。将所有天然林纳入保护范围。"2016 年，国务院印发的《国民经济和社会发展第十三个五年规划纲要》提出："十三五"期间"全面停止天然林商业性采伐"。

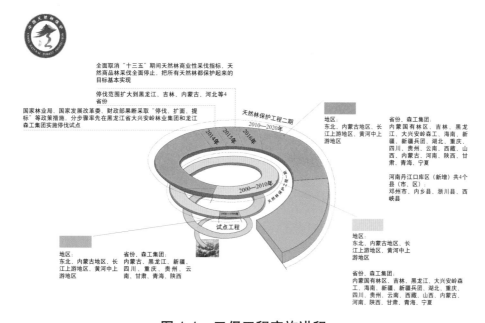

图 1-1 天保工程实施进程

为加快完善天然林保护修复制度体系，确保天然林面积逐步增加、质量持续提高、功能稳步提升，2019 年 7 月，中共中央办公厅、国务院办公厅印发了《天然林保护修复制度方案》，方案中明确提出："到 2020 年，1.3 亿公顷天然乔木林和 0.68 亿公顷天然灌木林地、未成林封育地、疏林地得到有效管护，基本建立天然林保护修复法律制度体系、政策保障体系、技术标准体系和监督评价体系。到 2035 年，天然林面积保有量稳定在 2 亿公顷左右，质量实现根本好转，天然林生态系统得到有效恢复、生物多样性得到科学保护、生态承载力显著提高，为美丽中国目标基本实现提供有力支撑。到本世纪中叶，全面建成以天然林为主体的健康稳定、布局合理、功能完备的森林生态系统，满足人民群众对优质生态产品、优美生态环境和丰富林产品的需求，为建设社会主义现代化强国打下坚实生态基础。"

天然林资源保护工程作为我国重大生态保护和修复工程，不仅是林业重点生态工程，同时也是中国生态建设和国土生态安全的保障工程。实施天然林资源保护工程不仅是为生态脆弱地区构筑生态屏障的有利措施，也是保护我国最精华的原始林的科学方式，是维护国家生态安全、建设美丽乡村、落实乡村振兴战略、践行"两山论"的有效手段，繁荣生态文化、构建社会主义生态文明的重要途径，更是应对全球气候变化，树立中国负责任大国形象的关键举措。

二、中国典型生态地理区划对比分析

生态地理区划是自然地域系统研究引入生态系统理论后在新形势下的继承和发展，是在对生态系统客观认识和充分研究的基础上，应用生态学原理和方法，依据自然生态区域的相似性和差异性规律，以及人类活动对生态系统干扰的规律，从而对生态环境的区域单元进行整合和分区（李德新等，2001；王洁等，2012；孟庆顺等，2010）。生态地理区划充分体现了一个区域的空间分异性规律，能提高我们对单个区域内生物和非生物过程相关的地理和生态现象的理解（Ribeiro，2016），在越来越多领域如流域监测评价体系中开始应用（Shi et al.，2017），是选择典型地区布设生态站的基础。

天保工程区的环境多样性极其丰富，主要反映在气候、地形和植被的多样性上，如何选择具有代表性的区域设置森林生态站，进行长期连续定位观测，是进行天然林保护修复生态功能监测网络建设的基础。生态地理区域的划分主要根据生态地理的地域分异规律进行，根据生态地理特征的相似性和差异性，以生态环境特点为基础，将大面积的区域根据温度、水分、植被、地形等情况的不同划分为相对均质的区域，按照从属关系得出一定的区域等级系统。每个生态区都有自己独特的生态系统特点和特征，形成不同于相邻区域生态系统的生态区（McEwen，1987）。生态地理区划为地表自然过程与全球变化的基础研究以及环境、资源与发展的协调提供了宏观的区域框架（郑度，2008）。以生态地理区划为依据完成生态站网络布局，是在大尺度范围内进行长期生态学研究，完成点到面转换的较好的方式（郭慧，2014）。

（一）中国典型生态地理区划

生态地理区划是宏观生态系统地理地带性的客观表现，通常是在掌握了比较丰富的生

态地理现象和事实，大致了解了区域生态地理过程、全面地认识了地表自然界的地域分异规律、在恰当的原则和方法论的基础上完成。因此，国家或地区生态地理区划研究发展情况，是该国家或地区对自然环境及其地域分异的认识深度和研究水平的体现。生态地理区域系统的建立和研究，对于不断促进、完善有关生态地理过程和类型的综合研究，进一步促进气候、地貌、生态过程、全球环境变化、水热平衡、化学地理、生物地理群落、土壤侵蚀和坡地利用等研究的发展和完善具有重要意义（杨勤业和郑度，2002）。

目前国外最具影响力的生态分区框架主要是以美国为主，其中以 Omernik 为代表的美国环境保护署开展的生态分区体系、以 Bailey 为代表的美国林务局开展的生态分区体系、世界自然基金会对北美地区开展的生态分区框架最具有代表性。

竺可桢先生于 1930 年发表《中国气候区域论》，标志着我国现代自然地域划分的开始（竺可桢，1931）。1959 年，由黄秉维院士主编完成了《中国综合自然区划（初稿）》。在此之后，我国学者将生态系统的观点引入自然地域划分中，应用生态学的原理和方法进行自然地域划分。2008 年，郑度院士等在总结前人工作的基础上，利用 1950 年以来积累的大量观测数据和科研资料，对中国生态地理区域系统进行综合分析研究，提出《中国生态地理区域系统》(郑度，2008)。此外，各专业领域的区划也相继展开。1980 年，吴征镒院士等编制《中国植被》一书，提出中国植被区划系统，该系统将中国植被共分三级：植被区域、植被地带和植被区，在各级单位还可以划分为亚级，如：亚区域、亚地带和亚区（吴征镒，1980）。1997 年，由吴中伦院士牵头编制的《中国森林》一书出版，这是生态地理区划在林业领域的具体应用（吴中伦，1997）。1998 年，蒋有绪院士等在《中国群落分类及其群落学特征》中提出中国森林分区，该分区是以中国森林立地区划为基础，别除不适宜森林生长的区域完成的（张万儒，1997；蒋有绪等，1999）。2007 年，由张新时院士牵头，中国科学院中国植被图编辑委员会主编的《中国植被》出版。该书从 1983 年开始，汇总大量研究成果，完成中国植被图（1:1000000）和中国植被区划图（1:6000000）。

1930年	竺可桢先生	《中国气候区域论》
1959年	黄秉维院士	《中国综合自然区划（初稿）》
1980年	吴征镒院士	《中国植被》
1997年	吴中伦院士	《中国森林》
1998年	蒋有绪院士	中国森林分区
2007年	张新时院士	《中国植被》
2008年	郑 度院士	《中国生态地理区域系统》
2010年	环境保护部	生物多样性保护优先区
2011年	国务院	国家重点生态功能区

图 1-2   中国典型生态地理区划

国务院重点生态功能区方案及环境保护部（现生态环境部）生物多样性保护方案是顺应新时期生态环境建设的需要而提出的，为了增强各类生态系统对经济社会发展的贡献，运用生态学原理，以协调人与自然的关系、生态保护与经济社会发展关系，增强生态支撑能力，促进经济社会可持续发展为目标，在充分认识区域生态系统结构、过程及生态服务功能空间分异规律的基础上，推进形成主体功能区。

    本节选取中国典型生态地理区划即中国综合自然区划、中国植被区划（1980，2007）、中国森林区划（1997，1998）、中国生态地理区域系统、国家重点生态功能区和生物多样性保护优先区域进行对比分析（表1-2）。

表1-2 中国典型生态区划方案的区划原则对比

典型区划	差异原则	共性原则
中国综合自然区划（1959）	补充说明了较高级别与较低级别单元的具体区划	Ⅰ.逐级分区原则 Ⅱ.主导因素原则 Ⅲ.地带性规律（较高级别单元） Ⅳ.非地带性因素（较低级别单元） Ⅴ.空间连续性原则
中国植被区划（1980，2007）	将各种自然与社会因素的影响融入植被类型中，根据植被的三向地带性，结合非地带性作为区划的根本原则	
中国森林区划（1997）	在处理三维（纬度、经度和海拔高度）的水热关系对地带性森林类型的影响关系上，采用了基带地带性原则；对于大的岛屿，则视其具体情况而定	
中国森林区划（1998）	重视与森林生产力密切相关的自然地理因子及其组合，系统层次不要求过细，必要时候设置辅助等级（亚级）	
中国生态地理区域系统（2007）	用历史的态度对待生态地域系统的区划与合并问题，遵循生态地理区发生的同一性与区内特征相对一致性原则；生态地理区与行政区界线相结合	
国家重点生态功能区	强调生态功能性，隶属"全国主体功能区规划"，为空间非连续性区划；重点采用保护环境和协调发展的原则	
生物多样性保护优先区域	强调生物多样性，隶属"中国生物多样性保护战略与行动计划"，为空间非连续性区划；重点采用保护优先、持续利用、公众参与和惠益共享的原则	

（二）原则对比分析

    中国典型生态区划方案的区划原则既有共性原则，又有差异性原则。中国综合自然区划、中国植被区划（1980，2007）、中国森林区划（1997，1998）、中国生态地理区域系统均采用了自上而下的演绎法完成对全国的划分。国家重点生态功能区和生物多样性保护优先区域则是采用自下而上的归纳法，分别从生态功能区和生物多样性两个角度完成区划。中国典型生态区划方案具体对比分析见表1-2。

（三）指标对比分析

    指标体系是生态区划的核心研究内容，根据不同的区划目的与原则，确定具体的区划指标是国内外研究的热点和难点问题（郑度等，2005，2008）。中国典型生态区划方案中，通常采用的区划指标包括温度指标、水分指标、地形指标、植被指标、生态功能指标等类别，在每一类指标的具体选择与运用方面，不同区划体系又有所不同，其对比分析结果见表1-3。

中国综合自然区划和中国地理区域系统的第一级区划指标均为温度，中国地理区域系统的温度指标比中国综合自然区划的温度指标更加完善；两者的二级指标差别较大，前者的二级指标为土壤和植被条件，而后者的二级指标为水分指标，采用了干燥指数；中国综合自然区划的三级指标为地形，而中国地理区域系统的三级指标则综合了土壤、植被和地形等因素。中国植被区划(1980)和中国植被区划(2007)基本指标体系相同，但中国植被区划(2007)指标划分比中国植被区划（1980）更加细致。中国森林区划（1997）划分指标为大地形和林区，但中国森林区划（1998）划分指标为森林立地条件。国家重点生态功能区和生物多样性保护优先区域则是根据生态功能类型进行的区划。

表 1-3　中国典型生态区划方案的区划指标和结果对比

型区划	等级	区划指标	区划结果（个）
中国综合自然区划（1959）	温度带	地表积温和最冷月气温的地域差异	6
	自然地带和亚地带	土壤、植被条件	25
	自然区	地形的大体差异	64
中国植被区划（1980）	植被区域	年均温、最冷月均温、最暖月均温、≥10℃积温值数、无霜期、年降水和干燥度	8
	植被亚区域	植被区域内的降水季节分配、干湿程度	16
	植被地带（亚地带）	南北向光热变化，或地势高低引起的热量分异	18（8）
	植被区	植被地带中的水热及地貌条件	85
中国植被区划（2007）	植被区域	水平地带性的热量—水分综合因素	8
	植被亚区域	植被区域内水分条件差异及植被差异	12
	植被地带	南北向光热变化或地势引起的热量	28
	植被亚地带	植被地带内根据优势植被类型中与热量水分有关的伴生植物的差异	15
	植被区	局部水热状况和中等地貌单元造成的差异	119
	植被小区	植被区内植被差异和植被利用与经营方向不同	453
中国森林区划（1997）	地区	以大地貌单元为单位，大地貌的自然分界为主	9
	林区	以自然流域或山系山体为单位，以流域和山系山体的边界为界	48

（续）

型区划	等级	区划指标	区划结果（个）
中国森林区划（1998）	森林立地区域	根据我国综合自然条件	3
	森林立地带	气候（≥10℃积温，≥10℃日数，地貌、植被、土壤等）	10
	森林立地区（亚区）	大地貌构造、干湿状况、土壤类型、水文状况等	121
中国生态地理区域系统（2008）	温度带	日平均气温≥10℃持续期间的日数和积温。1月平均气温、7月平均气温和平均年极端最低气温	11
	干湿地区	年干燥指数	21
	自然区	地形因素、土壤、植被等	49
国家重点生态功能区（2010）	重点生态功能区	土地资源、水资源、环境容量、生态系统重要性、自然灾害危险性、人口集聚度以及经济发展水平和交通优势等方面	25
	自然区域	自然条件、社会经济状况、自然资源及主要保护对象分布特点等因素	8
生物多样性保护优先区（2010）	生物多样性保护优先区域	生态系统类型的代表性、特有程度、特殊生态功能，以及物种的丰富程度、珍稀濒危程度、受威胁因素、地区代表性、经济用途、科学研究价值、分布数据的可获得性等因素	35

（四）结果对比分析

综合分析中国典型生态区划方案，除国家重点生态功能区和生物多样性保护优先区域外，其他都是以自然地域分异规律为主导进行划分。虽然区划的目的、原则和指标不同，但基本上都是在中国三大自然地理区域（东部季风气候湿润区、西部大陆性干旱半干旱区和青藏高原高寒区）进行的划分，各体系的具体划分结果存在着显著差异（表1-3）。

中国植被区划（1980）和中国植被区划（2007）相比，中国植被区划（2007）划分指标更加详细，因此获得区划数量更多。中国综合自然区划（1959）和中国生态地理区域系统（2008）结果划分数量相似，但中国生态地理区域系统指标划分更完善，考虑积温、水分、地形等指标，中国综合自然区划（1959）作为我国新中国成立后最早的综合区划，其划分相对较为简单，而且多采用新中国成立前数据。中国森林区划（1997）是以地貌单元为主的森林区划，但中国森林区划（1998）则考虑森林立地因素，划分依据更加全面。国家重点生态功能区和生物多样性保护优先区域分别根据生态功能类型和生物多样性进行划分。

上述生态地理区划根据不同的形成时期和建设目标各自有不同的特点。由于森林生态站观测针对森林生态系统全指标要素，单一的生态地理区划由于侧重点不同较难满足森林生态长期定位观测网络生态地理区划的特点。因此，需选择不同区划的指标整合形成符合布局森林生态站要求的生态地理区划，构建森林生态长期定位观测网络。

三、天然林保护修复生态功能监测区划目的与意义

（一）区划目的

科学规划、合理布局的天然林保护修复生态功能监测网络是研究天然林生态学特征、监测天然林生态系统动态变化、评估天然林生态功能的重要基础，为天然林监测提供决策依据和技术保障的重要平台，为生态补偿、生态审计、绿色 GDP 核算以及国家外交和国际履约提供数据支撑。在解决重大科技问题、构建生态安全格局、服务国家生态文明建设等方面，天然林保护修复生态功能监测网络建设具有重大的科学意义和战略意义。

（1）有效监测天然林资源动态变化。天然林生态系统是一个动态系统，处于不断的变化之中。受全球气候变化、环境污染、自然灾害、森林不合理利用等不利因素的影响，有些天然林会逐渐退化，丧失其应有的生态系统服务功能，影响天保工程的生态功能。《天然林保护修复制度方案》中明确提出："完善天然林保护修复效益监测评估制度，制定天然林保护修复效益监测评估技术规程，逐步完善骨干监测站建设，指导基础监测站提升监测能力。定期发布全国和地方天然林保护修复效益监测报告。建立全国天然林数据库。"要长期连续、及时、精准地了解天然林生态系统的变化，必须依靠天然林保护修复生态效益监测站，要掌握全国天然林保护修复区内天然林生态系统的动态变化，必须建立专项天然林保护修复生态功能监测网络。天然林保护修复生态功能监测网络的建设是监测天然林生态系统的有效手段，是掌握天然林生态系统变化过程和变化趋势的基础设施。

（2）科学核算天然林保护修复生态效益。提升生态效益是天然林保护修复的核心目标，是衡量工程成效、指引工程发展的关键指标，是制定和实施工程相关政策、法规、方案的依据，是指导工程建设的理论基础。此外，根据《天然林保护修复制度方案》要求，"定期发布全国和地方天然林保护修复效益监测报告"是天然林保护修复工作的重点之一。由于天然林资源保护工程强大的空间异质性和高度的系统复杂性，生态效益评估需要海量的、具有时空连续性的、详实可靠的生态监测数据支撑。森林生态连清技术体系的野外观测技术与分布式测算方法是科学计量天然林保护修复生态效益的最佳手段，而森林生态连清技术体系的基础是通过科学规划、合理布局建设一个覆盖工程区范围、涵盖工程区关键生态区域、包含工程区主要森林植被类型的专项生态功能监测网络，提供足够的生态监测数据。专项生态功能监测网络积累及提供足够的数据和准确可靠的参数不仅可以用于生态效益评估，而且可以用于天然林生态系统的科学研究，从而能够更加深入地了解天然林生态系统的结构、功能、生态过程及运行机制，发现天然林生态系统的相关理论，为工程决策提供科技支撑和理论指导。

（3）服务林业"三增长"的发展战略目标。《林业发展"十三五"规划》中明确指出，推进林业现代化建设，以维护森林生态安全为主攻方向，以增绿增质增效为基本要求。我国林业部门的职能重心已经从过去的木材生产逐步向提供生态产品的公共服务部门转变。习近平总书记提出的林业工作"三增长"目标，即增加森林总量、提高森林质量、增强生态功能，

已成为中国林业可持续发展乃至推进中国生态文明建设及建设美丽中国的战略任务。全国第七次、第八次和第九次森林资源清查结果和森林生态系统服务功能评估结果显示，除面积和蓄积量有所增加外，我国森林生态系统服务功能年价值分别达 10.01 万亿元、12.68 万亿元和 15.88 万亿元。在过去的十余年间，我国森林基本实现了林业"三增长"目标。《十四五"林业草原保护发展规划纲要》明确的主要目标：到 2025 年，森林覆盖率达到 24.1%，森林蓄积量达到 190 亿立方米，森林生态系统服务价值达到 18 万亿元。天然林具有强大的生态系统服务功能，是森林生态系统服务功能的主要组成部分。利用天然林保护修复持续恢复和改善天然林生态系统是提高全国森林面积、覆盖率、蓄积量以及生态系统服务功能的有效途径，专项生态监测网络的建设有助于天然林生态系统服务功能的提升，符合林业"三增长"发展战略目标，也是林业发展对天然林保护修复建设的必然要求。

（4）完善中国森林生态系统定位观测研究网络体系。我国森林生态系统定位观测研究经历了专项半定位观测研究、生态站长期定位观测、生态站联网协作三个阶段。在国家尺度上，实现了合理布局、科学规划，已经建成了一个规范化、标准化的国家森林生态系统研究网络。近年来，我国在省（直辖市）域尺度上也开展了森林生态系统定位观测网络的研究和建设，并且初具规模。尽管在中国森林生态系统定位观测研究网络规划中明确了以重大林业生态工程为导向，但也只是部分站点具有兼顾退耕还林工程或天然林资源保护工程生态功能监测，重大林业生态工程尺度上的生态网络监测依然是一个空白。天然林保护修复生态效益监测站的布局和建设将填补这一类型生态网络的空白，使我国森林生态系统定位观测研究网络涵盖尺度更宽、层次更清晰、体系更完善。

（5）解决林业重大科学问题的研究平台。天然林是森林资源的重要组成部分，我国最精华的原始林都属于天然林。天然林生态系统结构、功能的复杂性和特殊性是很多重大林业科学问题的难点所在。天然林保护修复生态功能监测网络的建设能够建成一个跨区域、多尺度、多类型的研究网络，为林业重大科学问题的研究和解决提供基础数据，也是相关研究人员交流合作、共享数据、联合攻关的优良合作创新平台。此外，天然林保护修复生态功能监测网络可以为森林碳汇、森林生态系统健康、近自然森林经营等重大科学问题提供多尺度、跨区域、跨学科、多纬度研究提供有效的研究平台。

（6）支撑生态建设和社会可持续发展。森林生态系统定位观测研究工作通过森林生态系统长期野外观测与研究，并结合室内模拟试验、遥感、模型模拟和传感器网络等高新技术手段，实现对全国主要森林生态系统和环境状况的长期、综合观测和研究，不仅为生态学的发展作出贡献，还为《全国重要生态系统保护和修复重大工程总体规划（2021—2035 年）》中提出的青藏高原生态屏障区、黄河重点生态区（含黄土高原生态屏障）、长江重点生态区（含川滇生态屏障）、东北森林带、北方防沙带、南方丘陵山地带和海岸带等重点区域生态保护和修复工作提供重要的科技支撑，同时，为《中国农村扶贫开发纲要（2011—2020 年）》（中共中央、国务院，2011）提出的 11 个集中连片特困地区和 3 个已明确实施特殊扶持政策地区的精准扶贫作出贡献，还为改善我国生态系统管理状况、保证自然资源可持续利用、促进社会经济可持续发展提供科学技术支撑。

（二）区划意义

党的十八大以来，从山水林田湖草的"命运共同体"初具规模，到绿色发展理念融入生产生活，再到经济发展与生态改善实现良性互动，以习近平同志为核心的党中央将生态文明建设推向新高度，美丽中国新图景徐徐展开。党的十九大报告指出，"中国特色社会主义进入新时代，我国社会主要矛盾已经转化为人民日益增长的美好生活需要和不平衡不充分的发展之间的矛盾。"我国的生态文明建设应该准确把握这个时代特征，全面融入中国特色社会主义建设"五位一体"总体布局和"四个全面"战略布局伟大事业中，为人民提供更多的生态产品，成为解决新时期社会主要矛盾的重要战略突破。

天然林资源作为我国森林的根本，全面建成以天然林为主体的健康稳定、功能完备的森林生态系统，是满足人民群众对优质生态产品、优美生态环境和丰富林产品的迫切需求。依照《天然林保护修复制度方案》中"加快完善天然林保护修复制度体系，确保天然林面积逐步增加、质量持续提高、功能稳步提升"等长期目标任务要求，以及我国经济社会发展的新常态、快速增长的科技新需求来看，在天然林保护修复实施过程中还存在一系列迫切需要解决的问题。

（1）天保工程生态效益评估的迫切需要。天保工程已经实施 20 余年，天保工程二期已经结束，国家累计投资超过 4000 亿。那么天保工程到底取得了哪些生态效益，未来还能够发挥多大的生态效益，下一步如何巩固和增强天保工程的生态效益。这些问题不能够靠定性描述解决，必须用数据说话，向人民报账。国家和社会都需要清晰地看到天保工程实施所产生的生态效益。生态效益监测工作已经成为天保工程的重要基础工作，因此必须尽快建设天然林保护修复生态功能监测网络，通过森林生态连清技术做出科学评估。

（2）适应"互联网 + 天保工程"的大数据时代需要。天保工程是国家级重点生态工程，由于多年来没有建立专项监测网络，使得本底数据积累较少，丧失了宝贵的时间和机遇，这是无法弥补的。下一步，应立刻抓紧时间建设天然林保护修复生态功能监测网络，获得更多的天然林保护修复监测数据，紧抓"互联网 +"的时代浪潮，结合物联网技术、云环境技术、大数据处理技术、大数据平台与后台管理系统等现代化的科技手段，实现"互联网 + 天保工程"的实时数据传递云存储。

然而，目前天然林保护修复生态功能监测网络站点分布不足，布局及数量尚不能完全满足开展观测工作提供基础数据支撑的需求。亟需进行合理、全面的天然林保护修复生态站网布局，进一步优化资源配置，逐步形成层次清晰、功能完善，覆盖全国主要天然林的生态站网络，为未来天然林保护修复的发展方向与实施方案的出台提供理论指导、科技支撑和数据支持，以积极的姿态迎接更大的机遇和挑战。

（3）整合野外监测平台和专项资源的科学需要。目前对天然林的监测还没有形成科学的体系和高效的平台，在国家网络中兼顾天然林保护修复生态功能监测的生态站所开展的相关研究大多集中在个体、单站水平，缺乏跨站、跨区域的协作研究，成为了制约开展天然林保护修复生态效益联合监测研究发展的一个重大障碍，限制了天然林保护整体格局和规律研究的突破、创新和发展，有效整合野外监测平台和专项资源成为当前天然林保护修复工作的重点。

除《天然林保护修复制度方案》对天然林保护修复效益监测评估制度有要求外，2014年发布的《全国生态保护与建设规划（2013—2020年）》提出，"加大对森林、草原、荒漠、湿地与河湖、城市、海洋等生态系统以及生物多样性、水土流失监测力度。强化监测体系和技术规范建设；强化部门协调，建立信息共享平台；强化生态状况综合监测评估，实行定期报告制度，以适当方式向社会公布。"此外，中央全面深化改革委员会第十三次会议审议通过的《全国重要生态系统保护和修复重大工程总体规划（2021—2035年）》中，明确提出"加强生态保护和修复领域科技创新，开展生态保护修复基础研究、技术攻关、装备研制、标准规范建设，推进服务于生态保护和修复的国家重点实验室、生态定位观测研究站、国家级科研示范基地等科研平台建设。"

随着生态文明的推进，以及生态工程、森林生态等科学技术的发展，整合野外监测平台和专项资源，形成具有明确工程指向性的联合观测研究平台尤为重要，特别是能够与国际上同领域的先进生态站网络深层次合作的平台，成为了解决更大尺度区域性综合科学问题、产出具有更大影响的科学成果、迎合国家目标和行业需求以及国际发展带来的一系列重大机遇和挑战的迫切需要。

第二章

天然林保护修复生态功能监测区划

一、区划原则

天然林保护修复生态功能监测区划体系是森林生态系统长期定位研究的基础。生态效益监测站之间客观存在的内在联系，体现了生态效益监测站之间相互补充、相互依存、相互衔接的关系和构建网络的必要性（郭慧，2014；王小焕，2018）。基于上述特点，构建天然林保护修复生态功能监测区划体系时应遵循以下原则：

（一）地带性与非地带性相结合原则

自然带的形成受地带性分异因素和非地带性因素两方面的影响。地带性因素通常是指自然地理环境各组成成分及其构成的自然综合体，大致沿纬线方向展开分布并沿纬度方向递变的现象，即由赤道到两极的地域分异规律。非地带性通常是指自然地理环境各组成成分及其构成的自然综合体，在地表因受海陆差异、地势起伏、洋流等特殊因素的影响，形成与地带性规律相异的地域分异现象。

在构建天然林保护修复生态功能监测区划体系时，不仅要考虑全国范围内由纬度差异造成的地域分异规律、从沿海向内陆的地域分异规律和山地的垂直地域分异规律等地带性分布规律，还需要考虑由于地形起伏、海陆分布、水分变化、洋流等因素的影响造成的非地带性分布规律，更加全面地进行天然林保护修复生态功能监测区划。

（二）综合分析与典型生态区相结合原则

天然林生境的形成、演替、结构和功能受多种因素的影响，是各个因素综合作用的结果，在进行天然林保护修复生态功能监测区划时，必须贯彻综合分析与典型生态区相结合的原则，综合性、全局性考虑对天然林保护修复生态功能产生影响的自然区域各组成要素和地域分异因素，在充分分析区域自然生态条件的基础上，从工程建设的整体出发，同时考虑天保工程特有的政策因素。此外，区域生态主导功能是生态工程实施的关键生态诉求，因此，在综合分析的基础上，结合重点生态功能区、生物多样性保护优先区域、国家生态屏障区、全国生态脆弱区以及国家公园保护地等多个典型生态功能区域，为区划添加重点区域生态主导功能信息。这样影响天然林保护修复生态功能核算的要素都被涵盖在区划中，区划内包含天然林保护修复生态功能核算的关键空间数据，能够满足生态工程效益评估的需要，为后续利用区划结果构建天然林保护修复生态功能监测网络布局奠定基础。

（三）相对一致性原则

相对一致性原则要求划分天然林保护修复生态功能监测区时，必须注意区域内部的一致性，包括气候、地形、土壤等生态环境的一致性，天保工程实施政策的一致性，森林植被类型的一致性等。相对一致性原则既适合"自上而下"的顺序划分，又适合于"自下而上"的逐级合并，是区划结果均质性的保证。

（四）地域共扼原则

地域共扼原则或称为区域空间连续性原则，该原则要求每个具体的区划单位是一个连续的地域单位，不能存在独立于区划之外而又属于该区的单位。该原则决定了天然林保护修复生态功能监测区划单位永远是个体的，不存在一个区划单位的分离部分，保证了区划结果的完整性和连续性。

二、区划方法

依据上述区划原则，选取适宜指标，利用空间分析技术实现天然林保护修复生态地理区划。在此基础上，提取相对均质区域作为天然林保护修复生态功能监测网络区划的目标靶区，并对森林生态站的监测范围进行空间分析，确定天然林保护修复生态功能监测网络区划的有效分区，构建天然林保护修复生态功能监测区划体系。

（一）区划技术流程

在对天然林保护修复实施背景进行分析后，收集获取相关资料，通过对中国典型生态地理区划进行对比分析，确定本次区划的相关指标体系，在此基础上，采用空间叠置分析、合并面积指数、地统计学和复杂区域均值模型等方法完成天然林保护修复生态功能监测区划。技术流程如图 2-1 所示。

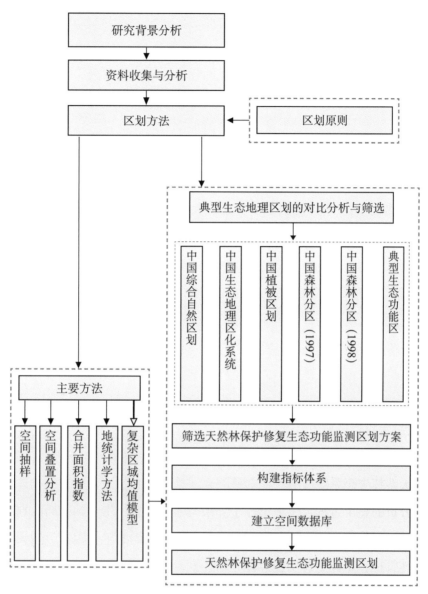

图2-1　区划技术流程

(二) 空间抽样方法

天然林保护修复生态功能监测网络是采用空间抽样的方法，以点带面实现区域范围的长期定位连续观测。空间抽样技术是进行台站布局的基本方法。抽样主要分为概率抽样和非概率抽样两大类型，有简单随机抽样、系统抽样、分层抽样、整群抽样、多阶段抽样、PPP抽样等多种抽样方法。其中，简单随机抽样、系统抽样和分层抽样是目前最常用的经典抽样模型。由于简单随机抽样不考虑样本关联，系统和分层抽样主要对抽样框进行改进，一般情况下抽样精度优于简单随机抽样。简单随机抽样是经典抽样方法中的基础模型，理论上符合随机原则，既是设计其他具体抽样方法的基础，又是衡量其他抽样效果的比较标准(戚少成，2006)。大规模调查很少直接采用简单随机抽样，通常是与其他抽样方法结合使用。

系统抽样是是一种将总体中的抽样单元按某种次序排列，在规定的范围内随机抽取一个（或一组）初始单元，随后按一套规则确定其他样本单元的抽样方法（杜子芳，2004）。优点是只有初始单元需要抽取，组织、操作实施较为简便。该方法特别适合总体分布具有规律性的情况。其估计精度可以通过设定抽样规则、利用样本辅助信息等方式得到完全保证。但是，系统抽样方法对估计量方差的估计比较困难这个缺点也显而易见。

　　分层抽样（stratified sampling）是指按照某种规则把总体划分为不同的层，然后在层内再进行抽样，各层的抽样是独立进行的。空间异质性分层抽样能够分别估计出总体和各层的特征值。基于上述优点，分层抽样广泛应用于动物分布、森林调查中。在分层抽样的基础上，结合空间异质性相关信息进行分层抽样，除了要达到普通分层抽样的要求，还具有空间连续性。森林生态系统结构复杂，符合分层抽样的要求。

　　国家或者省域尺度森林生态系统长期定位观测台站布局可通过分层抽样的方法来实现。空间异质性分层抽样是研究全球及区域尺度环境变化的重要方式，也被应用于资源清查、生态质量与生态系统服务功能的调查研究中。将空间异质性分层抽样的思想应用于天然林保护修复生态功能监测区划中，既体现了监测工作的全局观，又体现不同生态站有所侧重、有所兼顾的思想。因此，空间异质性分层抽样是进行生态功能监测区划的适合方法。

（三）构建综合指标体系

　　区划的目标是决定区划方法与区划指标的核心。天然林保护修复生态功能监测区划的目标是服务于天然林生态系统服务功能的监测与评估，核心贯穿于区划指标体系、空间数据库建立、空间分析的整个过程，其关键在于界限与区域信息。生态站布局区划的区域信息是围绕生态功能监测评估这个核心展开。影响天然林生态功能的主要因素包括天然林类型、气候、政策、森林管护、主体生态功能等几方面要素。因此，在区划中必须能够提供这几类主要信息。植被信息方面最全面、最权威的为张新时院士主编的《中国植被及其地理格局》，其六级区划是目前中国最为细致的区划，虽然其命名方式并不为大多数林业工作者所熟悉，但仍然提供了大量植被信息。吴中伦院士的中国森林区划，是针对全国森林分布特征所做出的区划，由于其具有明确的行业标识所以为广大林业工作者所参考，也是很多林业政策、工程实施的依据。但吴中伦院士的区划只做到二级，在二级区划内气候条件差异较大，虽然主要林型明确，但区内复杂的植被组成介绍不够详细。而张新时院士的植被地理格局区划是对吴中伦院士的区划进行植被信息的有效补充。

　　在气候区划方面，郑度院士的《中国生态地理区域系统研究》，借助神经网络等计算机技术，对各温度带及湿润与干旱地区的划分进行了深入分析。利用气候区划与森林区划进行空间叠置分析可以获取中国森林生态地理区划，利用植被空间格局能够补充区域内植被详细信息。由于这些主要是提供了植被及气候要素的空间信息，没有体现出天然林保护修复政策与管护方面的信息，因此还需要叠加天保工程区范围图，明确试点工程区、天保工程一期工程区、天保二期工程区、纳入国家政策的扩大范围、没有纳入国家政策的扩大范围等区域，以及国有林区、集体林区的权属和各区域具体涉及的天然林管理部门。添加上述信息后则能够进一步分析影响工程生态功能的相关因素。但这些因素没有突出区域的主导生态功能，仅将天然林保护修复各种生态功能视为同一水平，而区域主导功能是生态工程实施的关键生态诉求。因此，利用国家重点生态功能区、生物多样性保护优先区域、生态屏障区、全国生态脆弱区和国家公园保护地等为区划添加重点区域生态主导功能信息。

因此，以天保工程区的自然地理状况和森林资源分布特征为基础，构建天然林保护修复生态地理区划的指标体系。

1. 气候指标

中国幅员辽阔，受纬度、地势和与海洋距离的影响，气候类型多样。从整体上看，中国东部属于季风气候、西北部属于温带大陆性气候，青藏高原由于海拔较高，气候比较独特，属于高寒气候。随着地势和海陆位置的影响，从近海到内陆可分为湿润地区、半湿润地区、半干旱地区和干旱地区。

（1）温度指标。本区划通过对比分析我国已有的综合自然区划，以郑度院士《中国生态地理区域系统研究》的"中国生态地理区域划分"为主导（图 2-2），根据温度指标 [≥ 10°C 积温日数（天），≥ 10°C 积温数值（°C）]，结合全国气象站 30 年日值气象数据确定不同温度区域的划分，根据水分指标（降雨量）确定干湿地区（数据来源为中国气象数据网）。

表 2-1　温度指标（郑度，2008）

温度带	主要指标		辅助指标		
	≥积温日数（天）	≥积温数值（℃）	1月平均气温（℃）	7月平均气温（℃）	平均年极端最低气温（℃）
寒温带	<100	<1600	<-30	<16	<-44
中温带	100～170	1600～3200（3400）	-30～-12（-6）	16～24	-44～-25
暖温带	170～220	3200（3400）～4500（4800）	-12（-6）～0	24～28	-25～-10
北亚热带	220～240	4500（4800）～5100（5300） 3500～4000	0～4 3（5）～6	28～30 18～20	-14（-10）～-6（-4） -6～-4
中亚热带	240～285	5100（5300）～6400（6500） 4000～5000	4～10 5（6）～9（10）	28～30 20～22	-5～0 -4～0
南亚热带	285～365	6400（6500）～8000 5000～7500	10～15 9（10）～13（15）	28～29 22～24	0～5 0～2

（续）

温度带	主要指标		辅助指标		
	≥积温日数（天）	≥积温数值（℃）	1月平均气温（℃）	7月平均气温（℃）	平均年极端最低气温（℃）
边缘热带	365	8000～9000 7500～8000	15～18 13～15	28～29 >24	5～8 >2
中热带	365	>8000（9000）	18～24	>28	>8
赤道热带	365	>9000	>24	>28	>20
高原亚寒带	<50		−18～−10（−12）	6～12	
高原温带	50～180		−10（−12）～0	12～18	

（2）水分指标。该区划的水分指标通过干湿指数进行衡量。干湿指数的计算方式见公式（2-1），全国共有4个等级的水分区划，见表2-2。

$$La = ET_0 / P \tag{2-1}$$

式中：ET_0——参考作物蒸散量（毫米/月）；

P——年均降水量（毫米）；

La——干湿指数。

表2-2　水分指标（郑度，2008）

水分区划类型	指标范围（干湿指数）
湿润类型	≤0.99
半湿润类型	1.00≤1.49
半干旱类型	1.50≤3.99
干旱类型	≥4.00

基于温度指标和水分指标的区划结果，得到中国生态地理区域图（图2-2）。

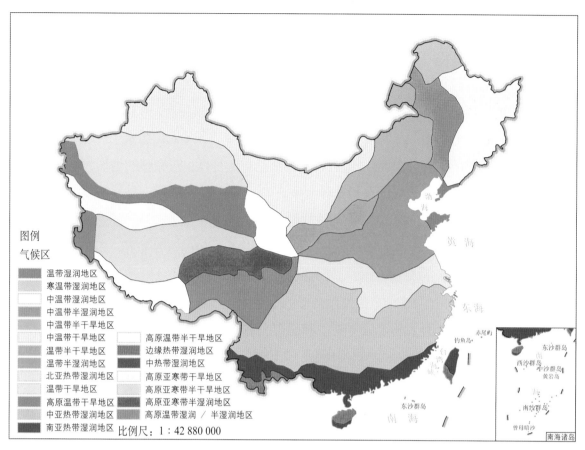

图 2-2　中国生态地理区域

2. 森林植被指标

中国天然林分布不均衡，主要分布在我国东北和西南，我国的东南林区多为人工林和次生林，西北和青藏高原大部分地区为荒漠，气候干旱，不适宜森林生长。新中国成立后，盲目的毁林开荒使得生态环境破坏严重。随着社会经济的发展，人们对生态环境保护意识的不断提高以及生态工程的持续实施，我国森林得到较好的恢复。黑龙江、内蒙古、云南、四川、西藏、江西、吉林等省（区）的天然林面积占全国的 61%，蓄积量占全国的 75%。森林分布受经纬度和海拔两大自然因素的影响，形成具有一定规律的分布特征。在中国东部地区，从北向南依次有大兴安岭地区的寒温带针叶林带，小兴安岭和长白山地区为代表的温带针阔混交林带，华北暖温带落叶阔叶林带，华中、华东地区的北亚热带落叶阔叶与常绿阔叶混交林带，中亚热带常绿阔叶林带，华南的南亚热带季雨林常绿阔叶林带，海南和台湾有部分热带山地雨林带。在我国西南青藏高原东南边缘向南，由于海拔导致的温度变化，依次存在高山草甸、亚高山草甸灌丛、亚高山针叶林、中山针阔叶混交林、落叶阔叶林、常绿阔叶林、热带季雨林或雨林。本区划以吴中伦院士主编的《中国森林》一书中的森林分区为主，利用空间分析技术将张新时院士《中国植被及其地理格局》的植被信息补充到森林植被分区中，以获得格局清晰而且信息详实的森林植被区划方案。

该方案在总结以往关于森林分区成果的基础上，侧重森林类型自然分布和主要森林自然地理环境特点，将中国森林分为两级，很好地体现天然林的地带性分布特征。Ⅰ级区，即"地区"，反映大的自然地理区，以及较大空间范围、自然地理环境特征和地带性森林植被的一致性，如东北地区、华北地区、西南高山峡谷地区等；在林业上则反映大的林业经营方向和经营特征的一致性，如东北地区主要是中国东部的温带，以温带针叶林和针阔叶混交林构成的天然用材林区为主体，而华北地区是中国东部暖温带，以华北山地水土保持林和华北平原农田防护林为主要经营方向等。Ⅰ级区的分界线基本上是以比较完整的地理大区，一般以大地貌单元为单位，以大地貌的自然分界为主。Ⅱ级区，即"林区"，是反映较小、较具体的自然地理环境的空间一致性，如相同或相近的地带性森林类型、树种、经营类型、经营方式等。一般以自然流域或山系山体为单位，以流域和山系山体的边界为界，如大兴安岭山地兴安落叶松林区、辽东半岛山地丘陵松栎林区等。

Ⅰ级区命名采用中国习惯的自然地理区域的称呼，如东北、华北、云贵高原、西南高山峡谷区等，并挂以地带性森林和重要次生林、人工林类型命名，通过名称即可对其地理位置、地理范围、地理特征和森林植被性质有一个印象，便于理解和应用。Ⅰ级区以上不列级，如根据全年400毫米降水量等值线把全国划分为东南半部的季风区和西北半部的干旱区，又如大地貌上的中国三大阶梯等，都不列级。Ⅱ级区命名采用具体的山地、平原、盆地或流域的名称，挂以具体的重要树种的森林类型或林种（如农田防护林等）来命名，通过名称即可了解其具体林区之所在，以及区域内的主要树种、林种。

该方案共分9个"地区"，44个森林"区"和宜林"区"，还有4个属于青藏高原地区的非森林"区"（表2-3、图2-3）。

表2-3　中国森林分区

地区	林区
Ⅰ 东北温带针叶林及针阔叶混交林地区（简称东北地区）	1.大兴安岭山地兴安落叶松林区
	2.小兴安岭山地丘陵阔叶—红松混交林区
	3.长白山山地红松—阔叶混交林区
	4.松嫩辽平原草原草甸散生林区
	5.三江平原草甸散生林区
Ⅱ 华北暖温带落叶阔叶林及油松侧柏林地区（简称华北地区）	6.辽东半岛山地丘陵松（赤松及油松）栎林区
	7.燕山山地落叶阔叶林及油松侧柏林区
	8.晋冀山地黄土高原落叶阔叶林及松（油松、白皮松）侧柏林区
	9.山东山地丘陵落叶阔叶林及松（油松、赤松）侧柏林区
	10.华北平原散生落叶阔叶林及农田防护林区
	11.陕西陇东黄土高原落叶阔叶林及松（油松、华山松、白皮松）侧柏林区
	12.陇西黄土高原落叶阔叶林森林草原区
	13.秦岭北坡落叶阔叶林和松（油松、华山松）栎林区

（续）

地区	林区
Ⅲ 华东中南亚热带常绿阔叶林及马尾松杉木竹林地区（简称华东中南地区）	14.秦岭南坡大巴山落叶常绿阔叶混交林区
	15.江淮平原丘陵落叶常绿阔叶林及马尾松林区
	16.四川盆地常绿阔叶林及马尾松柏木慈竹林区
	17.华中丘陵山地常绿阔叶林及马尾松杉木毛竹林区
	18.华东南丘陵低山常绿阔叶林及马尾松黄山松（台湾松）毛竹杉木林区
	19.南岭南坡及福建沿海常绿阔叶林及马尾松杉木林区
	20.台湾北部丘陵山地常绿阔叶林及高山针叶林区
Ⅳ 云贵高原亚热带常绿阔叶林及云南松林地区（简称云贵高原地区）	21.滇东北川西南山地常绿阔叶林及云南松林区
	22.滇中高原常绿阔叶林及云南松华山松油杉林区
	23.滇西高原峡谷常绿阔叶林及云南松华山松林区
	24.滇东南贵西黔西南落叶常绿阔叶林及云南松林区
Ⅴ 华南热带季雨林雨林地区（简称华南热带地区）	25.广东沿海平原丘陵山地季风常绿阔叶林及马尾松林区
	26.粤西桂南丘陵山地季风常绿阔叶林及马尾松林区
	27.滇南及滇西南丘陵盆地热带季雨林雨林区
	28.海南岛（包括南海诸岛）平原山地热带季雨林雨林区
	29.台湾南部热带季雨林雨林区
Ⅵ 西南高山峡谷针叶林地区（简称西南高山地区）	30.洮河白龙江云杉冷杉林区
	31.岷江冷杉林区
	32.大渡河雅砻江金沙江云杉冷杉林区
	33.藏东南云杉冷杉林区
Ⅶ 内蒙古东部森林草原及草原地区（简称内蒙古东部地区）	34.呼伦贝尔及内蒙古东南部森林草原区
	35.大青山山地落叶阔叶林及平原农田林网区
	36.鄂尔多斯高原干草原及平原农田林网区
	37.贺兰山山地针叶林及宁夏平原农田林网区
Ⅷ 蒙新荒漠半荒漠及山地针叶林地区（简称蒙新地区）	38.阿拉善高原半荒漠区
	39.河西走廊半荒漠及绿洲区
	40.祁连山山地针叶林区
	41.天山山地针叶林区
	42.阿尔泰山山地针叶林区
	43.准噶尔盆地旱生灌丛半荒漠区
	44.塔里木盆地荒漠及河滩胡杨林及绿洲区
Ⅸ 青藏高原草原草甸及寒漠地区（简称青藏高原地区）	45.青藏高原草原区
	46.青藏高原东南部草甸草原区
	47.柴达木盆地荒漠半荒漠区
	48.青藏高原西北部高寒荒漠半荒漠区

地形地貌和土壤条件也对天然林的森林生态功能有着重要影响。中国地势西高东低，呈三级阶梯状逐级下降，青藏高原平均海拔超 4000 米，气候条件独特，是中国第一阶梯；青藏高原以东的内蒙古、新疆地区、黄土高原、四川盆地和云贵高原是中国地势的第二阶梯；其余地区多为平原和丘陵，为中国第三级阶梯。中国土壤分布受气候和植被情况的影响，因此我国土壤从南到北随着温度的变化而不同，如热带地区多为砖红壤，南亚热带多为赤红壤，中亚热带多为红壤，北亚热带多为黄褐土和黄棕壤，温带多棕壤，寒温带多针叶林土。南方土壤偏酸性，北方土壤偏盐碱化，东部土壤中性，氮、磷、钾养分普遍缺乏，西部土壤较为贫瘠，有机质含量较低。

由于地形地貌、土壤分布与植被分布具有非常紧密的关系，因此植被类型可以反映出地形地貌及土壤类型特征。所以在本区划中不单独将地形地貌和土壤类型作为单独区划指标而是将其与植被指标相结合。

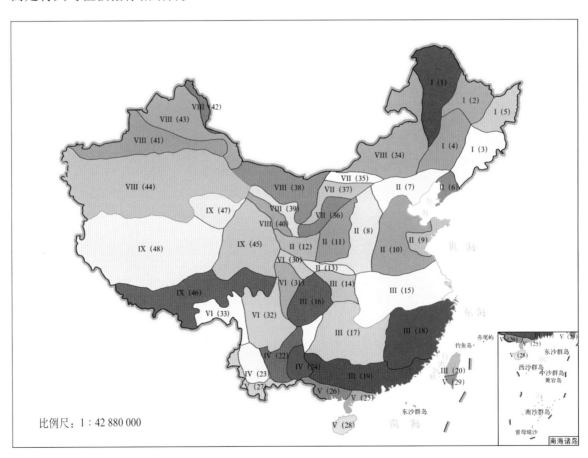

图 2-3 中国森林分区

3. 工程实施政策指标

作为一项国家级重大林业生态工程，天保工程具有复杂的政策体系，不可能将所有指标全部纳入区划之中。本区划主要采用对工程生态功能影响的天保工程实施范围、权属、天然林类型 3 个关键指标进行研究。

（1）实施范围。天保工程的实施范围（表2-4）决定了工程的实施面积和位置，对工程生态功能具有决定性作用。本区划依照天保工程的实施时间和实施类别进行天保工程实施范围的区划，将全国天然林资源划分为1998—1999年试点工程区、天保工程一期工程区、天保工程二期工程区、天然林保护扩大范围（纳入国家政策）、天然林保护扩大范围（未纳入国家政策）和非天保工程区六种类型。需要说明的是，天保工程二期包括天保工程一期的所有实施范围，天保工程一期的实施范围涵盖所有试点工程区范围，在未标注包含关系时，本区划中的天保工程一期范围是指在试点工程区范围上新增的一期工程实施区；天保工程二期范围是指在一期工程实施区基础上新增的二期工程实施范围（图2-4）。

表2-4　天保工程实施范围

时间	阶段	地区	省份、森工集团
1998—1999年	试点工程区	东北、内蒙古地区	内蒙古自治区、黑龙江省、新疆维吾尔自治区
		长江上游地区	四川省、重庆市、贵州省、云南省
		黄河中上游地区	甘肃省、青海省、陕西省
2000—2010年	天保工程一期实施范围	东北、内蒙古地区	内蒙古大兴安岭重点国有林管理局、吉林省、黑龙江省、大兴安岭林业集团、海南省、新疆维吾尔自治区、新疆生产建设兵团
		长江上游地区	湖北省、重庆市、四川省、贵州省、云南省、西藏自治区
		黄河中上游地区	山西省、内蒙古自治区、河南省、陕西省、甘肃省、青海省、宁夏回族自治区
2010—2020年	天保工程二期实施范围	东北、内蒙古地区	内蒙古大兴安岭重点国有林管理局、吉林省、黑龙江省、大兴安岭林业集团、海南省、新疆维吾尔族自治区、新疆生产建设兵团
		长江上游地区	湖北省、重庆市、四川省、贵州省、云南省、西藏自治区
		黄河中上游地区	山西省、内蒙古自治区、河南省、陕西省、甘肃省、青海省、宁夏回族自治区
			河南丹江口库区（新增）共4个县（市、区）：邓州市、内乡县、淅川县、西峡县
2014年	国家林业局、国家发展改革委、财政部果断采取"停伐、扩面、提标"等政策措施，分步骤率先在黑龙江省大兴安岭林业集团和龙江森工集团实施停伐试点		
2015年	停伐范围扩大到黑龙江、吉林、内蒙古、河北等四省份		
2016年	全面取消"十三五"期间天然林商业性采伐指标，天然商品林采伐全面停止，把所有天然林都保护起来的目标基本实现		

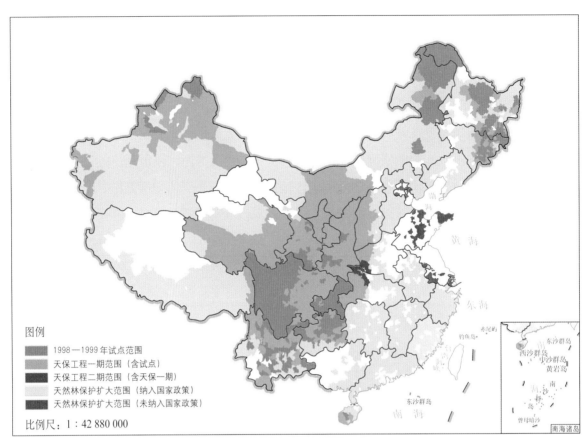

图例

■ 1998—1999 年试点范围
■ 天保工程一期范围（含试点）
■ 天保工程二期范围（含天保一期）
□ 天然林保护扩大范围（纳入国家政策）
■ 天然林保护扩大范围（未纳入国家政策）

比例尺：1：42 880 000

图 2-4　全国天然林保护范围分布

（2）天然林权属。我国天然林按其权属可以分为国有天然林、集体天然林和个体天然林（天然林权属及其面积见表 2-5，各权属天然林分布如图 2-5 至图 2-8）。

表 2-5　我国天然林权属及其面积

区域	权属	面积（亿亩）	占比（%）
天保工程区	国有天然林	9.24	71.6
	集体和个人所有天然林	3.66	28.4
非天保工程区	国有天然林	7.62	45.5
	集体和个人所有天然林	9.14	54.5
商品林	国有林场	0.61	11.4
	集体和个人所有林场	4.74	88.6

注：数据来源于《林业"十三五"天然林保护方案实施》。

国有林管护根据天保工程区森林分布特点，结合自然和社会经济状况，针对不同区域具体情况，采取行之有效的森林管护模式，确保管护效果（李云清，2013），包括管护站管护模式、专业和承包管护模式、分级管护模式、家庭生态林场管护模式、其他管护模式。集体林管护按照集体林权制度改革的要求，已确权到户的，尊重林农意愿，因地制宜确定管护方式。集体林中未分包到户的公益林，可以采取专业管护队伍统一管护的办法，也可以采取农民个人承包进行管护，管护承包者与林权所有者签订森林管护承包合同，林权所有者加强检查监督。还可以采取其他灵活多样的管护方式，明确责、权、利，提高管护成效。主要包括分级管护模式、家庭托管模式、林农直管模式、承包管护模式、共管模式、联管模式。

在天保工程中对不同权属天然林在全面停止天然林商业性采伐补助、森林管护费补助、森林培育补助、天然林保护能力建设补助等政策方面存在差异，进而影响到天然林的管护与保育等多个方面，对工程生态功能具有显著影响。国有天然林，尤其重点国有天然林是天保工程的实施重点，在工程实施的经济、社会及森林管护政策方面都应更加重视，森林管护效果等优于集体天然林和个体天然林。因此，本区划中采用天然林权属作为区划政策管理类的辅助指标，国有林区主要依据《中国林业统计年鉴》中的国有林区企业和重点营林局划定。

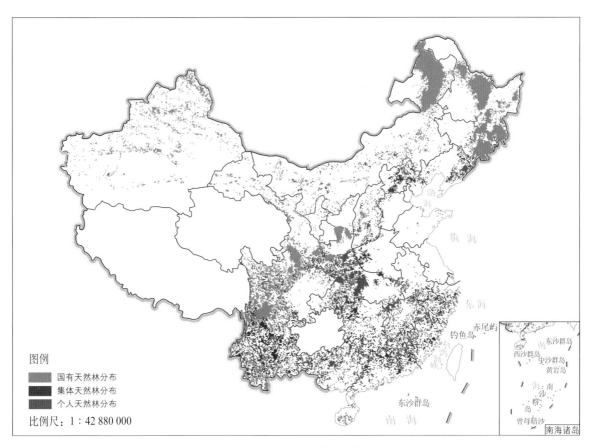

图 2-5　全国天然林分布

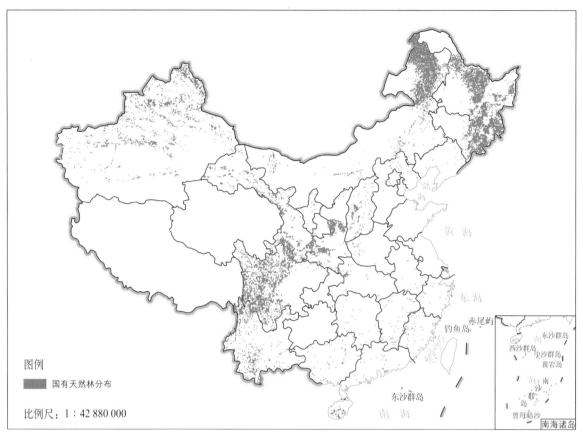

图 2-6　国有天然林分布

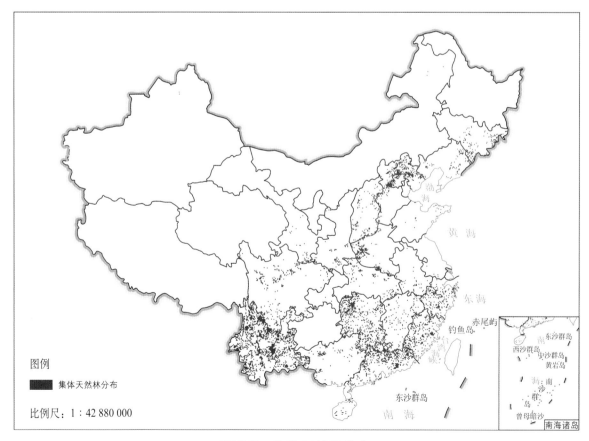

图 2-7　集体天然林分布

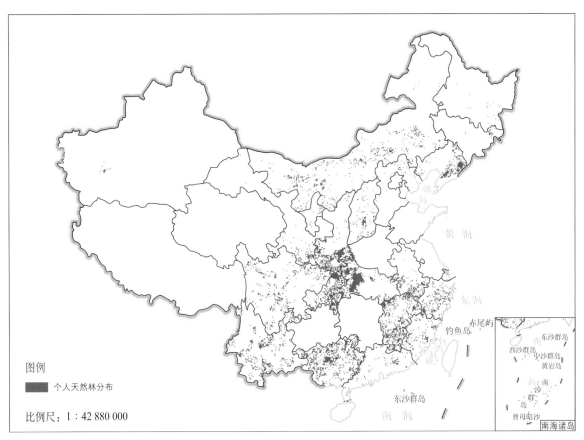

图 2-8　个人天然林分布

（四）对应典型生态区

典型生态区兼具国家重点生态功能区、生物多样性保护优先区域、国家生态屏障区、全国生态脆弱区和国家公园保护地等，作为区域生态主导功能指标划分天然林保护修复生态功能监测区划。

1. 国家重点生态功能区

2010 年，在全国陆地国土空间及内水和领海（不包括香港、澳门、台湾地区）范围内，经过对土地资源、水资源、环境容量、生态系统重要性、自然灾害危险性、人口集聚度以及经济发展水平和交通优势等因素的综合评价，编制了《全国主体功能规划》，以保障国家生态安全重要区域、人与自然和谐相处的示范区为功能定位，经综合评价建立包括大兴安岭森林生态功能区等 25 个地区，总面积约 386 万平方千米。该规划的主要目标：第一，增强生态服务功能，改善生态环境质量；第二，形成点状开发、面上保护的空间结构，得以控制开发强度；第三，形成不影响生态系统功能的友好型的产业结构；第四，减少人口总量，提高人口质量，降低人口对生态环境的压力；第五，提高公共服务水平，改善人民生活水平，提高义务教育质量，基本消除绝对贫困。

> 国家重点生态功能区是指承担水源涵养、水土保持、防风固沙和生物多样性维护等重要生态功能，关系全国或较大范围区域的生态安全，需要在国土空间开发中限制进行大规模高强度工业化城镇化开发，以保持并提高生态产品供给能力的区域。国家重点生态功能区是我国对于优化国土资源空间格局、坚定不移地实施主体功能区制度、推进生态文明制度建设所划定的重点区域。

国家重点生态功能区主要分为4种类型：水源涵养型、水土保持型、防风固沙型和生物多样性维护型（表2-6）。

水源涵养型以推进天然林保护，退耕还林，围栏封育，治理水土流失，维护生态系统为目的；水土保持型大力推行节水灌溉和雨水集蓄利用，发展旱作节水农业；防风固沙型禁牧休牧，以草定畜，严格控制载畜量；生物多样性维护型通过禁止对野生动植物滥捕滥采，保持并恢复野生动植物物种和种群平衡，实现野生动植物资源的良性循环和永续利用（图2-9）。

表2-6　全国重要生态功能区域

区域	类型	综合评价	发展方向
大小兴安岭森林生态功能区	水源涵养	森林覆盖率高，具有完整的寒温带森林生态系统，是松嫩平原和呼伦贝尔草原的生态屏障。目前，原始森林受到较严重的破坏，出现不同程度的生态退化现象	加强天然林保护和植被恢复，大幅度调减木材产量，对生态公益林禁止商业性采伐，植树造林，涵养水源，保护野生动物
长白山森林生态功能区		拥有温带最完整的山地垂直生态系统，是大量珍稀物种资源的"生物基因库"。目前，森林破坏导致环境改变，威胁多种动植物物种的生存	禁止非保护性采伐，植树造林，涵养水源，防止水土流失，保护生物多样性
阿尔泰山地森林草原生态功能区		森林茂密，水资源丰沛，是额尔齐斯河和乌伦古河的发源地，对北疆地区绿洲开发、生态环境保护和经济发展具有较高的生态价值。目前，草原超载过牧，草场植被受到严重破坏	禁止非保护性采伐，合理更新林地。保护天然草原，以草定畜，增加饲草料供给，实施牧民定居
三江源草原草甸湿地生态功能区		长江、黄河、澜沧江的发源地，有"中华水塔"之称，是全球大江大河、冰川、雪山及高原生物多样性最集中的地区之一，其径流、冰川、冻土、湖泊等构成的整个生态系统对全球气候变化有巨大的调节作用。目前，草原退化、湖泊萎缩、鼠害严重，生态系统功能受到严重破坏	封育草原，治理退化草原，减少载畜量，涵养水源，恢复湿地，实施生态移民
若尔盖草原湿地生态功能区		位于黄河与长江水系的分水地带，湿地泥炭层深厚，对黄河流域的水源涵养、水文调节和生物多样性维护有重要作用。目前，湿地疏干垦殖和过度放牧导致草原退化、沼泽萎缩、水位下降	停止开垦，禁止过度放牧，恢复草原植被，保持湿地面积，保护珍稀动物
甘南黄河重要水源补给生态功能区		青藏高原东端面积最大的高原沼泽泥炭湿地，在维系黄河流域水资源和生态安全方面有重要作用。目前，草原退化沙化严重，森林和湿地面积锐减，水土流失加剧，生态环境恶化	加强天然林、湿地和高原野生动植物保护，实施退牧还草、退耕还林还草、牧民定居和生态移民

（续）

区域	类型	综合评价	发展方向
祁连山冰川与水源涵养生态功能区	水源涵养	冰川储量大，对维系甘肃河西走廊和内蒙古西部绿洲的水源具有重要作用。目前，草原退化严重，生态环境恶化，冰川萎缩	围栏封育天然植被，降低载畜量，涵养水源，防止水土流失，重点加强石羊河流域下游民勤地区的生态保护和综合治理
南岭山地森林及生物多样性生态功能区		长江流域与珠江流域的分水岭，是湘江、赣江、北江、西江等的重要源头区，有丰富的亚热带植被。目前，原始森林植被破坏严重，滑坡、山洪等灾害时有发生	禁止非保护性采伐，保护和恢复植被，涵养水源，保护珍稀动物
黄土高原丘陵沟壑水土保持生态功能区	水土保持	黄土堆积深厚、范围广大，土地沙漠化敏感程度高，对黄河中下游生态安全具有重要作用。目前坡面土壤侵蚀和沟道侵蚀严重，侵蚀产沙易淤积河道、水库	控制开发强度，以小流域为单元综合治理水土流失，建设淤地坝
大别山水土保持生态功能区		淮河中游、长江下游的重要水源补给区，土壤侵蚀敏感程度高。目前，山地生态系统退化，水土流失加剧，加大了中下游洪涝灾害发生率	实施生态移民，降低人口密度，恢复植被
桂黔滇喀斯特石漠化防治生态功能区		属于以岩溶环境为主的特殊生态系统，生态脆弱性极高，土壤一旦流失，生态恢复难度极大。目前，生态系统退化问题突出，植被覆盖率低，石漠化面积加大	封山育林育草，种草养畜，实施生态移民，改变耕作方式
三峡库区水土保持生态功能区		我国最大的水利枢纽工程库区，具有重要的洪水调蓄功能，水环境质量对长江中下游生产生活有重大影响。目前，森林植被破坏严重，水土保持功能减弱，土壤侵蚀量和入库泥沙量增大	巩固移民成果，植树造林，恢复植被，涵养水源，保护生物多样性
塔里木河荒漠化防治生态功能区	防风固沙	南疆主要饮用水源，对流域绿洲开发和人民生活至关重要，沙漠化和盐渍化敏感程度高。目前，水资源过度利用，生态系统退化明显，胡杨木等天然植被退化严重，绿色走廊受到威胁	合理利用地表水和地下水，调整农牧业结构，加强药材开发管理，禁止过度开垦，恢复天然植被，防止沙化面积扩大
阿尔金草原荒漠化防治生态功能区		气候极为干旱，地表植被稀少，保存着完整的高原自然生态系统，拥有许多极为珍贵的特有物种，土地沙漠化敏感程度极高。目前，鼠害肆虐，土地荒漠化加速，珍稀动植物的生存受到威胁	控制放牧和旅游区域范围，防范盗猎，减少人类活动干扰
呼伦贝尔草原草甸生态功能区		以草原草甸为主，产草量高，但土壤质地粗疏，多大风天气，草原生态系统脆弱。目前，草原过度开造成草场沙化严重，鼠虫害频发	禁止过度开垦、不适当樵采和超载过牧，退牧还草，防治草场退化沙化
科尔沁草原生态功能区		地处温带半湿润与半干旱过渡带，气候干燥，多大风天气，土地沙漠化敏感程度极高。目前，草场退化、盐渍化和土壤贫瘠化严重，为我国北方沙尘暴的主要沙源地，对东北和华北地区生态安全构成威胁	根据沙化程度采取针对性强的治理措施
浑善达克沙漠化防治生态功能区		以固定、半固定沙丘为主，干旱频发，多大风天气，是北京乃至华北地区沙尘的主要来源地。目前，土地沙化严重，干旱缺水，对华北地区生态安全构成威胁	采取植物和工程措施，加强综合治理

（续）

区域	类型	综合评价	发展方向
阴山北麓草原生态功能区	防风固沙	气候干旱，多大风天气，水资源贫乏，生态环境极为脆弱，风蚀沙化土地比重高。目前，草原退化严重，为沙尘暴的主要沙源地，对华北地区生态安全构成威胁	封育草原，恢复植被，退牧还草，降低人口密度
川滇森林及生物多样性生态功能区	生物多样性维护	原始森林和野生珍稀动植物资源丰富，是大熊猫、羚牛、金丝猴等重要物种的栖息地，在生物多样性维护方面具有十分重要的意义。目前，山地生态环境问题突出，草原超载过牧，生物多样性受到威胁	保护森林、草原植被，在已明确的保护区域保护生物多样性和多种珍稀动植物"基因库"
秦巴生物多样性生态功能区		包括秦岭、大巴山、神农架等亚热带北部和亚热带—暖温带过渡的地带，生物多样性丰富，是许多珍稀动植物的分布区。目前，水土流失和地质灾害问题突出，生物多样性受到威胁	减少林木采伐，恢复山地植被，保护野生物种
藏东南高原边缘森林生态功能区		主要以分布在海拔900～2500米的亚热带常绿阔叶林为主，山高谷深，天然植被仍处于原始状态，对生态系统保育和森林资源保护具有重要意义	保护自然生态系统
藏西北羌塘高原荒漠生态功能区		高原荒漠生态系统保存较为完整，拥有藏羚羊、黑颈鹤等珍稀特有物种。目前，土地沙化面积扩大，病虫害和溶洞滑塌等灾害增多，生物多样性受到威胁	加强草原草甸保护，严格草畜平衡，防范盗猎，保护野生动物
三江平原湿地生态功能区		原始湿地面积大，湿地生态系统类型多样，在蓄洪防洪、抗旱、调节局部地区气候、维护生物多样性、控制土壤侵蚀等方面具有重要作用。目前，湿地面积减小和破碎化，面源污染严重，生物多样性受到威胁	扩大保护范围，控制农业开发和城市建设强度，改善湿地环境
武陵山区生物多样性及水土保持生态功能区		属于典型亚热带植物分布区，拥有多种珍稀濒危物种，是清江和澧水的发源地，对减少长江泥沙具有重要作用。目前，土壤侵蚀较严重，地质灾害较多，生物多样性受到威胁	扩大天然林保护范围，巩固退耕还林成果，恢复森林植被和生物多样性
海南岛中部山区热带雨林生态功能区		热带雨林、热带季雨林的原生地，我国小区域范围内生物物种十分丰富的地区之一，也是我国最大的热带植物园和最丰富的物种"基因库"之一。目前，由于过度开发，雨林面积大幅减少，生物多样性受到威胁	加强热带雨林保护，遏制山地生态环境恶化

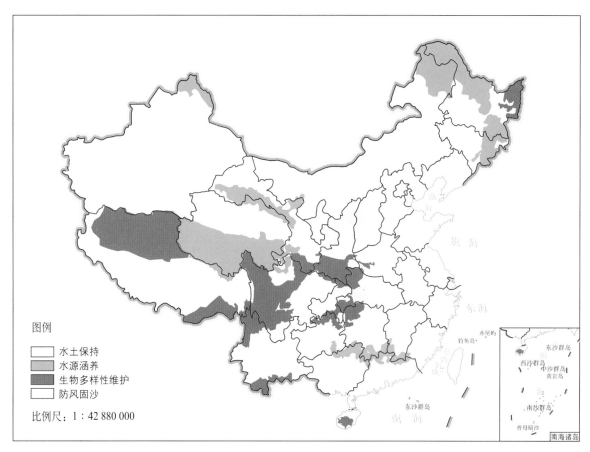

图 2-9　全国重要生态功能区

2. 生物多样性保护优先区域

将《中国生物多样性保护战略与行动计划（2011—2030 年）》（以下简称《计划》）划定的中国生物多样性保护优先区域作为森林生态系统观测网络重要布局区域划分指标。《计划》根据我国的自然条件、社会经济状况、自然资源以及主要保护对象分布特点等因素，将全国划分为 8 个自然区域，即东北山地平原区、蒙新高原荒漠区、华北平原黄土高原区、青藏高原高寒区、西南高山峡谷区、中南西部山地丘陵区、华东华中丘陵平原区和华南低山丘陵区。

生物多样性保护优先区域综合考虑生态系统类型的代表性、特有程度、特殊生态功能，以及物种的丰富程度、珍稀濒危程度、受威胁因素、地区代表性、经济用途、科学研究价值、分布数据的可获得性等因素，划定了 35 个生物多样性保护优先区域，包括大兴安岭区、三江平原区、祁连山区、秦岭区等 32 个内陆陆地及水域生物多样性保护优先区域，以及黄渤海保护区域、东海及台湾海峡保护区域和南海保护区域等 3 个海洋与海岸生物多样性保护优先区域。

生物多样性保护优先区域是开展生物多样性保护工作的重点区域，是贯彻《中国生物多样性保护战略与行动计划（2011—2030年）》，把生物多样性保护的各项政策措施落到实处的基础。生物多样性保护优先区域分布见表2-7、图2-10。

表2-7　生物多样性保护优先区域

编号	中国生物多样性保护优先区域	编号	中国生物多样性保护优先区域
陆地优先区			
1	大兴安岭区	17	横断山南段区
2	小兴安岭区	18	岷山—横断山北段区
3	三江平原区	19	秦岭区
4	长白山区	20	苗岭—金钟山—凤凰山区
5	松嫩平原区	21	武陵山区
6	呼伦贝尔区	22	大巴山区
7	阿尔泰山区	23	大别山区
8	天山—准噶尔盆地西南缘区	24	黄山—怀玉山区
9	塔里木河流域	25	武夷山地区
10	祁连山区	26	南岭地区
11	西鄂尔多斯—贺兰山—阴山区	27	洞庭湖区
12	羌塘、三江源区	28	鄱阳湖区
13	库姆塔格区	29	海南岛中南部区
14	六盘山—子午岭—太行山区	30	西双版纳区
15	泰山地区	31	大明山地区
16	喜马拉雅东南区	32	锡林郭勒草原区
海洋优先区			
33	黄渤海保护区	34	东海及台湾海峡保护区域
35	南海保护区域		

图 2-10　生物多样性保护优先区域分布

3. 国家生态屏障区

生态安全是 21 世纪人类社会可持续发展所面临的一个新主题，是国家安全的重要组成部分，与国防安全、金融安全等具有同等重要的战略地位。生态屏障是一个区域的关键地段，其生态系统对区域具有重要作用。因此，具有良好结构的生态系统是生态屏障的主体及第一要素。它具有明确的保护对象和防御对象，是保护对象的"过滤器""净化器"和"稳定器"，是防御对象的"紧箍咒"和"封存器"（傅伯杰等，2017）。2011 年，国务院发布的《全国主体功能区规划》中，明确了我国以"两屏三带"为主体的生态安全战略格局。

"两屏三带"生态安全战略格局是构建以青藏高原生态屏障、黄土高原川滇生态屏障、东北森林带、北方防沙带和南方丘陵土地带以及大江大河重要水系为骨架，以其他国家重点生态功能区为重要支撑，以点状分布的国家禁止开发区域为重要组成部分的生态安全战略格局，是构建国土空间的"三大战略格局"的重要组成部分，也是城市化格局战略和农业战略格局的重要保障性格局。

青藏高原生态屏障要重点保护好多样、独特的生态系统，发挥涵养大江大河水源和调节气候的作用。黄土高原川滇生态屏障重点要加强水土流失防治和天然植被保护，发挥保障长江、黄河中下游地区生态安全的作用。东北森林带重点要保护好森林资源和生物多样性，发挥东北平原生态安全屏障的作用。北方防沙带重点要加强防护林建设、草原保护和防风固沙，对暂不具备治理条件的沙化土地实行封禁保护，发挥三北地区生态安全屏障作用。南方丘陵山地带重点加强植被修复和水土流失防治，发挥华南和西南地区生态安全屏障的作用（图2-11）。构建"两屏三带"生态安全战略格局，对这些区域进行切实保护，使生态功能得到恢复和提升，对于保障国家生态安全，实现可持续发展具有重要战略意义。

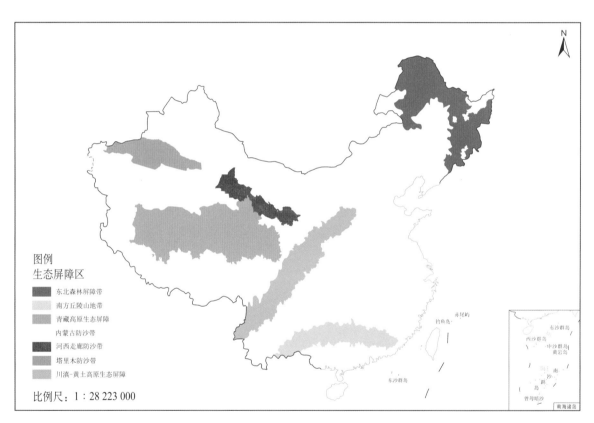

图2-11　"两屏三带"国家生态屏障区

注：北方防沙带可划分为内蒙古防沙带、河西走廊防沙带和塔里木防沙带。

4. 全国生态脆弱区

　　我国是世界上生态脆弱区分布面积最大、脆弱生态类型最多、生态脆弱性表现最明显的国家之一。我国生态脆弱区大多位于生态过渡和植被交错区，处于农牧、林牧、农林等复合交错带，是我国目前生态问题突出、经济相对落后和人民生活贫困区。同时，也是我国环境监管的薄弱地区。加强生态脆弱区保护、增强生态环境监管力度、促进生态脆弱区经济发展，有利于维护生态系统的完整性，实现人与自然的和谐发展，是贯彻落实科学发展观、牢固树立生态文明观念、促进经济社会又好又快发展的必然要求。

2008 年，环境保护部发布的《全国生态脆弱区保护规划纲要》中提出，我国生态脆弱区主要分布在北方干旱半干旱区、南方丘陵区、西南山地区、青藏高原区及东部沿海水陆交接地区，行政区域涉及黑龙江、内蒙古、吉林、辽宁、河北、山西、陕西、宁夏、甘肃、青海、新疆、西藏、四川、云南、贵州、广西、重庆、湖北、湖南、江西、安徽等 21 个省(自治区、直辖市)。主要类型包括东北林草交错生态脆弱区、北方农牧交错生态脆弱区、西北荒漠绿洲交接生态脆弱区、南方红壤丘陵山地生态脆弱区、西南岩溶山地石漠化生态脆弱区、西南山地农牧交错生态脆弱区、青藏高原复合侵蚀生态脆弱区、沿海水陆交接带生态脆弱区 8 个主要分布区 (图 2-12、表 2-8)。生态脆弱区天然林保护对于脆弱区生态修复具有重大意义。

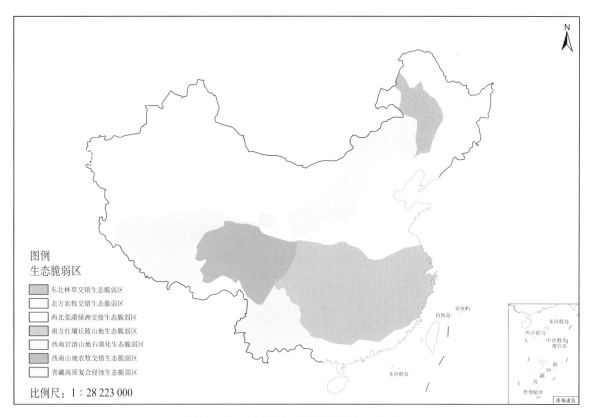

图 2-12　全国生态脆弱区分布示意

表 2-8　全国生态脆弱区重点保护区域及发展方向

生态脆弱区名称	序号	重点保护区域	主要生态问题	发展方向与措施
东北林草交错生态脆弱区	1	大兴安岭西麓山地林草交错生态脆弱重点区域	天然林面积减小，稳定性下降；水土保持、水源涵养能力降低，草地退化、沙化趋势激烈	严格执行天然林保护政策，禁止超采过牧、过度垦殖和无序采矿，防止草地退化与风蚀沙化，全面恢复林草植被，合理发展生态旅游业和特色养殖业

（续）

生态脆弱区名称	序号	重点保护区域	主要生态问题	发展方向与措施
北方农牧交错生态脆弱区	2	辽西以北丘陵灌丛草原垦殖退沙化生态脆弱重点区域	草地过垦过牧，植被退化明显，土地沙漠化强烈，水土流失严重，气候干旱，水资源短缺	禁止过度垦殖、樵采和超载放牧，全面退耕还林（草）防治草地退化、沙化，恢复草原植被，发展节水农业和生态养殖业
	3	冀北坝上典型草原垦殖退沙化生态脆弱重点区域	草地退化，土地沙化趋势激烈，风沙活动强烈，干旱、沙尘暴等灾害天气频发，水土流失严重	严禁滥砍滥挖，全面退耕还林还草，严格控制耕地规模，禁牧休牧，以草定畜，大力推行舍饲圈养技术发展新型有机节水农业和生态养殖业
	4	阴山北麓荒漠草原垦殖退沙化生态脆弱重点区域	草地退化、沙漠化趋势激烈，风沙活动强烈，土壤侵蚀严重，气候灾害频发，水资源短缺	退耕还林还草，严格控制耕地规模，禁牧休牧，以草定畜，恢复植被，全面推行舍饲圈养技术，发展新型农牧业，防止草地沙化
	5	鄂尔多斯荒漠草原垦殖退沙化生态脆弱重点区域	气候干旱，植被稀疏，风沙活动强烈，沙漠化扩展趋势明显，气候灾害频发，水土流失严重	严格退耕还林还草，全面围封禁牧，恢复植被，防止沙丘活化和沙漠化扩展，加强矿区植被重建，发展生态产业
西北荒漠绿洲交接生态脆弱区	6	贺兰山及蒙宁河套平原外围荒漠绿洲生态脆弱重点区域	土地过垦，草地过牧，植被退化，水土保持能力下降，土壤次生盐渍化加剧，水资源短缺	禁止破坏林木资源，严格控制水土流失，发展节水农业，提高水资源利用效率，防止土壤次生盐渍化，合理更新林地资源
	7	新疆塔里木盆地外缘荒漠绿洲生态脆弱重点区域	滥伐森林，草地过牧，植被退化严重，高山雪线上移，水资源短缺，土壤贫瘠，风沙活动强烈，土地荒漠化及水土流失严重	严格保护林木资源和山地草原生态系统，禁止采伐过牧和过度利用水资源，发展节水型高效种植业和生态养殖业，防止土壤侵蚀与荒漠化扩展
	8	青海柴达木高原盆地荒漠绿洲生态脆弱重点区域	草地过牧，乱采滥挖，植被严重退化，水土保持及水源涵养能力下降，荒漠化扩展趋势明显	严禁乱采、滥挖野生药材，以草定畜、禁牧恢复、限牧育草，加强天然林保护，围栏封育，恢复草地植被防治水土流失
南方红壤丘陵山地生态脆弱区	9	南方红壤丘陵山地流水侵蚀生态脆弱重点区域	土地过垦、林灌过樵，植被退化明显，水土流失严重，生态十分脆弱	杜绝樵采，封山育林，种植经济型灌草植物，恢复山体植被，发展生态养殖业和农畜产品加工业
	10	南方红壤山间盆地流水侵蚀生态脆弱重点区域	土地过垦、肥力下降，植被盖度低、退化明显，流水侵蚀严重	合理营建农田防护林，种植经济灌木和优良牧草，推广草田轮作，发展生态种养业和农畜产品加工业
西南岩溶山地石漠化生态脆弱区	11	西南岩溶山地丘陵流水侵蚀生态脆弱重点区域	过度樵采，植被退化，土层薄，土壤发育缓慢，溶蚀、水蚀严重	严禁樵采和破坏山地植被，封山育林，广种经济灌木和牧草，快速恢复山体植被，发展生态旅游业
	12	西南岩溶山间盆地流水侵蚀生态脆弱重点区域	土地过垦，林地过樵，植被退化，流水侵蚀严重，生态脆弱	建设经济型乔灌草复合植被，固土肥田，实施林网化保护，控制水土流失，发展生态旅游和生态种殖业

（续）

生态脆弱区名称	序号	重点保护区域	主要生态问题	发展方向与措施
西南山地农牧交错生态脆弱区	13	横断山高中山农林牧复合生态脆弱重点区域	森林过伐，土地过垦，植被退化，土壤发育不全，土层薄而贫瘠，水土流失严重	严格执行天然林保护政策，禁止超采过牧和无序采矿，防止水土流失，恢复林草植被，合理发展生态旅游业
	14	云贵高原山地石漠化农林牧复合生态脆弱重点区域	森林过伐，土地过垦，植被稀疏，土壤发育不全，土层薄而贫瘠，水源涵养能力低下，水土流失十分严重，石漠化强烈	严禁采伐山地森林资源，严格退耕还林，封山育林，加强小流域综合治理，控制水土流失，合理发展生态农业、生态旅游业
青藏高原复合侵蚀生态脆弱区	15	青藏高原山地林牧复合侵蚀生态脆弱重点区域	植被退化明显，受风蚀、水蚀、冻蚀以及重力侵蚀影响，水土流失严重	全面退耕还林、退牧还草，封山育林育草，恢复植被，休养生息，建立高原保护区，适当发展生态旅游业
	16	青藏高原山间河谷风蚀水蚀生态脆弱重点区域	植被退化明显，受风蚀、水蚀、冻蚀以及重力侵蚀影响，水土流失严重	全面退耕还林、退牧还草，封山育林育草，恢复植被，适当发展旅游业和生态养殖业
沿海水陆交接带生态脆弱区	17	辽河、黄河、长江、珠江等滨海三角洲湿地及其近海水域	湿地退化，调蓄净化能力减弱，土壤次生盐渍化加重，水体污染，生物多样性下降	调整湿地利用结构，全面退耕还湿，合理规划，严格控制水体污染，重点发展特色养殖业和生态旅游业
沿海水陆交接带生态脆弱区	18	渤海、黄海、南海等滨海水陆交接带及其近海水域	台风、暴雨、潮汐等自然灾害频发，过渡区土壤次生盐渍化加剧，缓冲能力减弱	科学规划，合理营建滨海防护林和护岸林，加强滨海区域生态防护工程建设，因地制宜发展特色养殖业
	19	华北滨海平原内涝盐碱化生态脆弱重点区域	植被覆盖度低，受潮汐、台风影响大，地下水矿化度高，土壤盐碱化较重	合理营建滨海农田防护林和堤岸防护林，广种耐盐碱优良牧草，发展滨海养殖业

5. 国家公园体制试点分布区

国家公园是指由国家批准设立并主导管理，边界清晰，以保护具有国家代表性的大面积自然生态系统为主要目的，实现自然资源科学保护和合理利用的特定陆地或海洋区域（图2-13）。建立国家公园体制是党的十八届三中全会提出的重点改革任务，是我国生态文明制度建设的重要内容，对于推进自然资源科学保护和合理利用，促进人与自然和谐共生，推进美丽中国建设，具有极其重要的意义。国家公园多建于天然林内或天然林周边，与天然林保护修复具有紧密的联系。天然林保护修复生态功能监测网络可为国家公园生态监测提供有力支撑。

2017 年 9 月，中共中央办公厅、国务院办公厅印发了《建立国家公园体制总体方案》，公布首批十个国家公园体制试点，包括三江源国家公园、大熊猫国家公园、东北虎豹国家公园、湖北神农架国家公园、钱江源国家公园、南山国家公园、武夷山国家公园、普达措国家公园、祁连山国家公园、海南热带雨林国家公园。

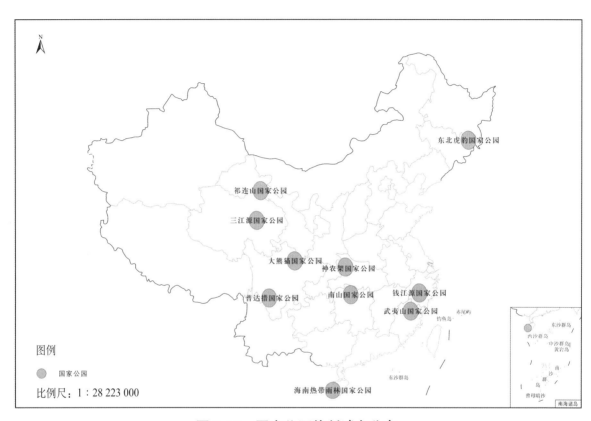

图 2-13　国家公园体制试点分布

2021 年 10 月 12 日，在昆明召开的联合国《生物多样性公约》第十五次缔约方大会上，习近平总书记正式宣布将三江源、大熊猫、东北虎豹、海南热带雨林、武夷山等设立为第一批国家公园，保护面积达 23 万平方千米，涵盖近 30% 的陆域国家重点保护野生动植物种类。

（五）建立空间数据库

1. 栅格数据处理方法

温度指标、水分指标、中国森林分区、重点生态功能区和生物多样性保护优先区域为栅格图像，通过定义投影，进行几何纠正和矢量化获得温度指标图层、水分指标图层、中国森林分区图层、重点生态功能区和生物多样性保护优先区域数据图层；植被要素图斑矢量数据，通过投影转换与其他图层的投影统一，获得植被图层。

2. 空间插值方法

人们为了了解各种自然现象的空间连续变化，采用了若干空间插值的方法，用于将离散的数据转化为连续的曲面。主要分为两种：空间确定性插值和地统计学方法。

（1）空间确定性插值。空间确定性插值包括反距离加权插值法、全局多项式插值法、局部多项式插值法、径向基函数插值法等，各方法的具体内容见表2-9。

表2-9 空间确定性插值

方法	原理	适用范围
反距离加权插值法	基于相似性原理，以插值点和样本点之间的距离为权重加权平均，离插值点越近，权重越大	样点应均匀布满整个研究区域
全局多项式插值法	用一个平面或曲面拟合全区特征，是一种非精确插值	适用于表面变化平缓的研究区域，也可用于趋势面分析
局部多项式插值法	采用多个多项式，可以得到平滑的表面	适用于含有短程变异的数据，主要用于解释局部变异
径向基函数插值法	一系列精确插值方法的组合；即表面必须通过每一个测得的采样值	适用于对大量点数据进行插值计算，可获得平滑表面，但如果表面值在较短的水平距离内发生较大变化，或无法确定样点数据的准确定，则该方法并不适用

由上表可知，空间确定性插值主要是通过周围观测点的值内插或者通过特定的数学公式进行内插，较少考虑观测点的空间分布情况。

（2）地统计学方法。地统计学主要用于研究空间分布数据的结构性和随机性、空间相关性和依赖性、空间格局与变异等。该方法以区域化变量理论为基础，利用半变异函数，对区域化变量的位置采样点进行无偏最优估计。空间估值是其主要研究内容，估值方法统称为Kriging方法。Kriging方法是一种广义的最小二乘回归算法。半变异函数公式如下：

$$\gamma(k) = \frac{1}{2N(h)} \sum_{a=1}^{N(h)} [Z(u_a) - Z(u_a + h)] \tag{2-2}$$

式中：$z(u_a)$——位置在a的变量值；

$N(h)$——距离为h的点对数量。

Kriging方法在气象方面的使用最为常见，主要可对降水、温度等要素进行最优内插，在本研究中可使用该方法对气象数据进行分析。由于球状模型用于普通克里格插值精度最高，且优于常规插值方法（何亚群等，2008），因此本文采用球状模型进行变异函数拟合，获得降水、温度等要素的最优内插。球状模型公式如下：

$$\gamma(h) = \begin{cases} 0 & h=0 \\ C_0+C\left(\dfrac{3}{2}\times\dfrac{h}{a}-\dfrac{1}{2}\times\dfrac{h^3}{a^3}\right) & 0<h\leqslant a \\ C_0+C & h>a \end{cases} \tag{2-3}$$

式中：C_0——块金效应值，表示 h 很小时两点间变量值的变化；

C——基台值，反映变量在研究范围内的变异程度；

a——变程；

h——滞后距离。

3. 空间数据构建方法

空间数据库选择 ArcSDE，构建数据库主要包括：①基础数据。天保工程区空间范围、行政区划、地形地貌数据、气象数据、森林区划、植被区划；②辅助数据。全国重点生态功能区、全国生物多样性保护优先区域、国家生态屏障区、全国生态脆弱区、国家公园保护地等数据。

空间数据库中空间数据主要为矢量数据，矢量数据是通过记录坐标的方式尽可能精确地表示点、线、多边形等地理实体，是具有拓扑关系、面向对象的空间数据类型。矢量数据的结构紧凑、精度高、显示效果较好，其特点是定位明显、属性隐含，在计算长度、面积、形状和图形编辑操作中，矢量结构具有很高的效率和精度（牛全福，2011；王超，2014），因此在天然林保护修复生态效益监测站布局研究中矢量数据是重要的基础数据。

根据 GeoDatabase 的数据管理方案，物理模型设计的主要内容：①空间数据库结构设计：包括地理要素/图层/图像的结构与组织、地理实体属性表设计、表格字段的属性、别名等，建立空间索引的方法；②地图数字化方案设计；③数据整理与编辑方案设计；④数据格式转换；⑤空间数据的更新；⑥地图投影与坐标变换；⑦多源、多尺度、多类数据集成与共享；⑧数据库安全保密（牛全福，2011；王超，2014）。

（六）空间分析与生态地理区划

遥感（RS）、地理信息系统（GIS）和全球定位系统（GPS）形成的"3S"技术及其相关技术是近年来蓬勃发展的一门综合性技术，利用"3S"技术能够及时、准确、动态地获取资源现状及其变化信息，并进行合理的空间分析，对实现陆地生态系统的动态监测与管理、合理的区划与布局具有重要的意义（肖荣波等，2004）。

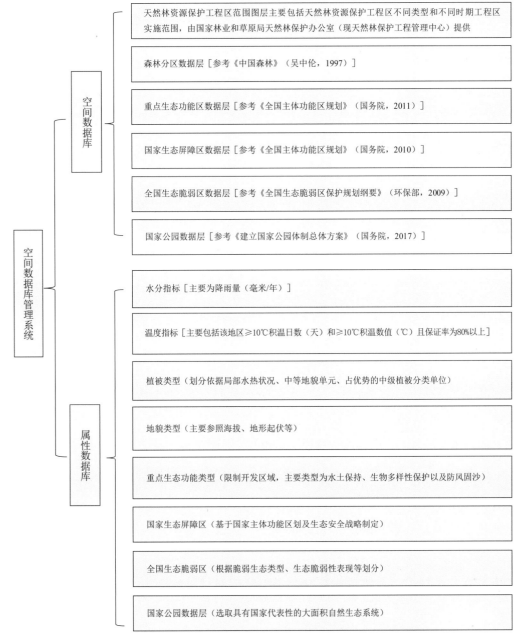

图 2-14　天然林保护修复生态地理区划空间数据库

空间分析是地理信息系统最常使用的一个基础而又重要的方法，也是以 GIS 为工具的基于生态地理区划的生态站网络布局的关键环节（牛全福，2011）。在基于 GIS 技术的生态站网络布局研究中，通过空间分析方法实现典型抽样。主要包括以下几个方面：投影转换、地统计学构建温度和水分区划、叠加分析。在此基础上，结合生态地理区域的特征，阐述以 GIS 为工具的基于生态地理区划的生态站网络布局的分析与建模方面的关键技术。

因此，本区划采用该技术，在天然林保护修复生态功能监测区划原则和依据的指导下，结合天然林资源保护工程区气候、森林植被、政策、生态主导功能等因素，利用地理信息系统，在基于每个因素进行抽样的基础上，实施叠加分析，建立天然林保护修复生态分区，明确生态功能监测区划数量。在区划布局过程中主要用到以下方法：

1. 投影转换

投影转换是进行空间分析的前提。对于收集的基础数据，由于格式（矢量、栅格、表格）及空间参考系统的不同，需要进行格式的转换和投影转换，统一所有的数据格式，将大地坐标转换为平面坐标，便于进行面积的统计分析。另外，还需要通过大量的空间分析操作来提取相应的生态要素信息作为划分生态地理区划的基础，为生态站布局提供依据。

由于地球是一个不规则的球体，为了能够将其表面内容显示在平面上，必须将球面地理坐标系统变换到平面投影坐标系统，因此，需运用地图投影方法，建立地球表面上和平面上点的函数关系，使地球表面上由地理坐标确定的点，在平面上有一个与它相对应的点。地图投影保证了空间信息在地域上的连续性和完整性（余宇航，2010）。目前，投影转换主要有以下几种方法（余宇航，2010）：

（1）正解变换。通过建立一种投影变换为另一种投影的严密或近似的解析关系式，直接由一种投影的数字化坐标 (x, y) 变换到另一种投影的直角坐标 (X, Y)。

（2）反解变换。由一种投影的坐标反解出地理坐标 $(x, y$-$B, L)$，然后再将地理坐标带入另一种投影的坐标公式中 $(B, L$-$X, Y)$，从而实现由一种投影坐标到另一种投影坐标的变换 $(x, y$-$X, Y)$。

（3）数值变换。根据两种投影在变换区内的若干同名数字化点，采用插值法、有限差分法、最小二乘法、有限元法和待定系数法等，从而实现由一种投影到另一种投影坐标的转换。

在以上 3 种方法中，正解变换是使用较多的方法。

本区划中所涉及投影为高斯—克吕格投影，该投影是一种横轴等角切椭圆柱投影，高斯投影条件如下：

中央经线和地球赤道投影成为直线且为投影的对称轴、等角投影、中央经线上没有长度变形。

本区划中主要采用第一种变换方式，即正解变换法完成大地坐标和平面坐标之间的变换。根据高斯投影的条件推导其计算公式如下：

$$X = S + \frac{\lambda^2 N}{2} \sin\phi \cos\phi + \frac{\lambda^4 N}{24} \sin\phi \cos^3\phi \ (5 - \mathrm{tg}^2\phi + 9\eta^2 + 4\eta^4) + \cdots \tag{2-4}$$

$$Y = \lambda N \cos\phi + \frac{\lambda^3 N}{6} \cos^3\phi \ (1 - \mathrm{tg}^2\phi + \eta^2) + \frac{\lambda^5 N}{10} \cos^5\phi \ (5 - 18\mathrm{tg}^2\phi + \mathrm{tg}^4\phi) + \cdots \tag{2-5}$$

式中：φ，λ——点的地理坐标，以弧度计，λ 从中央经线起算。

$$\eta^2 = e^2 \cos^2\phi \tag{2-6}$$

在投影变换中涉及的参数之间的关系见下说明（方坤，2009；刁宗宝等，2011；刘松波等，2012）：

$$a=b\sqrt{1+e'^2}, \quad b=a\sqrt{1-e^2}$$

$$c=a\sqrt{1+e'^2}, \quad a=c\sqrt{1-e^2}$$

$$e'=e\sqrt{1+e'^2}, \quad e=e'\sqrt{1-e^2}$$

$$V=W\sqrt{1+e'^2}, \quad W=V\sqrt{1-e^2}$$

$$e^2=2\alpha-\alpha^2\approx2\alpha$$

$$W=\sqrt{1-e^2}\cdot V=\left(\frac{b}{a}\right)\cdot V$$

$$V=\sqrt{1+e'^2}\cdot W=\left(\frac{a}{b}\right)\cdot W$$

$$W^2=1-e^2\sin^2B=\left(1-e^2\right)V^2 \tag{2-7}$$

$$V^2=1+\eta^2=\left(1+e'^2\right)W^2$$

式中：a —— 椭圆的长半轴；

b —— 短半轴；

$a=\dfrac{a-b}{a}$ —— 椭圆的扁率；

$e=\dfrac{\sqrt{a^2-b^2}}{a}$ —— 椭圆的第一偏心率；

$e'=\dfrac{\sqrt{a^2-b^2}}{a}$ —— 椭圆的第二偏心率；

W —— 第一基本纬度函数；

V —— 第二基本纬度函数。

本区划选取的行政区划图为 WGS-84 坐标系，需将其转换为与其他图层一致的西安 1980 坐标系。WGS-84 坐标系是大地坐标，西安 1980 坐标系采用的是 1975 国际椭球，具体参数见表 2-10，因此该处投影变换即为已知 WGS-84 坐标系下某点 $(B，L)$ 的大地坐标，求该点 1980 西安坐标系下该点的坐标 $(x，y)$。此处的坐标转换一般有三参数法和七参数法，七参数法是两个空间坐标系之间的旋转，平移和缩放，平移和旋转各有三个变量，再加一个比例尺缩放，可获得目标坐标系。如果要转换的坐标系 X、Y、Z 三个方向上是重合的，那通过平移即可实现，平移只需要 3 个参数（两椭球参心差值）。本区划中，该种假设引起的误差可忽略，缩放比例默认为 1，旋转为 0，因此，使用 3 个参数即可实现两个坐标系的转换（表 2-10）。

表 2-10 WGS-84 坐标系和 1980 西安坐标系椭球参数

参数	1975年国际椭球体	WGS-84椭球体
a	6378140.000000000（米）	6378137.0000000000（米）
b	6356755.288157528（米）	6356752.3142（米）
c	6399596.6519880105（米）	6399593.6258（米）
α	1／298.257	1/298.257223563
e^2	0.006694384999588	0.0066943799013
e'^2	0.006739501819473	0.00673949674227

WGS-84 坐标系下点为大地坐标，首先需将大地坐标 $(B，L)$ 转换为平面坐标 $(X，Y)$，根据西安 1980 坐标系和 WGS1984 坐标系下的一对已知坐标点，计算三参数，将三参数带入计算公式，即可将行政区划图坐标系转换为西安 1980 坐标系。计算三参数公式如下：

$$X_{80}=X_{84}+\mathrm{d}X \quad Y_{80}=Y_{84}+\mathrm{d}Y \quad Z_{80}=Z_{84}+\mathrm{d}Z \tag{2-8}$$

根据一对已知点坐标计算得到 $\mathrm{d}X$、$\mathrm{d}Y$ 数值（本区划不考虑高程，可忽略 Z 值），在软件中输入上述计算出的两个参数，构建新的坐标系转换模型，进行坐标系转换，将该 WGS-84 坐标系转换为西安 1980 坐标系（图 2-15）。

图 2-15　WGS-84 坐标系转换为西安 1980 坐标系

2. 叠加分析

GIS 系统提供了丰富的空间分析技术方法，对生态地理区划的构建来说，最常用的空间分析为叠加分析。从实现机制上而言，基于空间和非空间数据联合运算的空间分析方法是实现生态地理区划目的的最佳方法。

叠加分析（overlay）像是一条数据组装流水线，通过叠加分析将参与分析的各要素进行分类，并将关联要素的属性进行组装（牛全福，2011）。通过空间关系运算，得出在空间关系上相叠加的要素分组，每组要素中有两个要素，然后对分组后的每组要素进行求交集运算，通过求交集运算得出的几何对象为要素组内两个要素的公共部分（黄雪莲等，2010）。运算完成后，创建目标要素，由于叠加分析产生目标要素类的属性是两个要素属性的并集，所以目标要素的属性包含要素分组中各个要素的属性值（黄雪莲等，2010）。另外，该分析功能还可判断矢量图层的包含关系。根据该特征，通过关键字将求交后的要素关联到需要增加属性的要素上，达到实际应用的目的。

叠加分析常用来提取空间隐含信息，它以空间层次理论为基础，将代表不同主题（植被、生态功能类型、生物多样性优先区域、地形地貌等）的数据层进行叠加产生一个新的数据层面，其结果综合了多个层面要素所具有的属性（牛全福，2011；黄雪莲等，2010；王超，2014）。生态站网络布局中，叠加分析应用十分广泛，例如将温度、水分指标图层与植被，地形地貌等图层进行叠加分析，获得生态地理区划的基本图层，作为进行生态站网络布局的基础；将重点生态功能区和生物多样性保护优先区域进行叠加，作为生态站网络布局的重点监测区域；叠加分析不仅产生了新的空间关系，还将输入的多个数据层的属性联系起来产生了新的属性，其中要求被叠加空间叠加分析会涉及两个以上的图层，由于分析计算对象所处的区域，在参与该运算的多个图层中，必须保证至少有一个是多边形图层，其他图层可以为点、线或多边形图层（图2-16）。矢量图层的叠加是本区划中主要使用的方式。该种叠加是拓扑叠加，结果是产生新的空间特性和属性关系。本区划中主要为点与多边形图层和多边形与多边形图层之间的叠加操作。

点与多边形图层的叠加分析实质上是判断点与多边形的包含关系，即Point-Polygon分析，具有典型意义。可通过著名的铅垂线算法实现，即判断某点是否位于某多边形的内部，只需由该点作一条铅垂线，如果铅垂线与该多边形的焦点为奇数个，则该点位于多边形内；否则，位于多边形外（点与多边形边界重合除外）。

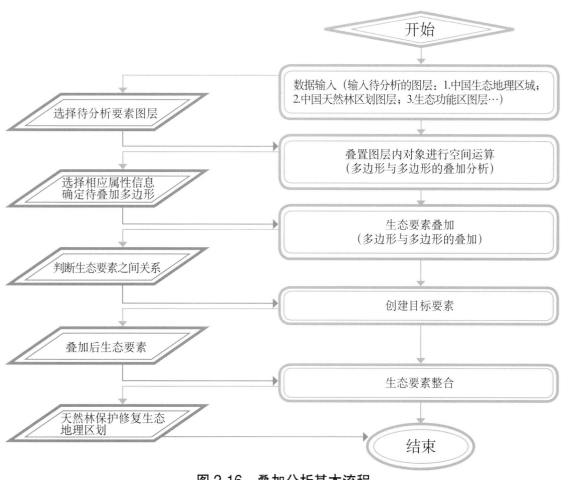

图2-16　叠加分析基本流程

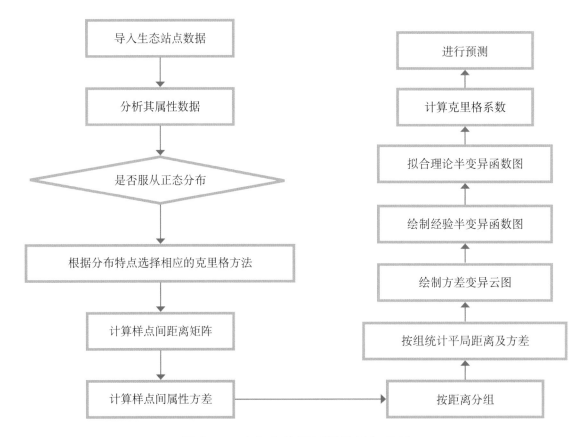

图 2-17 点与多边形图层的叠加分析

多边形与多边形的叠加分析同样源于对两者之间拓扑关系的判断。多边形之间的拓扑关系的判断最终也可以转化为点与多边形关系的判断，主要有以下几种关系（徐黎明等，2003；李明聪，2003；李大军等，2005）：

(1) 分离：对组成多边形的端点分别进行关于 x 坐标和 y 坐标的递增排序，现设第一个多边形的第 i 个端点的坐标为 (x_{1i}, y_{1i})，第二个多边形的第 j 个端点的坐标为 (x_{2j}, y_{2j})，现对任意的 (i, j)，若有 $x_{1i} < x_{2j}$，$x_{1i} > x_{2j}$，$y_{1i} < y_{2j}$，$y_{1i} > y_{2j}$ 中任意一个成立，则两个多边形的关系是相离的。

(2) 包含与包含于：若通过第一个多边形的所有端点都落在另一个多边形的内部，则第一个多边形包含于第二个多边形，对应于第二个多边形就包含第一个多边形。

(3) 相等：若两个多边形的相应端点一一对应地相等，则可以称它们是相等的。

(4) 覆盖与被覆盖：若第一个多边形上一个端点落在第二个多边形其中一个直线段上，而其他的端点都落在第二个多边形的内部，则称第一个多边形被第二个多边形覆盖，对应的称第二个多边形覆盖第一个多边形。

(5) 交叠：若第一个多边形中只有两个端点落在第二个多边形上，而对第一个多边形的其它的端点都落在第二个多边形的内部，则称两者是交叠的关系。

(6) 相接：若第一个多边形上的一个端点落在第二个多边形的边上，但其他的端点有如下情况：设第一个多边形的第 i 个端点的坐标为 (x_{1i}, y_{1i})，第二个多边形的第 j 个端点的坐标为 i，j，现对任意的 i，j，若有 $x_{1i} < x_{2j}$，$x_{1i} > x_{2j}$，$y_{1i} < y_{2j}$，$y_{1i} > y_{2j}$ 中任意一个成立，则两个多边形的关系是相接的。

（7）相交：若第一个多边形的一部分端点落在第二个多边形内，而另一部分却落在第二个多边形的外部，则可判断两者之间的关系是相交的，也可通过以上情况的排除来获得相交关系。

叠加分析中主要操作包括切割（clip），图层合并（union），修正更新（update），识别叠加（identity）等。

本区划通过使用识别叠加，进行多边形叠合，根据气候分区指标切割森林植被区，获取全国森林生态地理区划，以形成布设生态站的基础生态区划图层。

在全国森林生态地理区划的基础上用天然林资源保护工程区分布范围图对全国森林生态地理区划进行裁切，获取天然林保护修复范围的森林生态地理区划。数据裁切是从整个空间数据中裁切出部分区域，以便获取真正需要的数据作为研究区域，减少不必要参与运算的数据。矢量数据的裁切主要通过分析工具中的提取剪裁工具实现。同时，通过标识叠加方法将天然林保护修复相关空间数据融合至天然林保护修复森林生态地理区划的属性表中。

3. 合并标准指数

通过裁剪处理获得的天然林保护修复区共有 80 个森林生态地理区域。但这 80 个区域并不都符合独立成为一个森林生态地理区域的面积要求和条件，需要利用合并标准指数进行计算分析其是否需要合并。在进行空间选择合适的生态区划指标经过空间叠置分析后，各区划指标相互切割获得许多破碎斑块，如何确定被切割的斑块是否可作为监测区域，是完成台站布局区划必须解决的问题。合并标准指数（merging criteria index，MCI），以量化的方式判断该区域是被切割，还是通过长边合并原则合并至相邻最长边的区域中，公式如下：

$$\text{MCI} = \frac{\min(S, S_i)}{\max(S, S_i)} \times 100\% \tag{2-9}$$

式中：S_i——待评估森林分区中被切割的第 i 个多边形的面积（$i=1, 2, 3, \cdots, n$）；

n——该森林分区被温度和水分指标切割的多边形个数；

S——该森林分区总面积减去 S_i 后剩余面积。

如果 MCI $\geqslant$ 70%，则该区域被切割出作为独立的台站布局区域；如 MCI < 70%，则该区域根据长边合并原则，合并至相邻最长边的区域中；假如 MCI < 70%，但面积很大（该标准根据台站布局研究区域尺度决定），则也考虑将该区域切割出作为独立台站布局区域。而对于生态区数量的计算还需要利用复杂区域均值模型进行校验。

由于在大区域范围内空间采样不仅有空间相关性，还有极大的空间异质性。因此，传统的抽样理论和方法较难保证采样结果的最优无偏估计。王劲峰等（2009）提出"复杂区域均值模型（mean of surface with non-homogeneity，MSN）"，将分层统计分析方法与 Kriging 方法结合，根据指定指标的平均估计精度确定增加点的数量和位置（Wang et al.，2009）。该模型是将非均质的研究区域根据空间自相关性划分为较小的均质区域，在较小的均质区域满足平稳假设，然后计算在估计方差最小条件下各个样点的权重，最后根据样点权重估计总体的均值和方差（Hu et al.，2011）。模型结合蒙特卡洛和粒子群优化方法对新布局采样点进行优化，加速完成期望估计方差的计算。该方法可用于对台站布局数量的合理性进行评估，主要思路是结合已存在样点，分层抽样的分层区划和期望的估计方差，根据蒙特卡洛和粒子群优化方法逐渐增加样点数量，直到达到期望估计方差的需求。具体公式如下：

$$n = \frac{\left(\sum W_h S_h \sqrt{C_h} \right) \sum \left(W_h S_h / \sqrt{C_h} \right)}{V + (1/N) \sum W_h S_h^2} \tag{2-10}$$

式中：W_h——层的权；

S_h^2——h 层真实的方差；

S_h——h 层中所有的样本数；

N——样本总数；

V——用户给定的方差；

C_h——每个样本的数值；

n——达到期望方差后所获得的样本个数。

经过上述空间分析处理后。获取天然林保护修复生态功能监测区划。

在获取天然林保护修复生态功能监测区划后，还需利用叠置分析方法提取生态主导功能指标的隐含空间信息进行进一步的整合。主要采用多边形与多边形标识叠加，获取天然林资源保护工程区重点生态功能区、生物多样性保护优先区域、生态屏障区、生态脆弱区和国家公园保护地等主要生态功能区，将细碎的小斑块合并至同一生态功能区。其他相关辅助信息在区划方案的分区概述中进行描述。

三、区划结果

（一）区划命名

基于前述区划步骤完成天然林保护修复生态功能监测区划。区划命名法为地带性森林类型＋气候区＋天保工程区类型＋权属。

地带性森林类型编号见表 2-3，气候区编码见表 2-11。

表 2-11 气候区编码

编号	气候区	编号	气候区
A	寒温带湿润区	J	北亚热带湿润区
B	中温带半湿润区	K	中亚热带湿润区
C	中温带湿润区	L	南亚热带湿润区
D	中温带半干旱区	M	热带季雨林雨林边缘热带湿润区
E	温带干旱区	N	高原亚寒带干旱区
F	温带湿润区	O	高原亚寒带半干旱区
G	温带半湿润区	P	高原亚寒带半湿润区
H	暖温带半干旱区	Q	高原温带湿润/半湿润区
I	暖温带干旱区	R	高原温带半干旱区

天然林资源保护工程（简称天护工程）区共分为 6 个类型，分别为 I 1998—1999 年试点工程区；II 天保工程一期工程区；III 天保工程二期工程区；IV 天然林保护扩大范围（纳入国家政策）；V 天然林保护扩大范围（未纳入国家政策）和 VI 非天保工程区。

天然林权属分为：国有林区和非国有林区两类。国有林区包含 24 个生态功能监测区，非国有林区包含 58 个生态功能监测区。

天保工程生态区划如图 2-18。

（二）生态功能监测区划

1. 1998—1999 年试点工程

共划分为 21 个生态功能监测区，见表 2-12。

表 2-12　1998—1999 年试点工程区生态功能监测区划

序号	1998—1999年试点工程区生态功能监测区划
1	I(1)Aa大兴安岭山地兴安落叶松寒温带湿润1998—1999年试点工程国有林区
2	I(1)Bb大兴安岭山地兴安落叶松林中温带半湿润1998—1999年试点工程非国有林区
3	I(1)Ba大兴安岭山地兴安落叶松林中温带半湿润1998—1999年试点工程国有林区
4	I(2)Ca小兴安岭山地丘陵阔叶-红松混交林中温带湿润1998-1999年试点工程国有林区
5	I(3)Ca长白山山地红松-阔叶混交林中温带湿润1998—1999年试点工程国有林区
6	I(5)Ca三江平原草甸散生林中温带湿润1998—1999年试点工程国有林区
7	I(10)Gb陕西陇东黄土高原落叶阔叶林及松（油松、华山松、白皮松）侧柏林温带半湿润1998—1999年试点工程非国有林区
8	I(12)Ja秦岭落叶阔叶林和松（油松、华山松）栎林、落叶常绿阔叶混交林北亚热带湿润1998—1999年试点工程国有林区
9	I(15)Kb四川盆地常绿阔叶林及马尾松柏木慈竹林中亚热带湿润1998—1999年试点工程非国有林区

（续）

序号	1998—1999年试点工程区生态功能监测区划
10	Ⅰ(16)Kb华中丘陵山地常绿阔叶林及马尾松杉木毛竹林中亚热带湿润1998—1999年试点工程林非国有区
11	Ⅰ(21)Kb云贵高原亚热带常绿阔叶林及云南松林中亚热带湿润1998—1999年试点工程非国有林区
12	Ⅰ(22)La云贵高原亚热带常绿阔叶林及云南松林南亚热带湿润1998—1999年试点工程国有林区
13	Ⅰ(41)Qb青藏高原草原草甸及荒漠高原温带湿润/半湿润1998—1999年试点工程非国有林区
14	Ⅰ(41)Qa青藏高原草原草甸及荒漠高原温带湿润/半湿润1998—1999年试点工程国有林区
15	Ⅰ(27)Qa西南高山峡谷云杉冷杉针叶林高原温带湿润/半湿润1998—1999年试点工程国有林区
16	Ⅰ(27)Pb西南高山峡谷云杉冷杉针叶林高原亚寒带半湿润1998—1999年试点工程非国有林区
17	Ⅰ(28)Qb西南高山峡谷云杉冷杉针叶林高原温带湿润/半湿润1998—1999年试点工程非国有林区
18	Ⅰ(28)Qa西南高山峡谷云杉冷杉针叶林高原温带湿润/半湿润1998—1999年试点工程国有林区
19	Ⅰ(34)Db内蒙古东部森林草原中温带半干旱1998—1999年试点工程非国有林区
20	Ⅰ(36)Ea天山山地针叶林温带干旱1998—1999年试点工程国有林区
21	Ⅰ(37)Ea阿尔泰山山地针叶林温带干旱1998—1999年试点工程国有林区

2. 天保工程一期

共划分为29个生态功能监测区，见表2-13。

表2-13　天保工程一期生态功能监测区划

序号	天保工程一期生态功能监测区划
1	Ⅱ(2)Ca小兴安岭山地丘陵阔叶-红松混交林中温带湿润天保工程一期工程国有林区
2	Ⅱ(3)Ca长白山山地红松-阔叶混交林中温带湿润天保工程一期工程国有林区
3	Ⅱ(5)Ca三江平原草甸散生林中温带湿润天保工程一期工程国有林区
4	Ⅱ(10)Gb陕西陇东黄土高原落叶阔叶林及松（油松、华山松、白皮松）侧柏林温带半湿润天保工程一期工程非国有林区
5	Ⅱ(11)Rb陇西黄土高原落叶阔叶林森林草原高原温带半干旱天保工程一期工程非国有林区
6	Ⅱ(12)Ja秦岭北坡落叶阔叶林和松（油松、华山松）栎林北亚热带湿润天保工程一期工程国有林区
7	Ⅱ(13)Jb秦岭南坡大巴山落叶常绿阔叶混交林北亚热带湿润天保工程一期工程非国有林区
8	Ⅱ(8)Hb晋冀山地黄土高原落叶阔叶林及松（油松、白皮松）侧柏林暖温带半干旱天保工程一期工程非国有林区

（续）

序号	天保工程一期生态功能监测区划
9	Ⅱ(15)Kb四川盆地常绿阔叶林及马尾松柏木慈竹林中亚热带湿润天保工程一期工程非国有林区
10	Ⅱ(16)Kb华中丘陵山地常绿阔叶林及马尾松杉木毛竹林中亚热带湿润天保工程一期工程非国有林区
11	Ⅱ(20)Kb云贵高原亚热带常绿阔叶林中亚热带湿润天保工程一期工程非国有林区
12	Ⅱ(21)Kb云贵高原亚热带常绿阔叶林及云南松林中亚热带湿润天保工程一期工程非国有林区
13	Ⅱ(40)Rb青藏高原草原草甸及荒漠高原温带半干旱天保工程一期工程非国有林区
14	Ⅱ(42)Ob青藏高原草原草甸及荒漠高原亚寒带半干旱天保工程一期工程非国有林区
15	Ⅱ(25)Mb滇南及滇西南丘陵盆地热带季雨林雨林边缘热带湿润天保工程一期工程非国有林区
16	Ⅱ(26)Mb海南岛（包括南海诸岛）平原山地热带季雨林雨林边缘热带湿润天保工程一期工程非国有林区
17	Ⅱ(27)Pb西南高山峡谷云杉冷杉针叶林高原亚寒带半湿润天保工程一期工程非国有林区
18	Ⅱ(28)Kb大渡河雅砻江金沙江云杉冷杉林中亚热带湿润天保工程一期工程非国有林区
19	Ⅱ(29)Qb藏东南云杉冷杉林高原温带湿润/半湿润天保工程一期工程非国有林区
20	Ⅱ(32)Eb内蒙古西部森林草原温带干旱天保工程一期工程非国有林区
21	Ⅱ(30)Ba呼伦贝尔及内蒙古东南部森林草原中温带半湿润天保工程一期工程国有林区
22	Ⅱ(33)Eb阿拉善高原半荒漠温带干旱天保工程一期工程非国有林区
23	Ⅱ(35)Rb祁连山山地针叶林高原温带半干旱天保工程一期工程非国有林区
24	Ⅱ(36)Ib天山山地针叶林暖温带干旱天保工程一期工程非国有林区
25	Ⅱ(36)Eb天山山地针叶林温带干旱天保工程一期工程非国有林区
26	Ⅱ(36)Ea天山山地针叶林温带干旱天保工程一期工程国有林区
27	Ⅱ(37)Ea阿尔泰山山地针叶林温带干旱天保工程一期工程国有林区
28	Ⅱ(38)Ea准噶尔盆地旱生灌丛半荒漠温带干旱天保工程一期工程国有林区
29	Ⅱ(39)Ia塔里木盆地荒漠及河滩胡杨林及绿洲暖温带干旱天保工程一期工程国有林区

3. 天保工程二期

共划分为1个生态功能监测区，即Ⅲ（14）Jb江淮平原丘陵落叶常绿阔叶林及马尾松林北亚热带湿润天保工程二期工程非国有林区。

4. 天然林保护扩大范围（纳入国家政策）

共划分为24个生态功能监测区，见表2-14。

表2-14　天然林保护扩大范围（纳入国家政策）生态功能监测区划

序号	天然林保护扩大范围（纳入国家政策）生态功能监测区划
1	IV(1)Cb大兴安岭山地兴安落叶松林中温带湿润天然林保护扩大范围（纳入国家政策）非国有林区
2	IV(2)Cb小兴安岭山地丘陵阔叶与红松混交林中温带湿润天然林保护扩大范围（纳入国家政策）非国有林区
3	IV(2)Ca小兴安岭山地丘陵阔叶与红松混交林中温带湿润天然林保护扩大范围（纳入国家政策）国有林区
4	IV(4)Bb松嫩辽平原草原草甸散生林中温带半湿润天然林保护扩大范围（纳入国家政策）非国有林区
5	IV(5)Cb三江平原草甸散生林中温带湿润天然林保护扩大范围（纳入国家政策）非国有林区
6	IV(5)Ca三江平原草甸散生林中温带湿润天然林保护扩大范围（纳入国家政策）国有林区
7	IV(9)Gb华北平原散生落叶阔叶林及农田防护林温带半湿润天然林保护扩大范围（纳入国家政策）非国有林区
8	IV(6)Fb辽东半岛山地丘陵松（赤松及油松）栎林温带湿润天然林保护扩大范围（纳入国家政策）非国有林区
9	IV(7)Gb燕山山地落叶阔叶林及油松侧柏林温带半湿润天然林保护扩大范围（纳入国家政策）非国有林区
10	IV(8)Gb晋冀山地黄土高原落叶阔叶林及松（油松、白皮松）侧柏林温带半湿润天然林保护扩大范围（纳入国家政策）非国有林区
11	IV(14)Jb江淮平原丘陵落叶常绿阔叶林及马尾松林北亚热带湿润天然林保护扩大范围（纳入国家政策）非国有林区
12	IV(17)Kb华中丘陵山地常绿阔叶林及马尾松杉木毛竹林中亚热带湿润天然林保护扩大范围（纳入国家政策）非国有林区
13	IV(18)Kb华东南丘陵低山常绿阔叶林及马尾松黄山松（台湾松）毛竹杉木林中亚热带湿润天然林保护扩大范围（纳入国家政策）非国有林区
14	IV(19)Lb南岭南坡及福建沿海常绿阔叶林及马尾松杉木林南亚热带湿润天然林保护扩大范围（纳入国家政策）非国有林区
15	IV(23)Kb滇东南贵西黔西南落叶常绿阔叶林及云南松林中亚热带湿润天然林保护扩大范围（纳入国家政策）非国有林区
16	IV(24)Lb广东沿海平原丘陵山地季风常绿阔叶林及马尾松林南亚热带湿润天然林保护扩大范围（纳入国家政策）非国有林区
17	IV(30)Db呼伦贝尔及内蒙古东南部森林草原中温带半干旱天然林保护扩大范围（纳入国家政策）非国有林区
18	IV(33)Eb阿拉善高原半荒漠温带干旱天然林保护扩大范围（纳入国家政策）非国有林区
19	IV(34)Eb河西走廊半荒漠及绿洲温带干旱天然林保护扩大范围（纳入国家政策）非国有林区

（续）

序号	天然林保护扩大范围（纳入国家政策）生态功能监测区划
20	Ⅳ(36)Ib天山山地针叶林暖温带干旱天然林保护扩大范围（纳入国家政策）非国有林区
21	Ⅳ(36)Ea天山山地针叶林温带干旱天然林保护扩大范围（纳入国家政策）国有林区
22	Ⅳ(38)Eb准噶尔盆地旱生灌丛半荒漠温带干旱天然林保护扩大范围（纳入国家政策）非国有林区
23	Ⅳ(39)Nb塔里木盆地荒漠及河滩胡杨林及绿洲高原亚寒带干旱天然林保护扩大范围（纳入国家政策）非国有林区
24	Ⅳ(39)Ib塔里木盆地荒漠及河滩胡杨林及绿洲暖温带干旱天然林保护扩大范围（纳入国家政策）非国有林区

5. 天然林保护扩大范围（未纳入国家政策）

共分为 2 个生态功能监测区，见表 2-15。

表 2-15　天然林保护扩大范围（未纳入国家政策）生态功能监测区划

序号	天然林保护扩大范围（未纳入国家政策）生态功能监测区划
1	Ⅴ(9)Gb华北平原散生落叶阔叶林及农田防护林温带半湿润天然林保护扩大范围（未纳入国家政策）非国有林区
2	Ⅴ(14)Jb江淮平原丘陵落叶常绿阔叶林及马尾松林北亚热带湿润天然林保护扩大范围（未纳入国家政策）非国有林区

6. 非天保工程区

共划分为 5 个生态功能监测区，见表 2-16。

表 2-16　非天保工程区生态功能监测区划

序号	非天保工程区生态功能监测区划
1	Ⅵ(9)Gb华北平原散生落叶阔叶林温带半湿润非天保工程非国有林区
2	Ⅵ(18)Lb广东沿海平原丘陵山地季风常绿阔叶林及马尾松林南亚热带湿润非天保工程非国有林区
3	Ⅵ(19)Lb台湾山地常绿阔叶林及马尾松杉木林南亚热带湿润非天保工程非国有林区
4	Ⅵ(42)Nb青藏高原草原草甸及荒漠高原亚寒带半干旱非天保工程非国有林区
5	Ⅵ(31)Eb内蒙古东部森林草原温带干旱非天保工程非国有林区

天保一期工程区生态功能监测区划数量最多，占生态功能监测区划总数的 35%；其次为天然林保护扩大范围（纳入国家政策），生态功能监测区划占比为 29%；再次是 1998—

1999 年试点工程区，生态功能监测区划占比为 26%。天保二期工程区占比最少为 1%。这与天保工程二期新增面积较少有直接关系。

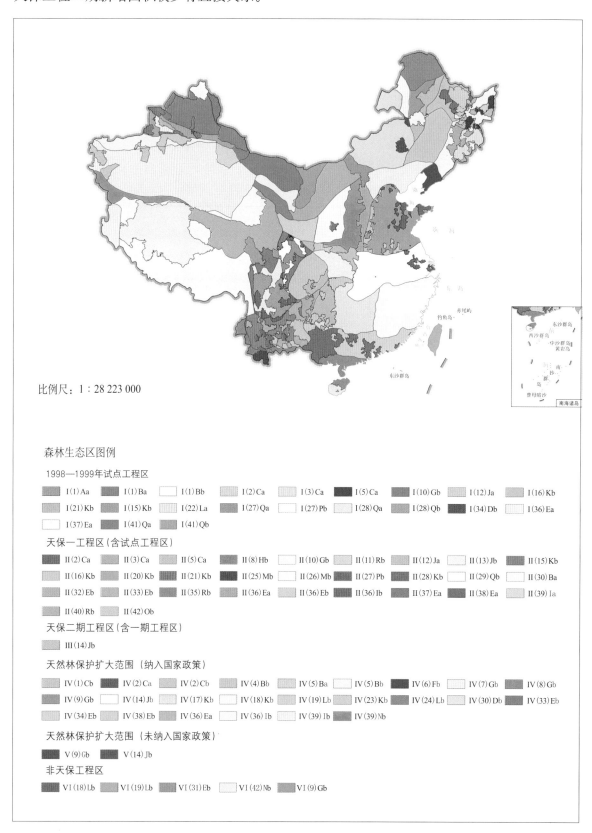

图 2-18　天然林保护修复生态功能监测区划

（三）生态功能监测分区基础信息

1. 1998—1999 试点工程区（21 个）

（1）Ⅰ（1）Aa 大兴安岭山地兴安落叶松寒温带湿润 1998—1999 年试点工程国有林区。本区位于大兴安岭北部地区，地理位置为北纬 49°10′ ～ 53°30′、东经 120°30′ ～ 127°13′。大体范围是大兴安岭最北端起，东至黑龙江，西至呼伦贝尔草原，南至伊勒呼里山以北，包含大兴安岭主脊。位于大小兴安岭森林生态功能区中，地貌类型北部属苔原地貌，一般海拔达 800 ～ 1000 米；中部一般为中、低山类型，境内海拔超过 1000 米的高山有九座；南部地势较低，多中低山、丘陵，一般海拔 400 ～ 700 米，境内高山较少，属寒温带湿润气候，年平均期温为 -5 ～ 0℃，年均降水量为 350 ～ 550 毫米，年积温为 1300 ～ 2000℃，无霜期为 60 ～ 110 天，土壤类型为棕色针叶林土。该区相当于大兴安岭垂直分布带的山地寒温性落叶针叶林亚带范畴，其地带性植被为杜鹃、兴安落叶松林，云杉—兴安落叶松林混交林和阔叶—兴安落叶松混交林。区内除地带性森林植被外，尚存有其他大兴安岭主要的原生森林植被，如分布在较高海拔的偃松、兴安落叶松疏林及亚高山偃松矮曲林，以及分布在较低海拔的兴安杜鹃（*Rhododendron dauricum*）、杜香（*Ledum palustre*）、越橘（*Vaccinium Vitis-idaea*）、兴安落叶松林（*Larix gmelinii*）、蒙古栎（*Quercus mongolica*）等，区内尚有源自地带性或原生森林植被破坏而衍生的次生森林植被，以白桦为主。

（2）Ⅰ（1）Bb 大兴安岭山地兴安落叶松林中温带半湿润 1998—1999 年试点工程非国有林区。本区位于北纬 45°50′ ～ 47°21′、东经 120°29′ ～ 123°37′ 的大兴安岭中、南段。地貌类型为低山丘陵，属中温带半湿润气候，年平均气温为 2 ～ 4℃，年均降水量为 500 毫米，土壤类型为棕色针叶林土。此区的地带性植被为草原，主要植被却为山地寒温性针叶林，此类山地寒温性针叶林沿着大兴安岭山体与寒温带针叶林区域的寒温性针叶林相连，其植物组成和分布规律也大体一致，形成相似的垂直带谱。

（3）Ⅰ（1）Ba 大兴安岭山地兴安落叶松林中温带半湿润 1998—1999 年试点工程国有林区。本区位于北纬 46°39′ ～ 50°25′、东经 120°47′ ～ 125°31′。大体范围是伊勒呼里山以南，东至嫩江，西至呼伦贝尔草原，部分区域位于大小兴安岭森林生态功能区。地貌类型为低山地带，海拔达 900 ～ 1000 米；属中温带半湿润气候，年平均气温为 2.4℃，年均降水量为 480 ～ 530 毫米，土壤类型为棕色针叶林土。该区植被以榛子、蒙古栎、兴安落叶松林为主，还有白桦林、山杨林等次生林，东南蒙古栎林和白桦林逐渐增多。

（4）Ⅰ（2）Ca 小兴安岭山地丘陵阔叶与红松混交林中温带湿润 1998—1999 年试点工程国有林区。本区地理位置为北纬 46°9′ ～ 49°19′、东经 120°38′ ～ 130°30′，部分区域位于大小兴安岭森林生态功能区。地貌类型山地为主，属中温带湿润气候，年平均气温为 0.4℃，年均降水量为 630.8 毫米，土壤类型为暗棕壤、黑土。该区主要植被为阔叶—红松混交林为主。

（5）Ⅰ（3）Ca 长白山山地红松与阔叶混交林中温带湿润 1998—1999 年试点工程国有

林区。本区位于北纬 41°48′ ~ 44°34′、东经 126°26′ ~ 131°5′。地貌类型为熔岩高原，属中温带湿润气候，年平均气温为 6.6℃，年均降水量为 500 ~ 600 毫米，干燥度为 0.8 左右，土壤类型为黑土、草甸土、棕色森林土。本区域主要植被类型为落叶阔叶林、红松混交林，是我国红松集中分布地域，且伴生树种较单纯，形成林区独特景观。

（6）Ⅰ（5）Ca 三江平原草甸散生林中温带湿润 1998—1999 年试点工程国有林区。本区位于北纬 44°46′ ~ 47°33′、东经 128°59′ ~ 133°56′。地貌类型为平原，属中温带湿润气候，年平均气温为 2.5℃，年均降水量为 510 毫米，土壤类型为暗棕壤、草甸土。本区域主要植被类型为草甸散生林。

（7）Ⅰ（10）Gb 陕西陇东黄土高原落叶阔叶林及松（油松、华山松、白皮松）侧柏林温带半湿润 1998—1999 年试点工程非国有林区。本区位于陕北中部偏西，地理位置为北纬 35°20′ ~ 36°24′、东经 108°29′ ~ 109°44′，为典型的黄土塬区，属温带半湿润气候，年平均气温为 9℃，年均降水量为 530 ~ 740 毫米，无霜期 180 天左右，土壤类型为黑垆土、黄绵土、风沙土。该区植被以榛子、蒙古栎、兴安落叶松林为主，还有白桦林、山杨林等次生林，东南蒙古栎林和白桦林逐渐增多。本区位于落叶阔叶林区域的北部偏西，为森林较为密集的地区。辽东栎群系、山杨群系、白桦群系均为优势的森林群落，除上述外，还有山桃群落、油松群系、侧柏群系，均系次生林。

（8）Ⅰ（12）Ja 秦岭落叶阔叶林和松（油松、华山松）栎林、落叶常绿阔叶混交林北亚热带湿润 1998—1999 年试点工程国有林区。本区地理位置为北纬 33°16′ ~ 34°9′、东经 106°28′ ~ 108°55′，南面、北面、西面被汉江流域、渭河流域、嘉陵江包围向东延伸，属北亚热带湿润气候，年均温为 6 ~ 14℃，年均降水量在 700 ~ 1000 毫米之间，地貌地形为宽谷、峡谷交替，有少数山间盆地，土壤类型为黄土、棕壤、褐土。该区植被以秦岭落叶阔叶林和松（油松、华山松）栎林、落叶—常绿阔叶混交林为主。

（9）Ⅰ（15）Kb 四川盆地常绿阔叶林及马尾松柏木慈竹林中亚热带湿润 1998—1999 年试点工程非国有林区。本区地理位置为北纬 28°33′ ~ 31°33′、东经 105°10′ ~ 108°35′，属中亚热带湿润气候，年平均气温为 16 ~ 18℃，年均降水量在 900 ~ 1100 毫米之间，地貌地形为川中丘陵，土壤类型为紫色土、冲积土和山地黄壤。该区植被以常绿阔叶林及马尾松柏木慈竹林为主。

（10）Ⅰ（16）Kb 华中丘陵山地常绿阔叶林及马尾松杉木毛竹林中亚热带湿润 1998—1999 年试点工程林非国有区。本区地理位置为北纬 25°7′ ~ 31°31′、东经 105°18′ ~ 109°31′，大致位于长江与嘉陵江、长江与乌江交汇区域，属中亚热带湿润气候，年平均气温为 16 ~ 19℃，年均降水量在 1500 ~ 2000 毫米之间，地貌地形为低山丘陵，土壤类型为红壤、紫色土、黄壤、黑色石灰土。该区植被以常绿阔叶林及马尾松（*Pinus massoniana*）、杉木（*Cunninghamia lanceolata*）、毛竹林为主。

（11）Ⅰ（21）Kb 云贵高原亚热带常绿阔叶林及云南松林中亚热带湿润1998—1999年试点工程非国有林区。本区位于云贵高原，地理位置为北纬23°5′～28°5′、东经98°47′～106°10′。属中亚热带湿润气候，年平均气温为13.2～19.7℃，年均降水量在1000～1270毫米之间，地貌地形为高原盆地，土壤类型为黑色石灰土、棕色石灰土、黄壤、黄棕壤。该区植被以常绿阔叶林及云南松林为主。

（12）Ⅰ（22）La 云贵高原亚热带常绿阔叶林及云南松林南亚热带湿润1998—1999年试点工程国有林区。本区位于云贵高原，地理位置为北纬22°28′～24°35′、东经99°48′～103°43′。属南亚热带湿润气候，年平均气温为14.8～21.9℃，年均降水量在800～1000毫米之间，地貌地形为高原盆地，土壤类型为石灰土、黄壤。该区植被以常绿阔叶林及云南松林为主。

（13）Ⅰ（41）Qb 青藏高原草原草甸及荒漠高原温带湿润/半湿润1998—1999年试点工程非国有林区。本区位于青藏高原，川滇森林及生物多样性保护生态功能区内，地理位置为北纬31°27′～34°12′、东经97°21′～100°24′。属高原温带湿润/半湿润气候，年平均气温为4.8℃，年均降水量为763.19毫米，地貌地形为河谷，土壤类型为高山灌丛草甸土、高山草甸土。该区植被以高寒草甸为主；在雅砻江上游一些支流的河谷坡地，见有小片的川西云杉（*Picea likiangensis*）和大果圆柏林。

（14）Ⅰ（41）Qa 青藏高原草原草甸及荒漠高原温带湿润/半湿润1998—1999年试点工程国有林区。本区位于岷江源头，大部分区域位于川滇森林及生物多样性保护生态功能区内，地理位置为北纬30°36′～33°21′、东经98°55′～105°57′。属高原温带湿润/半湿润气候，年平均气温为4.8℃，年均降水量为763.19毫米，地貌地形为高原，土壤类型为高山灌丛草甸土、高山草甸土。该区植被以草原草甸为主；由于地势偏高，气温偏低，湿度由东至西递减，植被以鳞皮冷杉（*Abies squamata*）、川西云杉为主。

（15）Ⅰ（27）Qa 西南高山峡谷云杉冷杉针叶林高原温带湿润/半湿润1998—1999年试点工程国有林区。本区位于青藏高原，地理位置为北纬30°51′～34°19′、东经102°22′～105°26′，部分区域位于川滇森林及生物多样性保护生态功能区内。属高原温带湿润/半湿润气候，年平均气温为13.1℃，年均降水量为720.4毫米，地貌地形为山地，土壤类型为高山灌丛草甸土、高山草甸土。本区北部有大面积的油松林和辽东栎林，或松栎混交林，具有一定的北亚热带植被的特征，海拔1300～2000米的河谷地带，以黄荆（*Vitex negundo*）、狼牙刺、枸子木等为优势组成的干旱河谷灌丛，谷坡及沟谷有油松林、辽东栎林分布。海拔2000～3600米，下部的阳坡或半阳坡，油松、辽东栎在这里构成大面积的松栎林，阴坡或沟谷阴湿处，有华铁杉（*Tsuga chinensis*）林，并有较多的槭树（*Acer miyabei*）、漆树（*Toxicodendron vernicifluum*）、桦木等植物分布，华山松（*Pinus armandii*）也有较多分布；中部主要有黄果冷杉林、青杆林、云杉林（*Picea asperata*）、麦吊杉（*Picea brachytyla*）林；

上部为紫果云杉（*Picea purpurea Mast*）林与岷江冷杉（*Abies faxoniana* Rehd.）林。

（16）Ⅰ（27）Pb 西南高山峡谷云杉冷杉针叶林高原亚寒带半湿润 1998—1999 年试点工程非国有林区。本区地理位置为北纬 29°33′ ～ 34°38′、东经 101°42′ ～ 105°39′，部分区域位于川滇森林及生物多样性保护生态功能区内。属高原亚寒带半湿润气候，年平均气温为 13.5 ～ 14.1℃，年均降水量在 528.7 ～ 1332.2 毫米之间，地貌地形为山地，土壤类型为褐土、山地棕褐土、黄壤。该区植被以云杉、冷杉（*Abies fabri*）、针叶林为主。

（17）Ⅰ（28）Qb 西南高山峡谷云杉冷杉针叶林高原温带湿润 / 半湿润 1998—1999 年试点工程非国有林区。本区地理位置为北纬 25°58′ ～ 39°8′、东经 98°57′ ～ 105°29′，部分区域位于川滇森林及生物多样性保护生态功能区内。属高原温带湿润 / 半湿润气候，年平均气温为 13.5 ～ 14.1℃，年均降水量在 528.7 ～ 1332.2 毫米之间，属于 1998—1999 年试点工程非国有林区范围，地貌地形为山地，土壤类型为褐土、山地棕褐土、黄壤。该区植被以云杉、冷杉、针叶林为主。

（18）Ⅰ（28）Qa 西南高山峡谷云杉冷杉针叶林高原温带湿润 / 半湿润 1998—1999 年试点工程国有林区。本区地理位置为北纬 26°28′ ～ 32°20′、东经 98°31′ ～ 102°20′。属高原温带湿润、半湿润气候，年平均温为 13.5 ～ 14.1℃，年均降水量在 528.7 ～ 1332.2 毫米之间，地貌地形为山地，土壤类型为褐土、山地棕褐土、黄壤。该区植被以云杉、冷杉、针叶林为主。

（19）Ⅰ（34）Db 内蒙古东部森林草原中温带半干旱 1998—1999 年试点工程非国有林区。本区位于内蒙古东部，地理位置为北纬 43°11′ ～ 46°54′、东经 118°12′ ～ 120°5′。属中温带半干旱气候，年平均气温为 -2 ～ 4℃，年均降水量在 400 ～ 450 毫米之间，干燥度为 0.5 ～ 0.7，为草原、森林、灌丛、山地草甸和低湿地植被的发育创造了条件，地貌地形为山地，土壤类型为草甸土、棕色针叶林土。山地因相对高度不大，植被的草原化程度又高，所以垂直分布不甚明显，而各种植被镶嵌交错现象较突出。草原植被占据着低山带，并沿着山地阳坡一直延伸到中山带的山顶，与蒙古高原典型草原植被连成一体。森林和灌丛主要分布于中山带的阴坡和半阴坡，山地草甸分布于高峰之巅，或出现于森林边缘低湿地草甸和沼泽，位于河谷的两岸。低山的森林以蒙古栎林最有代表性，中山带开始出现山杨林（*Populus davidiana*）和以白桦（*Betula platyphylla*）、东北白桦、黑桦（*Betula dahurica*）为优势的桦木林，常伴生有紫椴（*Tilia amurensis*）、糠椴（*Tilia mandschurica*）和蒙椴（*Tilia mongolica*）等。

（20）Ⅰ（36）Ea 天山山地针叶林温带干旱 1998—1999 年试点工程国有林区。本区地理位置为北纬 42°56′ ～ 44°23′、东经 81°12′ ～ 84°19′。属温带干旱气候，年平均气温为 1.3℃，年均降水量在 300 ～ 600 毫米之间，地貌地形为山地，土壤类型为栗钙土、草甸土、棕色森林土。本区域主要植被类型为雪岭云杉林，圆柏、雪岭云杉群落也较为常见，其下生长有新疆方枝柏与西伯利亚刺柏等。在海拔 1500～1700 米处，雪岭云杉常与欧洲山杨或天山桦等混交，后两者有时也构成次生的小叶林。山地河谷中则有密叶杨（*Populus talassic*）、天山桦、小叶桦河谷林，其中混生有阿尔泰山楂（*Crataegus altaic*）、准噶尔山楂（*Crataegus songarica*）等。

（21）Ⅰ（37）Ea 阿尔泰山山地针叶林温带干旱 1998—1999 年试点工程国有林区。本区位于新疆西北部区域，西部、北部与国界相接，位于阿尔泰山地森林草原生态功能区中，地理位置为北纬 47°14′～49°7′、东经 85°33′～88°14′。属温带干旱气候，年平均气温为 4.5℃，年均降水量在 165～190 毫米之间，地貌地形为山地，土壤类型为草原土、草甸土、棕钙土。本区域以沙生针茅为建群种的荒漠草原从山前平原海拔 800 米分布至低山带的 1500 米，其上的灌木草原带，在阳坡可一直分布至 2100 米，阴坡从 1200 米开始出现落叶松林，1500 米以上成为落叶松和西伯利亚云杉混交林。

2. 天保工程一期

（1）Ⅱ（2）Ca 小兴安岭山地丘陵阔叶与红松混交林中温带湿润天保工程一期工程国有林区。本区地理位置为北纬 46°30′～48°20′、东经 125°40′～130°56′，部分区域位于大小兴安岭森林生态功能区。属中温带湿润气候，年平均气温为 -1.1℃，年均降水量为 592.1 毫米，地貌地形为山地，土壤类型为黑土、草甸土、栗钙土。本区域主要植被类型为落叶阔叶林、红松混交林。更值得指出的是本区在植物组成区别于松花江南岸的完达山—张广才岭山地蒙古栎、红松混交林地区。

（2）Ⅱ（3）Ca 长白山山地红松与阔叶混交林中温带湿润天保工程一期工程国有林区。本区地理位置为北纬 41°29′～45°21′、东经 126°25′～129°54′。属中温带湿润气候，年平均气温为 6.6℃，年均降水量为 840 毫米，地貌地形为熔岩高原，土壤类型为黑土、草甸土、棕色森林土。本区域原生植被的主要类型为阔叶、沙冷杉、红松混交林，但遭到反复破坏，形成了蒙古栎、黑桦、山杨和白桦为主的天然次生林，并混有糠椴、核桃楸（*Juglans mandshurica*）、水曲柳（*Fraxinus mandshurica*）、花曲柳（*Fraxinus rhynchophylla*）、山槐（*Albizia kalkora*）、黄榆（*Vlmus macrocarpa*）等阔叶树。林下灌木以榛子、胡枝子（*Lespedeza bicolor*）为代表，常有天然更新良好的红松、沙冷杉幼苗及幼树，倘不继续干扰则能恢复为阔叶沙冷杉—红松混交林。

（3）Ⅱ（5）Ca 三江平原草甸散生林中温带湿润天保工程一期工程国有林区。本区地理位置为北纬 44°45′～47°44′、东经 127°28′～133°27′。属中温带湿润气候，年平均气温为 2.3℃，年均降水量为 666.1 毫米，地貌地形为中低山丘陵，土壤类型为暗棕壤、草甸土。本区域原生植被的主要类型为阔叶、红松混交林，分布较广，群落结构也较复杂。此外，蒙古栎林分布很广，是面积最大的天然次生林，在局部险峻的陡坡和土层极薄地段，常见有小面积原生蒙古栎林，这类蒙古栎林有较大的稳定性。

（4）Ⅱ（10）Gb 陕西陇东黄土高原落叶阔叶林及松（油松、华山松、白皮松）侧柏林温带半湿润天保工程一期工程非国有林区。本区地理位置为北纬 34°10′～40°10′、东经 106°50′～116°15′。属温带半湿润气候，年平均气温为 8～12.3℃，年均降水量为 530～740 毫米，地貌地形为沟壑丘陵，土壤类型为黑垆土、黄绵土、风沙土。本区域原生植被的主要类型为阔叶、红松混交林，分布较广，群落结构也较复杂，地带性植被是落叶阔叶林，其中栎林为主体，以栓皮栎林为代表，辽东栎林、华山松林、油松林的分布也较广泛。

（5）Ⅱ（11）Rb 陇西黄土高原落叶阔叶林森林草原高原温带半干旱天保工程一期工程非国有林区。本区主要分布在陇中、陇东黄土高原的南部，地理位置为北纬 34°12′～36°53′、东经 101°17′～106°41′。属高原温带半干旱气候，年平均气温为 3～8℃，年均降水量为 400～600 毫米，地貌地形为黄土丘陵，土壤类型为黑垆土、黄绵土、棕壤、红土等。本区北部是温带落叶阔叶林向草原的过渡地带，天然林已残缺不全。南部区域植被具有覆盖率大、类型多样、垂直分异明显及种类组成丰富等特点。除针叶林和阔叶林外，还有大量的针阔叶混交林，一般称其为松栎林。在 3350 米以上的地区，气温低、风力大，积雪期长达半年以上，乔木已不能生长，仅一些以密枝杜鹃、秦岭柳、香柏、蒙古绣线菊及高山绣线菊为主的亚高山灌丛，其高皆不超过 50 厘米。

（6）Ⅱ（12）Ja 秦岭北坡落叶阔叶林和松（油松、华山松）栎林北亚热带湿润天保工程一期工程国有林区。本区位于秦岭北坡区域，地理位置为北纬 33°12′～34°6′、东经 104°47′～110°56′。属北亚热带湿润气候，年平均气温为 10～14℃，年均降水量为 500～800 毫米，地貌地形为山地类型，土壤类型为黄土、棕壤、褐土。本区域植被类型以落叶常绿阔叶混交林和松（油松、华山松）、栎林为主。

（7）Ⅱ（13）Jb 秦岭南坡大巴山落叶常绿阔叶混交林北亚热带湿润天保工程一期工程非国有林区。本区位于秦岭南坡大巴山区域，地理位置为北纬 30°34′～33°19′、东经 106°21′～111°56′。属北亚热带湿润气候，年平均气温为 7～16℃，年均降水量为 1000～1400 毫米，地貌地形为中山地区，土壤类型为山地褐土、山地黄棕壤。本区域植被类型以落叶常绿阔叶混交林为主，主要组成树种有栓皮栎、麻栎、锐齿槲栎（*Quercus aliena* var. *acuteserrata*）、茅栗（*Castanea seguinii*）及短柄枹栎（*Quercus glandulifera*）等落叶栎类，伴有化香（*Platycarya strobilacea*）、山槐、黄连木、栾树（*Koelreuteria paniculata*）、红桦（*Betula albosinensis*）、亮叶桦（*Betula luminifera*）、米心水青冈（*Fagus engleriana* Seem.）、亮叶水青冈（*Fagus lucida* Wils.）、七叶树（*Aesculus chinensis*）等。

（8）Ⅱ（8）Hb 晋冀山地黄土高原落叶阔叶林及松（油松、白皮松）侧柏林暖温带半干旱天保工程一期工程非国有林区。本区位于山西河北接壤的山地区域，地理位置为北纬 33°12′～40°56′、东经 107°18′～113°30′。属暖温带半干旱气候，年平均气温为 10℃，年均降水量为 400 毫米，地貌地形为沟壑丘陵，土壤类型为山地褐土、山地棕壤、山地草甸土。

本区域植被类型为以白杆、青杆、华北落叶松组成的寒温性针叶林，分布在海拔 1700 米以上的中山地段。在中山地段下部分布着一定面积的辽东栎林、油松林。低中山地和丘陵地区分布最广的是灌丛植被，主要优势种和建群种有荆条、酸枣、沙棘、黄刺梅、虎榛子、土庄绣线菊等，草丛植被的优势种为白羊草、蒿类、野古草、隐子草等。

（9）Ⅱ（15）四川盆地常绿阔叶林及马尾松柏木慈竹林中亚热带湿润天保工程一期工程非国有林区。本区位于北纬 28°10′ ~ 33°11′、东经 103°23′ ~ 108°23′。地貌类型为高山盆地，属中亚热带湿润气候，年平均气温为 18℃，年均降水量为 1030 ~ 1950 毫米，土壤类型为紫色土、冲积土和山地黄壤。本区植被为常绿阔叶林区及马尾松柏木慈竹林等。

（10）Ⅱ（16）Kb 华中丘陵山地常绿阔叶林及马尾松杉木毛竹林中亚热带湿润天保工程一期工程非国有林区。本区位于北纬 25°47′ ~ 30°38′、东经 105°51′ ~ 111°31′。地貌类型为中低山，属中亚热带湿润气候，年平均气温为 7 ~ 17℃，年均降水量为 1400 ~ 1800 毫米，土壤类型为红壤、紫色土、黄壤、黑色石灰土。本区植被为常绿阔叶林，主要树木有壳斗科的青冈属、栲属、石栎属、樟科的樟属、润楠属、楠木属等，在海拔 1000 ~ 2000 米的山地上，落叶阔叶林有桦木科、杨柳科、榆科的南方树种。

（11）Ⅱ（20）Kb 云贵高原亚热带常绿阔叶林及云南松林中亚热带湿润天保工程一期工程非国有林区。本区位于北纬 26°4′ ~ 28°48′、东经 105°5′ ~ 106°40′ 的云贵高原区域。地貌类型为高山峡谷，属中亚热带湿润气候，年平均气温为 16.8℃，年均降水量为 350 毫米，土壤类型为黑色石灰土、棕色石灰土、黄壤、黄棕壤。本区植被为常绿阔叶林，在海拔 1000 ~ 1500 米（西部为 1800 米）处以栲、樟为主，在保存较好的局部地区分布着以米槠、栲树、青冈为主的常绿阔叶林；1400 ~ 2200 米以上为常绿、落叶混交林；2200 米以上为杜鹃、箭竹灌丛或以杂交草为主的山地草甸；常绿阔叶林遭破坏后，被马尾松林替代，进一步破坏则形成栎类灌草丛。谷底阴湿处见有杉木林和竹林。

（12）Ⅱ（20）Kb 云贵高原亚热带常绿阔叶林及云南松林中亚热带湿润天保工程一期工程非国有林区。本区位于北纬 22°6′ ~ 28°11′、东经 98°35′ ~ 105°28′ 的云贵高原区域。地貌类型为高山峡谷，属中亚热带湿润气候，年平均气温为 16.7℃，年均降水量为 345 毫米，土壤类型为黑色石灰土、棕色石灰土、黄壤、黄棕壤。本区北部地带性植被是以滇青冈（*Cyclobalanopsis glaucoides*）、黄毛青冈（*Cyclobalanopsis delavayi*）、高山栲（*Castanopsis delavayi*）、元江栲（*Castanopsis concolor*）等为主组成的常绿阔叶林，伴生少量落叶和硬叶栎属、冬青属的成分，生境条件偏干。现常绿阔叶林保存面积很小，大面积分布的是云南松林，并伴生华山松、滇油杉（*Keteleeria evelyniana*）；南部植被的代表类型为以刺栲、印栲和红木荷等组成的季风常绿阔叶林，分布于 1100 ~ 1300 米低山丘陵和阶地上，在暖湿坡面或沟谷中组成种类复杂，呈雨林的一些特征；在海拔 1100 ~ 1500 米的山地分布有大面积的思茅松林（*Pinus kesiya*），林内常混生有栲类、木荷（*Schima superba*）等组成的针、阔叶混

交林；在海拔 1500 ~ 2400 米山地则由元江栲、小果栲及滇青冈等组成山坡常绿阔叶林；在海拔 2400 米以上的山顶地段出现由云南铁杉（*Tsuga dumosa*）、石栎（*Lithocarpus glaber*）、木荷、木莲和槭树等组成的山地针阔叶混交林。

（13）Ⅱ（40）Rb 青藏高原草原草甸及荒漠高原温带半干旱天保工程一期工程非国有林区。本区位于北纬 31°40′ ~ 39°5′、东经 89°22′ ~ 102°18′ 的青藏高原区域。地貌类型为高原地区，属高原温带半干旱气候，年平均气温为 14.9 ~ 17℃，年均降水量为 400 毫米，土壤类型为高山灌丛草甸土、高山草甸土。本区西部的植被组成中，禾本科特别是针茅属的作用最大，样落的建群种、优势种多为青藏高原特有种或亚洲中部高山种；中部巨大的海拔高度、开阔的地形和严酷的气候条件，限制了森林和灌丛植被的生长发育，因此中部的植被类型较为简单，种类组成以草本为主，高寒草甸是最主要的群落类型；东部本区植被的组成，以适应高寒半湿润气候的灌木和草本为主，种类比较丰富，某些海拔较低的河谷坡地，还分布着斑片状的寒温性针叶林等。

（14）Ⅱ（42）Ob 青藏高原草原草甸及荒漠高原亚寒带半干旱天保工程一期工程非国有林区。本区位于青藏高原西北部地区，地理位置为北纬 36°33′ ~ 41°39′、东经 73°32′ ~ 84°1′。属高原亚寒带半干旱气候，年平均气温为 11.5℃，年均降水量为 17 毫米，地貌地形为山地，土壤类型为高山灌丛草甸土、高山草甸土。本区域植被类型垂直分布的高度和宽窄在各地是不一致的，海拔 2000 米以上为山地荒漠带，由合头草、圆叶盐爪爪、昆仑蒿等为主的植物组成。草原在海拔 3200 ~ 3500 米 的阴坡出现，主要有银穗草、紫花针茅、扁穗冰草、早熟禾、昆仑蒿等，往上有片状分布的雪岭云杉林，而阳坡为天山方枝柏针叶灌丛。帕米尔嵩草高山草甸与沟叶羊茅草原也都分布于海拔 3500 米以上的区域雪线以下的垫状植物斑块状点缀于裸露的冰积物间，主要植物有藏亚菊、新疆扁芒菊等。

（15）Ⅱ（25）Mb 滇南及滇西南丘陵盆地热带季雨林雨林边缘热带湿润天保工程一期工程非国有林区。本区位于云南省南部地区，地理位置为北纬 21°9′ ~ 22°35′、东经 99°57′ ~ 101°50′。属边缘热带湿润气候，年平均气温为 20 ~ 22℃，年均降水量为 1000 ~ 1800 毫米，地貌地形为山间盆地，土壤类型为燥红土、砖红壤、赤红壤、红壤。本区域植被类型为季节雨林和半常绿季雨林，一般分布在海拔 1000 米以下的低山丘陵。前者的组成种类主要有高山榕（*Ficus altissima*）、橄榄（*Canarium album*）和金刀木（*Planchonia papuana*）等，在东南部的勐腊县还有以望天树（*Parashorea chinensis*）为单优势种组成的季节雨林；后者的主要组成种类有高山榕、麻楝（*Chukrasia tabularis*）、樟叶朴等。

（16）Ⅱ（26）Mb 海南岛（包括南海诸岛）平原山地热带季雨林雨林边缘热带湿润天保工程一期工程非国有林区。本区位于海南南部地区，地理位置为北纬 18°21′ ~ 19°22′、东经 108°43′ ~ 110°32′。属南亚热带边缘热带湿润气候，年平均气温为 22.5℃，年均降水量为 2200 ~ 2444 毫米，地貌地形为丘陵台地，土壤类型为赤红壤、砖红壤、红壤、山地黄壤。

本区域植被代表类型为热带季雨林和雨林，一般分布于海拔500米以下的丘陵及谷地，组成种类丰富，类型多样，热带林的特征浓厚。

（17）Ⅱ（27）Pb 西南高山峡谷云杉冷杉针叶林高原亚寒带半湿润天保工程一期工程非国有林区。本区地理位置为北纬27°34′～35°11′、东经98°14′～106°16′，南部部分区域位于川滇森林及生物多样性保护生态功能区内，北部部分区域位于甘南黄河重要水源补给生态功能区。属高原亚寒带半湿润气候，年平均气温为0.1℃，年均降水量为764.4毫米，地貌地形为高原，土壤类型为山地褐土、山地棕褐土、黄壤。本区域植被代表类型为云杉、冷杉、针叶林。

（18）Ⅱ（28）Kb 大渡河雅砻江金沙江云杉冷杉林中亚热带湿润天保工程一期工程非国有林区。本区地理位置为北纬25°46′～34°52′、东经99°16′～104°38′，部分区域位于川滇森林及生物多样性保护生态功能区内。属中亚热带湿润气候，年平均气温为17℃，年均降水量为1024毫米，地貌地形为高中山峡谷，土壤类型为山地褐土、山地棕褐土、黄壤。本区域植被代表类型为云杉、冷杉林。

（19）Ⅱ（29）Qb 藏东南云杉冷杉林高原温带湿润/半湿润天保工程一期工程非国有林区。本区地理位置为北纬26°55′～39°31′、东经79°13′～99°35′。区内有藏东南高原边缘森林生态功能区，部分区域与藏西北羌塘高原荒漠生态功能区重合，东南小部分区域位于川滇森林及生物多样性保护生态功能区内，属高原温带湿润/半湿润气候，年平均气温为14.9～17℃，年均降水量为1200～2600毫米，地貌地形为高中山峡谷，土壤类型为褐色土、棕色森林土。本区域植被主要特征：①亚热带山地植被垂直带谱明显，常绿阔叶林为垂直带的基带植被，但面积不大，分布地区有限；②云杉冷杉林为本区最大的森林植被类型，面积大、分布广、垂直带幅度宽厚；③植被类型复杂，有常绿阔叶林、硬叶常绿阔叶林、落叶阔叶林、常绿针叶林、落叶针叶林、针阔混交林、河谷灌丛和高山草甸等。

（20）Ⅱ（32）Eb 内蒙古西部森林草原温带干旱天保工程一期工程非国有林区。本区地理位置为北纬36°17′～42°43′、东经102°56′～112°53′。属温带干旱气候，年平均气温为8.5℃，年均降水量为200毫米，地貌地形为山地类型，土壤类型为草甸土、棕色针叶林土。本区地带性植被以典型草原为主，因地表强烈侵蚀和沙漠化的广泛存在，加之垦植历史的长久，现存的原生草原植被很少。

（21）Ⅱ（30）Ba 呼伦贝尔及内蒙古东南部森林草原中温带半湿润天保工程一期工程国有林区。本区地理位置为北纬46°45′～51°23′、东经118°33′～121°36′。属中温带半湿润气候，年平均气温为2.4℃，年均降水量为480毫米，地貌地形为山地类型，土壤类型为棕钙土。本区属草原区向森林区的过渡地区，景观特点是岛状森林与草原群落交错，与典型草原相比，植物区系成分虽以草原成分为主体，但也明显地表现出草原区系和森林区系混合分布的特征，并具有达乌里/蒙古型山地森林草原区系的复杂性。主要植被类型为兴安落叶松、红皮云杉、樟子松（*Pinus sylvestris*）等。另外，还分布有阔叶乔灌木、草本及蕨类植物。

（22）Ⅱ（33）Eb 阿拉善高原半荒漠温带干旱天保工程一期工程非国有林区。本区地理位置为北纬 37°32′ ～ 42°31′、东经 103°24′ ～ 108°3′。属温带干旱气候，年平均气温为 3.7 ～ 7.6℃，年均降水量为 800 毫米，地貌地形为山地类型，土壤类型为棕钙土、灰棕荒漠土。本区植被极为稀疏，以草原为主，其次为典型先锋沙生植物，如沙拐枣（*Calligonum mongolicum*）、细枝岩黄芪（*Hedysarum scoparium*）、籽蒿（*Artemisia sieversiana*）、沙鞭（*Psammochloa villosa*）、沙蓬（*Agriophyllum squarrosum*）等。此外，还有半固定、固定沙丘上植物物种较多，除油蒿（*Artemisia ordosica*）、柠条锦鸡儿（*Caragana korshinskii*）外，还出现一些反映草原化过程的植物。

（23）Ⅱ（35）Rb 祁连山山地针叶林高原温带半干旱天保工程一期工程非国有林区。本区地理位置为北纬 36°23′ ～ 40°4′、东经 97°40′ ～ 103°38′。属高原温带半干旱气候，年平均气温为 0.3℃，年均降水量为 280 毫米，属于天保工程一期工程非国有林区范围，地貌地形为山地类型，土壤类型为灰钙土、栗钙土、棕钙土。本区西部海拔 2700 ～ 3300 米斑状分布的针叶林带，其中阴坡为青海云杉林（*Picea crassifolia*），阳坡为祁连圆柏林（*Juniperus przewalskii*）；东部海拔 2500 ～ 3200 米为寒温性山地针叶林带，阴坡为青海云杉林，阳坡为祁连圆柏林，有时二者可呈混合分布。

（24）Ⅱ（36）Ib 天山山地针叶林暖温带干旱天保工程一期工程非国有林区。本区地理位置为北纬 42°37′ ～ 45°10′、东经 79°54′ ～ 88°58′。属暖温带干旱气候，年平均气温为 13.8℃，年均降水量为 300 ～ 500 毫米，地貌地形为山地类型，土壤类型为草甸土、棕色森林土。本区北部山地草原带是典型的地带性植被，大部分分布于海拔 1200 ～ 1700 米之间的中山地带，植物种类比较简单，主要为针茅和沟叶羊茅等；南部森林草原为斑块状林地与草原或草甸草原相结合，森林为雪岭云杉林（*Picea shrenkiana*）。

（25）Ⅱ（36）Eb 天山山地针叶林温带干旱天保工程一期工程非国有林区。本区地理位置为北纬 41°29′ ～ 43°14′、东经 79°43′ ～ 89°34′。属温带干旱气候，年平均气温为 1.3℃，年均降水量为 300 ～ 500 毫米，地貌地形为山地类型，土壤类型为栗钙土、草甸土、棕色森林土。本区以草原分布为主，在东部有雪岭云杉林分布，其中库车河上游的林分发育最好向阳山坡，分布较多的是新疆锦鸡儿灌丛。

（26）Ⅱ（36）Ea 天山山地针叶林温带干旱天保工程一期工程国有林区。本区地理位置为北纬 42°19′ ～ 44°50′、东经 80°15′ ～ 94°10′。属温带干旱气候，年平均气温为 3.6℃，年均降水量为 200 毫米左右，地貌地形为山地类型，土壤类型为栗钙土、草甸土、棕色森林土。本区以草原分布为主，西南部有成片生长，东南部则呈斑块状分布于山地阴坡，在中山带分布有雪岭云杉林。林缘及林间空地常混生有圆柏（*Juniperus chinensis*）、新疆方枝柏（*Juniperus pseudosabina*）和西伯利亚刺柏（*Juniperus sibirica*）。

（27）Ⅱ（37）Ea 阿尔泰山山地针叶林温带干旱天保工程一期工程国有林区。本区地理位置为北纬 44°55′ ～ 48°10′、东经 88°21′ ～ 91°36′。区内部分地区位于阿尔泰山地森林草原原生态功能区，属温带干旱气候，年平均气温为 4.5℃，年均降水量为 191.3 毫米左右，地貌地形为山地类型，土壤类型为草原土、草甸土、棕钙土。本区以草原分布为主，阿尔泰山分布有大面积西伯利亚落叶松和西伯利亚云杉混交林（*Picea obovata*），最西北角还有西伯利亚冷杉（*Abies sibirica*）和西伯利亚红松林（*Pinus sibirica*），是新疆的第二大林区。

（28）Ⅱ（38）Ea 准噶尔盆地旱生灌丛半荒漠温带干旱天保工程一期工程国有林区。本区地理位置为北纬 41°51′ ～ 47°55′、东经 81°4′ ～ 96°23′。属温带干旱气候，年平均气温为 5.3℃，年均降水量为 202.2 毫米左右，地貌地形为山地类型，土壤类型为棕漠土。本区植物以超旱生矮乔木、超旱生半灌木和矮半灌木占优势，尤其蒿属植物地位突出。多年生及一年生的草本植物作用较弱。短生和类短生植物在荒漠植被中构成特殊层片，是本区植被的显著特征之一。白梭梭（*Haloxylon Persicum*）和梭梭（*Haloxylon ammodendron*）是本区沙地植被的主要建群种和优势种。前者生于固定沙地，后者则多见于流动沙丘地段。天山北坡的山前倾斜平原发育有以小蓬为主的稀疏矮半灌木荒漠。另外，白杆、沙拐枣、无叶沙拐枣、苦艾蒿（*Artemisia lavandulaefolia*）、沙蒿（*Artemisia desertorum*）荒漠亦广泛分布。在沙漠北部平原地带的荒漠植被中，沙生针茅（*Stipa glareosa*）和驼绒藜（*Krascheninnikovia ceratoides*）显著增多，具有明显的草原化趋势。

（29）Ⅱ（39）Ia 塔里木盆地荒漠及河滩胡杨林及绿洲暖温带干旱天保工程一期工程国有林区。本区地理位置为北纬 43°14′ ～ 40°52′、东经 91°16′ ～ 95°20′。属暖温带干旱气候，年平均气温为 -0.5 ～ 3℃，年均降水量为 168.6 ～ 300 毫米，地貌地形为盆地荒漠类型，土壤类型为亚高山荒漠草原土、高山草原土、高山草甸土。本区东部的丘间低地分布有极稀疏的泡泡刺荒漠和一些柽柳（*Tamarix chinensis*）、红砂植丛。在个别干谷中可见有喀什沙拐枣、膜果麻黄和裸果木等生长。

3. 天保工程二期

（1）Ⅲ（14）Jb 江淮平原丘陵落叶常绿阔叶林及马尾松林北亚热带湿润天保工程二期工程非国有林区。本区地理位置为北纬 31°18′ ～ 33°47′、东经 109°24′ ～ 112°8′。属北亚热带湿润气候，年平均气温为 13 ～ 16℃，年均降水量为 800 ～ 900 毫米，地貌地形为中低山类型，土壤类型为黄棕壤、黄泥土、黄褐土、冲积土。本区北部植被主要为麻栎、栓皮栎等构成的落叶栎林和马尾松林，有时由落叶栎类与马尾松构成针、阔混交林，山坡下部及河谷地带，经常出现青冈（*Cyclobalanopsis glauca*）、槠、桢楠、油樟（*Cinnamomum longepaniculatum*）、女贞（*Ligustrum lucidum*）、小叶青冈、柞木（*Xylosma congesta*）等常绿阔叶树种，并混生于栎林及马尾松林内；南部以马尾松林为主，海拔 700 米以下广为分布，并常见以马尾松、落叶栎类为主的针阔混交林，但有以茅栗（*Castanea seguinii*）、麻栎

（*Quercus acutissima*）为单优势群落或以茅栗、栓皮栎等栎类为主的落叶阔叶林。

4. 天然林保护扩大范围（纳入国家政策）

（1）Ⅳ（1）Cb 大兴安岭山地兴安落叶松林中温带湿润天然林保护扩大范围（纳入国家政策）非国有林区。本区地理位置为北纬44°13′～50°45′、东经122°2′～127°13′。属中温带湿润气候，年平均气温为-2.4～2.2℃，年均降水量为350毫米，地貌地形为山地类型，土壤类型为棕色针叶林土。本区主要植被类型为兴安落叶松林。

（2）Ⅳ（2）Cb 小兴安岭山地丘陵阔叶与红松混交林中温带湿润天然林保护扩大范围（纳入国家政策）非国有林区。本区地理位置为北纬45°43′～50°40′、东经123°29′～130°31′，部分区域位于大、小兴安岭森林生态功能区。属中温带湿润气候，年平均气温为0.4℃，年均降水量为630.8毫米，地貌地形为山地类型，土壤类型为黑土、草甸土、栗钙土。本区北部地带性植被虽然是落叶阔叶—红松混交林，但毗邻大兴安岭，有大量兴安落叶松侵入，常与蒙古栎混生；南部是小兴安岭森林向松嫩草原过渡的森林草原带。植被主要组成成分是东西伯利亚、蒙古和东北植物区系成分，如蒙古栎、黑桦、白桦、榛子、胡枝子等；草本植物有东西伯利亚—蒙古成分，还有东亚温带和东西伯利亚分布的草甸植物种，如拂子茅（*Calamagrostis epigeios*）、裂叶蒿（*Artemisia tanacetifolia*）和野火球（*Trifolium lupinaster*）等。植物类型较为复杂，一般在丘陵阴坡有蒙古栎林、黑桦林，间有小片的山杨林和白桦林；在个别地段的森林中还残存着极少量的小兴安岭红松阔叶混交林的树种，如红松、水曲柳、核桃楸（*Juglans mandshurica*）及山槐（*Albizia kalkora*）等。在平原水分较好处还有白榆林。这些森林屡遭破坏，常呈"灌丛"状态或"矮林"；在丘陵地上还有榛子、胡枝子、山杏（*Prunus sibirica*）及黄榆等树种。

（3）Ⅳ（2）Ca 小兴安岭山地丘陵阔叶与红松混交林中温带湿润天然林保护扩大范围（纳入国家政策）国有林区。本区地理位置为北纬45°57′～46°36′、东经127°39′～128°55′，部分区域位于大、小兴安岭森林生态功能区。属中温带湿润气候，年平均气温为0.4℃，年均降水量为630.8毫米，地貌地形为山地类型，土壤类型为黑土、草甸土、栗钙土。本区北部地带性植被以落叶阔叶—红松混交林为主。

（4）Ⅳ（4）Bb 松嫩辽平原草原草甸散生林中温带半湿润天然林保护扩大范围（纳入国家政策）非国有林区。本区地理位置为北纬41°50′～47°18′、东经119°29′～127°9′。属中温带半湿润气候，年平均气温为10.4℃，年均降水量为721.3毫米，地貌地形为平原类型，土壤类型为草甸土、暗棕壤、黑钙土。本区北部松嫩平原地处长白植物区系、兴安植物区系、蒙古植物区系和华北植物区系的交界处，虽然至今尚未发现特有成分，但植物的种类组成比较丰富，区系成分比较复杂；南部区人类开发历史久远，天然植被遭受严重破坏，森林植被仅见于海拔1000～1200米以上的山地阴坡，以华北广泛分布的油松林、蒙古栎林为标志类型，白桦林、黑桦林、山杨林出现的频率较高。灌丛以虎榛子、酸枣灌丛比较普遍，荆条为偶见成分。

（5）Ⅳ（5）Cb 三江平原草甸散生林中温带湿润天然林保护扩大范围（纳入国家政策）非国有林区。本区地理位置为北纬 40°10′ ～ 48°28′、东经 123°27′ ～ 133°19′。属中温带湿润气候，年平均气温为 10.4℃，年均降水量为 721.3 毫米，地貌地形为中低山丘陵类型，土壤类型为暗棕壤、草甸土。本区北部地带性植被是温带针叶阔叶混交林，即阔叶红松混交林；中部植被以阔叶红松林为主，分布在海拔 200 ～ 600 米之间的山地，以榆树和辽东栎为标志种。海拔 600 米以上的山地，混有鱼鳞云杉、臭冷杉（*Abies nephrolepis*）的阔叶红松混交林；南部地带性植被虽然属于阔叶红松混交林范围内，但由于地势低洼，多形成隐域性的沼泽植被，在低山丘陵上是以蒙古栎为主，混生山杨、白桦和紫椴（*Tilia amurensis*）等阔叶林。

（6）Ⅳ（5）Ca 三江平原草甸散生林中温带湿润天然林保护扩大范围（纳入国家政策）国有林区。本区地理位置为北纬 45°16′ ～ 46°52′、东经 127°49′ ～ 132°58′。属中温带湿润气候，年平均气温为 1.57℃，年均降水量为 549.1 毫米，地貌地形为波状起伏平原类型，土壤类型为暗棕壤、草甸土。本区植被类型以散生林为主。

（7）Ⅳ（9）Gb 华北平原散生落叶阔叶林及农田防护林温带半湿润天然林保护扩大范围（纳入国家政策）非国有林区。本区地理位置为北纬 33°18′ ～ 39°57′、东经 112°59′ ～ 118°14′。属温带半湿润气候，年平均气温为 5 ～ 11℃，年均降水量为 400 ～ 800 毫米，地貌地形为低山丘陵类型，土壤类型为草甸土、棕壤、褐土、潮土。本区植被类型以散生落叶阔叶林及农田防护林为主。

（8）Ⅳ（6）Fb 辽东半岛山地丘陵松（赤松及油松）栎林温带湿润天然林保护扩大范围（纳入国家政策）非国有林区。本区地理位置为北纬 38°46′ ～ 41°46′、东经 121°24′ ～ 124°19′。属温带湿润气候，年平均气温为 6.6℃，年均降水量为 840 毫米，地貌地形为中低山丘陵类型，土壤类型为棕壤。本区北部地带性植被类型为油松、辽东栎林、赤松林（*Pinus densiflora*）、蒙古栎林、栓皮栎林和麻栎林等；南部植被主要为人工刺槐林和黑松林，还有以麻栎为主的人工矮林，以及各类灌丛和灌草丛，南部区域果园林比重很大，为辽宁和我国重要的暖温带水果产区。

（9）Ⅳ（7）Gb 燕山山地落叶阔叶林及油松侧柏林温带半湿润天然林保护扩大范围（纳入国家政策）非国有林区。本区地理位置为北纬 40°11′ ～ 41°46′、东经 114°35′ ～ 123°31′。属温带半湿润气候，年平均气温为 4 ～ 8℃，年均降水量为 350 ～ 700 毫米，地貌地形为高山类型，土壤类型为栗钙土、灰褐土、棕壤、盐化潮土。本区北部植被中面积较大的森林类型为油松林、蒙古栎林及沿河小叶杨、小青杨林。灌丛和灌草丛是主要天然植被，其中以荆条、白羊草灌草丛为最多；中部植物组成以华北成分为主，油松是植物群落的主要建群种；南部地处落叶阔叶林向草原的过渡地带，其中灌木成分主要有小叶锦鸡儿（*Caragana microphylla*）、酸枣（*Ziziphus jujuba*）、沙棘（*Hippophae rhamnoides*）、柳叶鼠李（*Rhamnus erythroxylon*）等，山区林木以桦木为主，伴生山杨、栎类等天然次生林，人工林则以油松、华北落叶松为主。

（10）Ⅳ（8）Gb 晋冀山地黄土高原落叶阔叶林及松（油松、白皮松）侧柏林温带半湿润天然林保护扩大范围（纳入国家政策）非国有林区。本区地理位置为北纬33°13′～40°10′、东经112°14′～114°30′。属温带半湿润气候，年平均气温为 6～13℃，年均降水量为500～700毫米，地貌地形为中低山、山间盆地、黄土丘陵类型，土壤类型为山地褐土、山地棕壤、山地草甸土。本区植被类型以落叶阔叶林及松（油松、白皮松）侧柏林为主。

（11）Ⅳ（14）Jb 江淮平原丘陵落叶常绿阔叶林及马尾松林北亚热带湿润天然林保护扩大范围（纳入国家政策）非国有林区。本区地理位置为北纬28°12′～33°48′、东经111°34′～121°52′。区内有大别山水土保持生态功能区，属北亚热带湿润气候，年平均气温为 16～17℃，年均降水量为1400毫米，地貌地形为低山丘陵类型，土壤类型为黄棕壤、黄泥土、黄褐土、冲积土。本区东部原生植被除沿海的盐生植被外极少保存；本区中部的典型地带性植被类型是以壳斗科的落叶树种为主，并含有少量常绿阔叶树的混交林，外貌上接近于落叶阔叶林，植被类型以落叶阔叶林及松（油松、白皮松）侧柏林为主；西部地处亚热带的北部，植被明显反映过渡地带的特征，较典型的植被类型以落叶栎类为主，并含有少量常绿阔叶树种。

（12）Ⅳ（17）Kb 华中丘陵山地常绿阔叶林及马尾松杉木毛竹林中亚热带湿润天然林保护扩大范围（纳入国家政策）非国有林区。本区地理位置为北纬24°49′～30°4′、东经105°57′～113°59′。属中亚热带湿润气候，年平均气温为 16～18℃，年均降水量为1100～1300毫米，地貌地形为中低山类型，土壤类型为红壤、紫色土、黄壤、黑色石灰土。本区在海拔800～1000米以上的山地上分布着常绿、落叶阔叶混交林，山脊上多为台湾松（*Pinus taiwanensis*）林，以及落叶灌丛、常绿的杜鹃灌丛等。

（13）Ⅳ（18）Kb 华东南丘陵低山常绿阔叶林及马尾松黄山松（台湾松）毛竹杉木林中亚热带湿润天然林保护扩大范围（纳入国家政策）非国有林区。本区地理位置为北纬24°13′～30°20′、东经114°17′～121°37′。属中亚热带湿润气候，年平均气温为16.5～17.5℃，年均降水量为1400～1700毫米，地貌地形为丘陵盆地类型，土壤类型为冲积土、黄壤、红壤。本区东北部是典型常绿阔叶林的分布地区，其组成种类北部以甜槠（*Castanopsis eyrei*）、木荷为代表，伴生种类有绵石栎（*Lohenryi*）、红楠（*Machilus thunbergii*）、枫香（*Liquidambar formosana*）等；西南部常绿阔叶林一般零星分布于海拔700～1000米以下的部分山区，常绿阔叶林遭破坏后的次生林有马尾松林、杉木林和海拔1000米以上的台湾松林等。在阔叶林中混生或在林缘生长的还有油杉、福建柏、柳杉、竹柏等针叶树。

（14）Ⅳ（19）Lb 南岭南坡及福建沿海常绿阔叶林及马尾松杉木林南亚热带湿润天然

林保护扩大范围（纳入国家政策）非国有林区。本区地理位置为北纬 22°2′ ~ 25°1′、东经 105°36′ ~ 118°56′。属南亚热带湿润气候，年平均气温为 17.7℃，年均降水量为 1473 毫米左右，地貌地形为中低山类型，土壤类型为红壤、黄壤、黑色石灰土、赤红壤。本区东部典型植被的季风常绿阔叶林主要分布于少数山谷地，组成种类主要有刺栲（*Castanopsishystrix*）、厚壳桂（*Cryptocarya chinensis*）、硬壳桂（*Cryptocarya chingii*）、山杜英（*Elaeocarpus sylvestris*）、黄杞（*Engelhardia roxburghiana*）、黄樟（*Cinnamomum parthenoxylon*）及白桂木（*Artocarpus hypargyreus*）等；西部典型植被保存面积不多，大面积为次生类型和栽培植被。

（15）Ⅳ（23）Kb 滇东南贵西黔西南落叶常绿阔叶林及云南松林中亚热带湿润天然林保护扩大范围（纳入国家政策）非国有林区。本区地理位置为北纬 22°57′ ~ 26°15′、东经 101°53′ ~ 106°32′。属中亚热带湿润气候，年平均气温为 17.9℃，年均降水量为 1517.8 毫米左右，地貌地形为中山山原与峡谷，土壤类型为黄壤、石灰土、赤红壤、红壤。本区植被的主要类型季风常绿阔叶林一般分布在 850 ~ 1400 米的山原上，以刺栲、木莲为优势种。在一些低海拔的河谷地，由于水湿条件较好，出现由毛麻楝、红果葱臭木、仪花（*Lysidice rhodostegia*）、大果榕（*Ficus auriculata*）等组成季雨林层片，并沿东部的南盘江、驮娘红谷地向北楔入。在干热的河谷地段出现热带性较强的稀树灌木草丛，在岩石裸露的地段还出现由绿仙人掌（*Opuntia monacantha*）、霸王鞭（*Euphorbia royleana*）、金合欢（*Acacia farnesiana*）等组成的肉质刺灌丛。在海拔 1300 米以上的河谷两岸山坡上出现有细叶云南松林和云南松林，并常与栓皮栎、高山栲、毛叶青冈等组成针阔叶混交林。

（16）Ⅳ（24）Lb 广东沿海平原丘陵山地季风常绿阔叶林及马尾松林南亚热带湿润天然林保护扩大范围（纳入国家政策）非国有林区。本区地理位置为北纬 18°47′ ~ 23°21′、东经 101°48′ ~ 113°0.1′。属南亚热带湿润气候，年平均气温为 23 ~ 23.5℃，年均降水量为 1400 ~ 1700 毫米，地貌地形为丘陵台地，土壤类型为红壤、冲积土、赤红壤、滨海沙土。本区典型植被类型为热带季雨林，因人类经济活动干扰大，林地面积保存很小，大都星散分布于村边或沟谷中，并多为次生类型，主要组成种类有高山榕（*Ficus altissima*）、榕树、见血封喉（*Antiaris toxicaria*）、红鳞蒲桃（*Syzygium hancei*）、杜英（*Elaeocarpus decipiens*）和橄榄（*Canarium album*）等。广大丘陵台地的现状植被则为由桃金娘、银柴、打铁树（*Myrsine linearis*）、坡柳（*Salix myrtillacea*）、刺葵（*Phoenix loureiroi*）及白茅（*Imperata cylindrica*）、青香茅（*Cymbopogon mekongensis*）等组成的热性灌木草丛等，分布很广。在植被区的北部还有小片状分布的马尾松，而南部及海南则有热带性的海南松分布。

（17）Ⅳ（30）Db 呼伦贝尔及内蒙古东南部森林草原中温带半干旱天然林保护扩大范围（纳入国家政策）非国有林区。本区地理位置为北纬 41°36′ ~ 49°52′、东经 111°21′ ~ 120°53′。属中温带半干旱气候，年平均气温为 3.5 ~ 7℃，年均降水量为 591.2 毫米，地貌地形为平原，土壤类型为棕钙土。本区植物区系成分虽以草原成分为主体，但也明显地表现出草原区系和森林区系混合分布的特征，并具有达乌里／蒙古型山地森林草原区系的复杂性，分布有兴安落叶松、红皮云杉及樟子松等。

（18）Ⅳ（33）Eb 阿拉善高原半荒漠温带干旱天然林保护扩大范围（纳入国家政策）非国有林区。本区地理位置为北纬39°18′～42°30′、东经95°8′～104°40′。属温带干旱气候，年平均气温为3.7～7.6℃，年均降水量为188毫米左右，地貌地形为山地，土壤类型为棕钙土、灰棕荒漠土。本区在波状起伏的沙地中，有稀疏的琐琐—泡泡刺—柽柳沙漠。在石质高原面的黑色戈壁上为极稀疏的红砂—泡泡刺荒漠。在丘间低地有无叶假木贼、蒙古沙拐枣和膜果麻黄沙漠。在季节性的流水线上则出现戈壁藜—泡泡刺荒漠和白皮锦鸡儿—木霸王荒漠。在沙砾质盆地和凹地中有膜果麻黄、驼绒藜、泡泡刺荒漠和短叶假木贼、合头草荒漠。

（19）Ⅳ（34）Eb 河西走廊半荒漠及绿洲温带干旱天然林保护扩大范围（纳入国家政策）非国有林区。本区地理位置为北纬37°9′～40°49′、东经97°37′～104°1′。属温带干旱气候，年平均气温为3.7～7.6℃，年均降水量为188毫米左右，地貌地形为山地，土壤类型为棕钙土、灰棕荒漠土。

（20）Ⅳ（36）Ib 天山山地针叶林暖温带干旱天然林保护扩大范围（纳入国家政策）非国有林区。本区地理位置为北纬39°25′～43°15′、东经73°59′～91°15′。属暖温带干旱气候，年平均气温为13.8℃，年均降水量为100毫米左右，地貌地形为山地，土壤类型为草甸土、棕色森林土。本区植被的建群种和优势种组成以亚洲中部成分占优势。山地森林树种雪岭云杉和天山方枝柏（*Sabina pseudosabina*）是中亚山地成分，昆仑方枝柏（*Juniperus centrasiatica*）与叶尔羌圆柏（*S. jarkendensis*）则为西昆仑特有种。

（21）Ⅳ（36）Ea 天山山地针叶林温带干旱天然林保护扩大范围（纳入国家政策）国有林区。本区地理位置为北纬43°25′～44°17′、东经81°58′～84°57′。属温带干旱气候，年平均气温为3.6℃，年均降水量为200毫米左右，属于天然林保护扩大范围（纳入国家政策）国有林区范围，地貌地形为山地，土壤类型为栗钙土、草甸土、棕色森林土。本区植被类型以山地针叶林为主。

（22）Ⅳ（38）Eb 准噶尔盆地旱生灌丛半荒漠温带干旱天然林保护扩大范围（纳入国家政策）非国有林区。本区气候类型为温带干旱气候，年平均气温为5.3℃，年均降水量为202.2毫米左右，地貌地形为盆地，土壤类型为棕漠土。本区植被类型以旱生灌丛为主。

（23）Ⅳ（39）Nb 塔里木盆地荒漠及河滩胡杨林及绿洲高原亚寒带干旱天然林保护扩大范围（纳入国家政策）非国有林区。本区地理位置为北纬34°26′～36°56′、东经75°25′～89°9′。属高原亚寒带干旱气候，年平均气温为-7～0.6℃，年均降水量为300毫米左右，地貌地形为盆地荒漠，土壤类型为高山荒漠土、高山草原土、亚高山草原土。本区植被类型组成相当贫乏，在区系地理成分中，青藏高原特有成分作用突出，亚洲中部荒漠成分亦较重要，并有一些中国—喜马拉雅成分、干旱亚洲高山成分和北极—高山成分。地带性植被类型为垫状驼绒藜和西藏亚菊高寒荒漠青藏薹草为主，并混生有垫状驼绒藜。高寒荒漠草原亦有一定分布。

（24）Ⅳ（39）Ib 塔里木盆地荒漠及河滩胡杨林及绿洲暖温带干旱天然林保护扩大范围（纳入国家政策）非国有林区。本区位于塔里木盆地，地理位置为北纬 30°1′ ～ 43°12′、东经 74°30′ ～ 97°50′。区内有阿尔金草原荒漠化防治生态功能区，属暖温带干旱气候，年平均气温为 -0.5 ～ 3℃，年均降水量为 168.6 ～ 300 毫米，地貌地形为盆地，土壤类型为亚高山荒漠草原土、高山草原土、高山草甸土。本区大部分代表性植物为古老种类，如膜果麻黄、泡泡刺、裸果木、小沙冬青（Ammopiptanthus nanus）、疆堇（Corydalis mira）等。还有大面积分布的胡杨、灰杨和多种柽柳等。另外，群落中还有许多中亚成分，如无叶假木贼（Anabasis aphylla）、疏叶骆驼刺（Alhagi sparsifolia）、花花柴、大花罗布麻等。塔里木的特有种有塔里木沙拐枣、喀什红砂和小沙冬青等。

5. 天然林保护扩大范围（未纳入国家政策）

（1）Ⅴ（9）Gb 华北平原散生落叶阔叶林及农田防护林温带半湿润天然林保护扩大范围（未纳入国家政策）非国有林区。本区位于华北平原，地理位置为北纬 35°9′ ～ 40°0′、东经 115°34′ ～ 122°21′。属温带半湿润气候，年平均气温为 13℃，年均降水量为 774.8 毫米左右，地貌地形为山地丘陵，土壤类型为草甸土、棕壤、褐土、潮土。本区大部分植物区系以华北成分为主，以麻栎、栓皮栎等多见，还有杨、柳、榆、楸树、臭椿（Ailanthus altissima）等。针叶树种主要是油松，分布于棕壤上，而在石灰岩地区则普遍生长着侧柏。

（2）Ⅴ（14）Jb 江淮平原丘陵落叶常绿阔叶林及马尾松林北亚热带湿润天然林保护扩大范围（未纳入国家政策）非国有林区。本区位于江淮平原，地理位置为北纬 31°7′ ～ 33°12′、东经 118°9′ ～ 121°56′。属北亚热带湿润气候，年平均气温为 15 ～ 16℃，年均降水量为 1000 毫米左右，地貌地形为平原，土壤类型为黄棕壤、黄泥土、黄褐土、冲积土。本区植被类型以落叶常绿阔叶林及马尾松林北亚热带湿润天然林为主。

6. 非天保工程区

（1）Ⅵ（9）Gb 华北平原散生落叶阔叶林温带半湿润非天保工程非国有林区。本区位于华北平原平原，地理位置为北纬 32°49′ ～ 44°4′、东经 112°53′ ～ 122°34′。属温带半湿润气候，年平均气温为 5 ～ 11℃，年均降水量为 400 ～ 800 毫米，地貌地形为低山丘陵，土壤类型为草甸土、棕壤、褐土等。广大的华北平原顶极植被除了滨海部分由于土壤含盐量过高而限制森林发育外，其他各地是落叶阔叶林，但由于长期人为垦植，现在已经成为我国的主要农业区之一。沿海部分除部分为农田外，还分布着大面积天然生长的柽柳群落和盐生草甸群落。此外，在农田中广泛盛行的泡桐为树种的林粮间作，形成我国北方地区少有的人工植被景观。

（2）Ⅵ（18）Lb 广东沿海平原丘陵山地季风常绿阔叶林及马尾松林南亚热带湿润

非天保工程非国有林区。本区位于广东沿海地区，地理位置为北纬21°37′~25°20′、东经105°31′~114°40′。属南亚热带湿润气候，年平均气温为23~23.5℃，年均降水量为1400~1700毫米，地貌地形为丘陵台地，土壤类型为红壤、冲积土、赤红壤、滨海沙土。本区大面积分布的为石灰岩植被类型，但现状植被主要为次生类型，只有局部人为经济活动较少的地区存有一定面积的森林。经济林有油桐、油茶林和八角林、茶园等，果树以橙、柑、柚等为常见，南部有荔枝、香蕉、杧果及凤梨等，局部地区还种植有巴西橡胶。

（3）Ⅵ（19）Lb台湾山地常绿阔叶林及马尾松杉木林南亚热带湿润非天保工程非国有林区。本区位于中国台湾，地理位置为北纬20°45′~25°56′、东经119°18′~124°34′。属南亚热带湿润气候，年平均气温为21℃，年均降水量为2000毫米，地貌地形为山地丘陵，土壤类型为红壤、黄壤。本区北部与台湾中部地区相似，地势跨越低、中、高山海拔范围，植被垂直带谱明显，但因气温较台湾中部地区低，表现在植被垂直分布范围均下移，沿海地区亦有红树林生长，但仅有水笔仔一种中部典型植被中的季风常绿阔叶林，林中具有一定的雨林特征；南部植被的主要类型有由台湾肉豆蔻（*Myristica cagayanensis*）、白翅子树、长叶桂木等组成的湿润雨林及由榕树（*Ficus microcarpa*）、厚壳桂（*Cryptocarya chinensis*）、假苹婆（*Sterculia lanceolata*）、鹅掌柴（*Schefflera heptaphylla*）等组成的半常绿季雨林和由木棉（*Bombax ceiba*）、黄豆树（*Albizia procera*）等组成的落叶季雨林。但森林植被类型保存面积很少，广大丘陵台地的次生植被主要为灌草丛。

（4）Ⅵ（42）Nb青藏高原草原草甸及荒漠高原亚寒带半干旱非天保工程非国有林区。本区地理位置为北纬29°42′~36°25′、东经80°53′~93°29′。区内有藏西北羌塘高原荒漠生态功能区，属高原亚寒带半干旱气候，年平均气温为6.3℃，年均降水量为200~430毫米，地貌地形为高原。本区主要以草原草甸和高寒草甸为主，植被组成以亚洲中部起源种和青藏高原特有种为主，紫花针茅高寒草原是地带性的景观植被类型，大面积广布于全区海拔4500~5100米之间的丘陵、山坡、宽谷、洪积扇和平缓的剥蚀高原面等排水良好的显域生境。

（5）Ⅵ（31）Eb内蒙古东部森林草原温带干旱非天保工程非国有林区。本区地理位置为北纬39°55′~43°19′、东经110°19′~114°50′。属温带干旱气候，年平均气温为8.4℃，年均降水量为186毫米左右，地貌地形为高原，地表破碎，土壤类型为棕钙土、栗钙土。本区植物区系有东亚成分及华北成分的森林植物，如油松、辽东栎、蒙椴、黄刺梅、虎榛子等为山地森林、灌丛的主要建群种。

（四）生态功能监测区与典型生态区的对应关系

天然林保护修复生态功能监测区划中不仅需要提供区划边界信息，在获得区划后，还需提取全国重点生态功能区、生物多样性保护优先区域、生态屏障区、生态脆弱区以及国家公园保护地的隐含空间信息等大量相关信息，以作为区域内台站选址和观测研究的基础信息

（表 2-17、图 2-19 至图 2-22）。

所有生态功能监测区中，位于或部分区域位于重点生态功能区、生物多样性保护优先区域、生态屏障和生态脆弱区的生态区占比分别为 66%、74%、64%、62%。93% 以上的生态功能监测区至少对应一个典型生态区。

表 2-17　生态功能监测区与典型生态区的对应关系

编号	编码	生态功能区	生物多样性保护优先区	生态屏障	生态脆弱区
1	Ⅰ（1）Aa	大小兴安岭森林区	大兴安岭区	东北森林屏障带	—
2	Ⅰ（1）Bb	—	松嫩平原区 呼伦贝尔区	东北森林屏障带	东北林草交错生态脆弱区
3	Ⅰ（1）Ba	—	呼伦贝尔区	东北森林屏障带	东北林草交错生态脆弱区
4	Ⅰ（2）Ca	大小兴安岭森林区	小兴安岭区	东北森林屏障带	—
5	Ⅰ（3）Ca	长白山森林区	长白山区	东北森林屏障带	—
6	Ⅰ（5）Ca	三江平原湿地区 长白山森林区	三江平原区 长白山区	东北森林屏障带	—
7	Ⅰ（10）Gb	黄土高原丘陵沟壑水土保持区	六盘山—子午岭—太行山区		—
8	Ⅰ（12）Ja	秦巴生物多样性区	秦岭区	川滇-黄土高原生态屏障	南方红壤丘陵山地生态脆弱区
9	Ⅰ（15）Kb	—	—		—
10	Ⅰ（16）Kb	武陵山区生物多样性及水土保持区	武陵山区	南方丘陵山地带	南方红壤丘陵山地生态脆弱区
11	Ⅰ（21）Kb	桂黔滇喀斯特石漠化防治区 武陵山区生物多样性及水土保持区	横断山南段区 苗岭—金钟山—凤凰山区 武陵山区	川滇—黄土高原生态屏障	南方红壤丘陵山地生态脆弱区 西南岩溶山地石漠化生态脆弱区
12	Ⅰ（22）La	—			西南岩溶山地石漠化生态脆弱区
13	Ⅰ（41）Qb	川滇森林及生物多样性保护区若尔盖草原湿地区	羌塘、三江源区	青藏高原生态屏障	西南山地农牧交错生态脆弱区
14	Ⅰ（41）Qa	川滇森林及生物多样性保护区三江源草原草甸湿地区	羌塘、三江源区		西南山地农牧交错生态脆弱区
15	Ⅰ（27）Qa			川滇—黄土高原生态屏障	南方红壤丘陵山地生态脆弱区 西南山地农牧交错生态脆弱区

（续）

编号	编码	生态功能区	生物多样性保护优先区	生态屏障	生态脆弱区
16	I（27）Pb	川滇森林及生物多样性保护区秦巴生物多样性区若尔盖草原湿地区	岷山—横断山北段区	川滇—黄土高原生态屏障	南方红壤丘陵山地生态脆弱区西南山地农牧交错生态脆弱区
17	I（28）Qb	川滇森林及生物多样性保护区	横断山南段区岷山—横断山北段区	—	南方红壤丘陵山地生态脆弱区西南岩溶山地石漠化生态脆弱区西南山地农牧交错生态脆弱区
18	I（28）Qa	川滇森林及生物多样性保护区	横断山南段区岷山—横断山北段区	—	—
19	I（34）Db	科尔沁草原区	呼伦贝尔区	内蒙古防沙带	北方农牧交错生态脆弱区
20	I（36）Ea	—	天山—准噶尔盆地西南缘区	—	西北荒漠绿洲交接生态脆弱区
21	I（37）Ea	阿尔泰山地森林草原区	阿尔泰山区	—	西北荒漠绿洲交接生态脆弱区
22	II（2）Ca	大小兴安岭森林区	—	东北森林屏障带	—
23	II（3）Ca	长白山森林区	长白山区	东北森林屏障带	—
24	II（5）Ca	三江平原湿地区长白山森林区	三江平原区长白山区	东北森林屏障带	—
25	II（10）Gb	黄土高原丘陵沟壑水土保持区	六盘山—子午岭—太行山区秦岭区	川滇—黄土高原生态屏障	北方农牧交错生态脆弱区
26	II（11）Rb	黄土高原丘陵沟壑水土保持区	六盘山—子午岭—太行山区秦岭区	川滇—黄土高原生态屏障河西走廊防沙屏障带	北方农牧交错生态脆弱区
27	II（12）Ja	秦巴生物多样性区	秦岭区	川滇—黄土高原生态屏障	南方红壤丘陵山地生态脆弱区
28	II（13）Jb	秦巴生物多样性区三峡库区水土保持区	大巴山区	—	南方红壤丘陵山地生态脆弱区
29	II（8）Hb	黄土高原丘陵沟壑水土保持区秦巴生物多样性区	六盘山—子午岭—太行山区秦岭区	—	北方农牧交错生态脆弱区
30	II（15）Kb	—	—	—	南方红壤丘陵山地生态脆弱区
31	II（16）Kb	秦巴生物多样性区三峡库区水土保持区武陵山区生物多样性及水土保持区	武陵山区大巴山区	—	南方红壤丘陵山地生态脆弱区
32	II（20）Kb	武陵山区生物多样性及水土保持区	武陵山区	—	南方红壤丘陵山地生态脆弱区

（续）

编号	编码	生态功能区	生物多样性保护优先区	生态屏障	生态脆弱区
33	Ⅱ（21）Kb	—	横断山南段区 西双版纳区	川滇-黄土高原生态屏障	南方红壤丘陵山地生态脆弱区 西南岩溶山地石漠化生态脆弱区
34	Ⅱ（40）Rb	甘南黄河重要水源补给区 祁连山冰川与水源涵养功能区 三江源草原草甸湿地区		青藏高原生态屏障 河西走廊防沙屏障带	西南山地农牧交错生态脆弱区 青藏高原复合侵蚀生态脆弱区
35	Ⅱ（42）Ob	塔里木河荒漠化防治区	塔里木河流域	塔里木防沙屏障带	西北荒漠绿洲交接生态脆弱区
36	Ⅱ（25）Mb	川滇森林及生物多样性保护区	西双版纳区	—	西南岩溶山地石漠化生态脆弱区
37	Ⅱ（26）Mb	海南岛中部山区热带雨林区	海南岛中南部区	—	—
38	Ⅱ（27）Pb	川滇森林及生物多样性保护区 甘南黄河重要水源补给区 秦巴生物多样性区	羌塘、三江源区 横断山南段区 岷山—横断山北段区	川滇—黄土高原生态屏障	南方红壤丘陵山地生态脆弱区 西南山地农牧交错生态脆弱区
39	Ⅱ（28）Kb	川滇森林及生物多样性保护区 甘南黄河重要水源补给区	横断山南段区 岷山—横断山北段区	川滇—黄土高原生态屏障	南方红壤丘陵山地生态脆弱区 西南岩溶山地石漠化生态脆弱区 西南山地农牧交错生态脆弱区
40	Ⅱ（29）Qb	藏东南高原边缘森林区 藏西北羌塘高原荒漠区 祁连山冰川与水源涵养功能区 三江源草原草甸湿地区	祁连山区 羌塘、三江源区 喜马拉雅东南区 横断山南段区	青藏高原生态屏障 河西走廊防沙屏障带	西南山地农牧交错生态脆弱区 青藏高原复合侵蚀生态脆弱区
41	Ⅱ（32）Eb	黄土高原丘陵沟壑水土保持区 阴山北麓草原区	祁连山区 西鄂尔多斯—贺兰山—阴山区	内蒙古防沙带 河西走廊防沙屏障带	北方农牧交错生态脆弱区
42	Ⅱ（30）Ba	呼伦贝尔草原草甸区	—	东北森林屏障带	东北林草交错生态脆弱区
43	Ⅱ（33）Eb	阴山北麓草原区	西鄂尔多斯—贺兰山—阴山区	内蒙古防沙带	西北荒漠绿洲交接生态脆弱区
44	Ⅱ（35）Rb	祁连山冰川与水源涵养功能区	祁连山区	—	西北荒漠绿洲交接生态脆弱区
45	Ⅱ（36）Ib	—	天山—准噶尔盆地西南缘区		西北荒漠绿洲交接生态脆弱区
46	Ⅱ（36）Eb	—	塔里木河流域 天山—准噶尔盆地西南缘区	塔里木防沙屏障带	西北荒漠绿洲交接生态脆弱区

（续）

编号	编码	生态功能区	生物多样性保护优先区	生态屏障	生态脆弱区
47	Ⅱ（36）Ea	—	天山—准噶尔盆地西南缘区	—	西北荒漠绿洲交接生态脆弱区
48	Ⅱ（37）Ea	—	阿尔泰山区	—	西北荒漠绿洲交接生态脆弱区
49	Ⅱ（38）Ea	阿尔泰山地森林草原区	阿尔泰山区天山—准噶尔盆地西南缘区	—	西北荒漠绿洲交接生态脆弱区
50	Ⅱ（39）Ia	—	库姆塔格区	—	西北荒漠绿洲交接生态脆弱区
51	Ⅲ（14）Jb	秦巴生物多样性区	秦岭区	—	南方红壤丘陵山地生态脆弱区
52	Ⅳ（1）Cb	大小兴安岭森林区科尔沁草原区	松嫩平原区	东北森林屏障带	东北林草交错生态脆弱区
53	Ⅳ（2）Cb	大小兴安岭森林区	松嫩平原区	东北森林屏障带	东北林草交错生态脆弱区
54	Ⅳ（2）Ca	—	—	东北森林屏障带	—
55	Ⅳ（4）Bb	科尔沁草原区	松嫩平原区	内蒙古防沙带	东北林草交错生态脆弱区
56	Ⅳ（5）Cb	三江平原湿地区长白山森林区	三江平原区	东北森林屏障带	
57	Ⅳ（5）Ca	三江平原湿地区长白山森林区	三江平原区长白山区	东北森林屏障带	
58	Ⅳ（9）Gb	—	—	—	—
59	Ⅳ（6）Fb	—	—	—	—
60	Ⅳ（7）Gb	黄土高原丘陵沟壑水土保持区浑善达克沙漠化防治区	六盘山—子午岭—太行山区	内蒙古防沙带	
61	Ⅳ（8）Gb	黄土高原丘陵沟壑水土保持区	六盘山—子午岭—太行山区秦岭区		北方农牧交错生态脆弱区
62	Ⅳ（14）Jb	大别山水土保持区	武陵山区大别山区黄山—怀玉山区洞庭湖区		南方红壤丘陵山地生态脆弱区
63	Ⅳ（17）Kb	桂黔滇喀斯特石漠化防治区南岭山地森林及生物多样性区武陵山区生物多样性及水土保持区	武陵山区南岭地区	南方丘陵山地带	南方红壤丘陵山地生态脆弱区

（续）

编号	编码	生态功能区	生物多样性保护优先区	生态屏障	生态脆弱区
64	IV（18）Kb	南岭山地森林及生物多样性区	黄山—怀玉山区 武夷山地区 南岭地区 鄱阳湖区	南方丘陵山地带	南方红壤丘陵山地生态脆弱区
65	IV（19）Lb	桂黔滇喀斯特石漠化防治区 南岭山地森林及生物多样性区	苗岭—金钟山—凤凰山区 南岭地区	南方丘陵山地带	南方红壤丘陵山地生态脆弱区
66	IV（23）Kb	桂黔滇喀斯特石漠化防治区	苗岭—金钟山—凤凰山区	南方丘陵山地带	南方红壤丘陵山地生态脆弱区 西南岩溶山地石漠化生态脆弱区
67	IV（24）Lb	桂黔滇喀斯特石漠化防治区	西双版纳区 大明山地区	川滇—黄土高原生态屏障	西南岩溶山地石漠化生态脆弱区
68	IV（30）Db	呼伦贝尔草原草甸区 浑善达克沙漠化防治区 科尔沁草原区	呼伦贝尔区 锡林郭勒草原区	内蒙古防沙带	北方农牧交错生态脆弱区
69	IV（33）Eb	—	—	—	西北荒漠绿洲交接生态脆弱区
70	IV（34）Eb	祁连山冰川与水源涵养功能区 塔里木河荒漠化防治区	天山—准噶尔盆地西南缘区 祁连山区	河西走廊防沙屏障带 塔里木防沙屏障带	西北荒漠绿洲交接生态脆弱区
71	IV（36）Ib	—	—	—	—
72	IV（36）Ea	—	天山—准噶尔盆地西南缘区	—	—
73	IV（38）Eb	—	—	—	西北荒漠绿洲交接生态脆弱区
74	IV（39）Nb	阿尔金草原荒漠化防治区 藏西北羌塘高原荒漠区	—	—	—
75	IV（39）Ib	祁连山冰川与水源涵养功能区 塔里木河荒漠化防治区	塔里木河流域 祁连山区 羌塘、三江源区 库姆塔格区	青藏高原生态屏障 河西走廊防沙屏障带 塔里木防沙屏障带	西北荒漠绿洲交接生态脆弱区 青藏高原复合侵蚀生态脆弱区
76	V（9）Gb	—	泰山地区	—	—
77	V（14）Jb	—	—	—	—
78	VI（9）Gb	—	泰山地区	—	—

（续）

编号	编码	生态功能区	生物多样性保护优先区	生态屏障	生态脆弱区
79	VI（18）Lb	桂黔滇喀斯特石漠化防治区	苗岭—金钟山—凤凰山区 南岭地区 大明山地区	南方丘陵山地带	南方红壤丘陵山地生态脆弱区
80	VI（19）Lb	—	—	—	—
81	VI（42）Nb	藏西北羌塘高原荒漠区	羌塘、三江源区	青藏高原生态屏障	西南山地农牧交错生态脆弱区 青藏高原复合侵蚀生态脆弱区
82	VI（31）Eb	阴山北麓草原区	—	内蒙古防沙带	北方农牧交错生态脆弱区

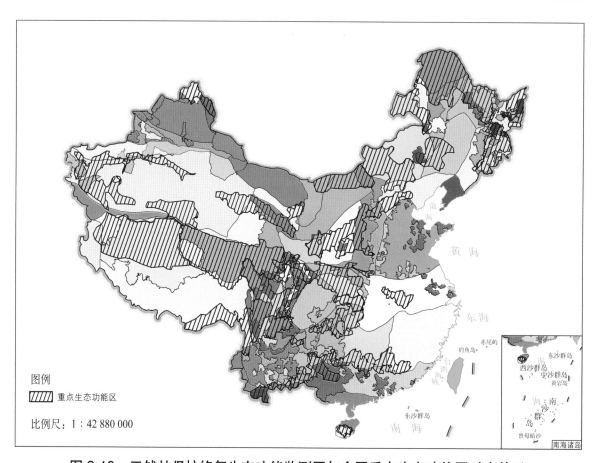

图例

▨ 重点生态功能区

比例尺：1：42 880 000

图 2-19 天然林保护修复生态功能监测区与全国重点生态功能区对应关系

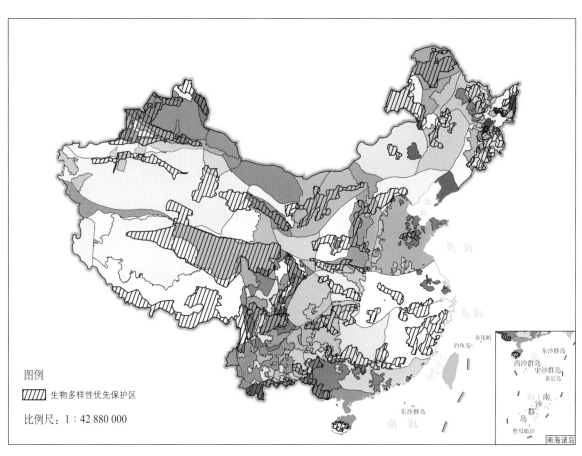

图 2-20　天然林保护修复生态功能监测区与生物多样性保护优先区域对应关系

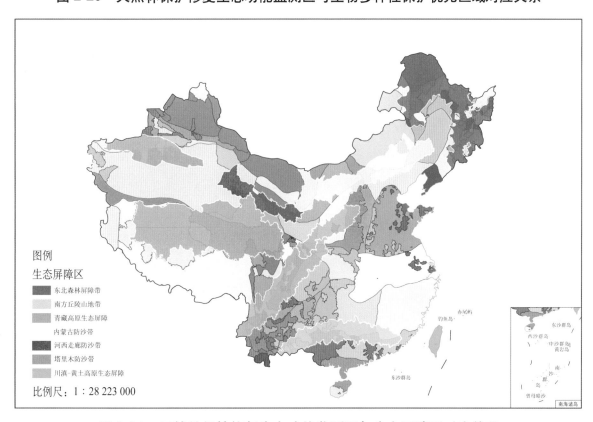

图 2-21　天然林保护修复生态功能监测区与生态屏障区对应关系

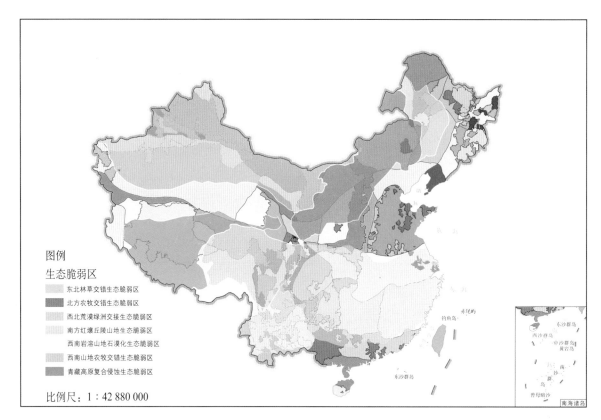

图 2-22   天然林保护修复功能监测区与生态脆弱区对应关系

此外,国家公园分别位于 32 个生态功能监测区,对应关系如图 2-23。

三江源国家公园位于 2 个生态功能监测区:Ⅱ(40)Rb 青藏高原草原草甸及荒漠高原温带半干旱天保工程一期工程非国有林区、Ⅱ(29)Qb 藏东南云杉冷杉林高原温带湿润 / 半湿润天保工程一期工程非国有林区。

大熊猫国家公园位于 4 个生态功能监测区:Ⅰ(27)Qa 西南高山峡谷云杉冷杉针叶林高原温带湿润 / 半湿润 1998—1999 年试点工程国有林区、Ⅰ(27)Pb 西南高山峡谷云杉冷杉针叶林高原亚寒带半湿润 1998—1999 年试点工程非国有林区、Ⅱ(16)Kb 华中丘陵山地常绿阔叶林及马尾松杉木毛竹林中亚热带湿润天保工程一期工程非国有林区、Ⅱ(27)Pb 西南高山峡谷云杉冷杉针叶林高原亚寒带半湿润天保工程一期工程非国有林区。

东北虎豹国家公园位于 5 个生态功能监测区:Ⅰ(3)Ca 长白山山地红松与阔叶混交林中温带湿润 1998—1999 年试点工程国有林区、Ⅰ(5)Ca 三江平原草甸散生林中温带湿润 1998—1999 年试点工程国有林区、Ⅱ(3)Ca 长白山山地红松与阔叶混交林中温带湿润天保工程一期工程国有林区、Ⅱ(5)Ca 三江平原草甸散生林中温带湿润天保工程一期工程国有林区、Ⅳ(5)Cb 三江平原草甸散生林中温带湿润天然林保护扩大范围(纳入国家政策)非国有林区。

湖北神农架国家公园位于 6 个生态功能监测区:Ⅱ(12)Ja 秦岭北坡落叶阔叶林和松(油

松、华山松）栎林北亚热带湿润天保工程一期工程国有林区、Ⅱ（13）Jb 秦岭南坡大巴山落叶常绿阔叶混交林北亚热带湿润天保工程一期工程非国有林区、Ⅱ（8）Hb 晋冀山地黄土高原落叶阔叶林及松（油松、白皮松）侧柏林暖温带半干旱天保工程一期工程非国有林区、Ⅲ（14）Jb 江淮平原丘陵落叶常绿阔叶林及马尾松林北亚热带湿润天保工程二期工程非国有林区、Ⅳ（8）Gb 晋冀山地黄土高原落叶阔叶林及松（油松、白皮松）侧柏林温带半湿润天然林保护扩大范围（纳入国家政策）非国有林区、Ⅳ（14）Jb 江淮平原丘陵落叶常绿阔叶林及马尾松林北亚热带湿润天然林保护扩大范围（纳入国家政策）非国有林区。

钱江源国家公园位于 3 个生态功能监测区：Ⅳ（14）Jb 江淮平原丘陵落叶常绿阔叶林及马尾松林北亚热带湿润天然林保护扩大范围（纳入国家政策）非国有林区、Ⅳ（18）Kb 华东南丘陵低山常绿阔叶林及马尾松黄山松（台湾松）毛竹杉木林中亚热带湿润天然林保护扩大范围（纳入国家政策）非国有林区、Ⅴ（14）Jb 江淮平原丘陵落叶常绿阔叶林及马尾松林北亚热带湿润天然林保护扩大范围（未纳入国家政策）非国有林区。

南山国家公园位于 4 个生态功能监测区：Ⅱ（13）Jb 秦岭南坡大巴山落叶常绿阔叶混交林北亚热带湿润天保工程一期工程非国有林区、Ⅱ（16）Kb 华中丘陵山地常绿阔叶林及马尾松杉木毛竹林中亚热带湿润天保工程一期工程非国有林区、Ⅳ（14）Jb 江淮平原丘陵落叶常绿阔叶林及马尾松林北亚热带湿润天然林保护扩大范围（纳入国家政策）非国有林区、Ⅳ（17）Kb 华中丘陵山地常绿阔叶林及马尾松杉木毛竹林中亚热带湿润天然林保护扩大范围（纳入国家政策）非国有林区。

武夷山国家公园位于 1 个生态功能监测区：Ⅳ（18）Kb 华东南丘陵低山常绿阔叶林及马尾松黄山松（台湾松）毛竹杉木林中亚热带湿润天然林保护扩大范围（纳入国家政策）非国有林区。

海南热带雨林国家公园位于 2 个生态功能监测区：Ⅳ（24）Lb 广东沿海平原丘陵山地季风常绿阔叶林及马尾松林南亚热带湿润天然林保护扩大范围（纳入国家政策）非国有林区南亚热带湿润、Ⅱ（26）Mb 海南岛（包括南海诸岛）平原山地热带季雨林雨林边缘热带湿润天保工程一期工程非国有林区。

普达措国家公园位于 4 个生态功能监测区：Ⅰ（28）Qb 西南高山峡谷云杉冷杉针叶林高原温带湿润/半湿润 1998—1999 年试点工程非国有林区、Ⅰ（28）Qa 西南高山峡谷云杉冷杉针叶林高原温带湿润/半湿润 1998—1999 年试点工程国有林区、Ⅱ（28）Kb 大渡河雅砻江金沙江云杉冷杉林中亚热带湿润天保工程一期工程非国有林区。

祁连山国家公园位于 4 个生态功能监测区：Ⅱ（29）Qb 藏东南云杉冷杉林高原温带湿润/半湿润天保工程一期工程非国有林区、Ⅱ（35）Rb 祁连山山地针叶林高原温带半干旱天保工程一期工程非国有林区、Ⅱ（40）Rb 青藏高原草原草甸及荒漠高原温带半干旱天保工程一期工程非国有林区、Ⅳ（33）Eb 阿拉善高原半荒漠中温带干旱天然林保护扩大范围（纳入国家政策）非国有林区、Ⅳ（36）Ib 天山山地针叶林暖温带干旱天然林保护扩大范围

（纳入国家政策）非国有林区、Ⅳ（39）Ib 塔里木盆地荒漠及河滩胡杨林及绿洲暖温带干旱天然林保护扩大范围（纳入国家政策）非国有林区。

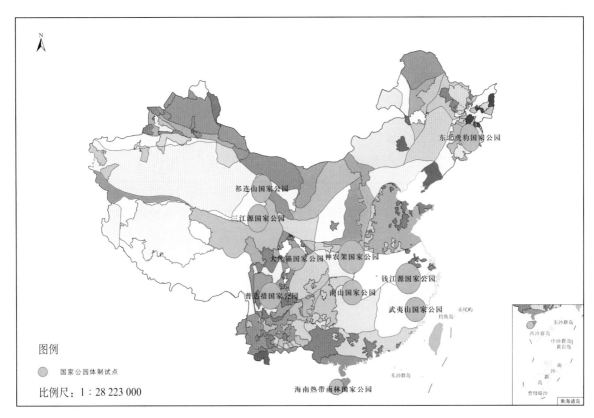

图 2-23　天然林保护修复生态功能监测区与国家公园对应关系

注：其中三江源国家公园、大熊猫国家公园、东北虎豹国家公园、海南热带雨林国家公园、武夷山国家公园为《生物多样性公约》第十五次缔约方大会（COP15）上宣布设立的第一批国家公园。

第三章

天然林保护修复生态功能监测网络布局

一、布局思路

自 1998 年开展试点工作起，我国主要在东北、内蒙古等重点国有林区以及长江上游、黄河上中游实施天然林资源保护工程，标志着我国林业从以木材生产为主向以生态建设为主转变。20 多年来，特别是党的十八大以来，我国不断加大天然林保护力度，全面停止天然林商业性采伐，实现了全面保护天然林的历史性转折，取得了举世瞩目的成就。同时，我国天然林数量少、质量差、生态系统脆弱，保护制度不健全、管护水平低等问题仍然存在。为贯彻落实党中央、国务院关于完善天然林保护制度的重大决策部署，用最严格制度、最严密法治保护修复天然林，中共中央办公厅、国务院发布了《天然林保护修复制度方案》。结合第二章天然林保护修复生态功能监测区划，天然林保护修复生态效益监测站的布局应有利于全面掌握全国天然林生态保护修复的生态功能特征，有利于科学准确评估天然林保护修复的生态效益，有利于数据汇总，满足对全国不同空间区域和生态环境条件下的天然林保护修复生态功能和效益的监测。

1. 东北、内蒙古地区天然林保护修复生态功能监测区

我国东北地区有较多的重点国有林区，其中，东北、内蒙古重点国有林区涉及黑龙江、吉林和内蒙古 3 省份，分布着大兴安岭、小兴安岭、长白山地、松嫩平原、松辽平原和三江平原，是我国重点国有林区和北方重要原始林区的主要分布地，本区域作为我国"两屏三带"生态安全战略格局中东北森林带的重要载体，是进行天然林保护修复的重要区域（图 3-1）。

东北地区共划分 19 个天然林保护修复生态功能监测区，其中大兴安岭划分 4 个生态区，分别是Ⅰ（1）Aa 大兴安岭山地兴安落叶松寒温带湿润 1998—1999 年试点工程国有林区、Ⅰ（1）Bb 大兴安岭山地兴安落叶松林中温带半湿润 1998—1999 年试点工程非国有林区、Ⅰ（1）Ba 大兴安岭山地兴安落叶松林中温带半湿润 1998—1999 年试点工程国有林区和Ⅳ（1）Cb 大兴安岭山地兴安落叶松林中温带湿润天然林保护扩大范围（纳入国家政策）非国有林区，4 个片区除天保工程实施阶段不同外，气候条件及所属生态功能区均有所不同（表 2-16）。其中，Ⅰ（1）Aa 片区完全位于大小兴安岭森林生态功能区，区内有大兴安岭生物多样性保护优先区域。因

此，大兴安岭地区天保工程生态功能监测网络应以Ⅰ（1）Aa大兴安岭山地兴安落叶松寒温带湿润1998—1999年试点工程国有林区为重点布局区域。

小兴安岭地区划分4个天然林保护修复生态功能监测区，即Ⅰ（2）Ca小兴安岭山地丘陵阔叶—红松混交林中温带湿润1998—1999年试点工程国有林区、Ⅱ（2）Ca小兴安岭山地丘陵阔叶—红松混交林中温带湿润天保工程一期工程国有林区、Ⅳ（2）Cb小兴安岭山地丘陵阔叶—红松混交林中温带湿润天然林保护扩大范围（纳入国家政策）国有林区、Ⅳ（2）Ca小兴安岭山地丘陵阔叶—红松混交林中温带湿润天然林保护扩大范围（纳入国家政策）国有林区，除天保工程实施阶段和天然林权属的差异外，Ⅰ（2）Ca、Ⅰ（2）Ca以及Ⅳ（2）Cb北部，位于大小兴安岭森林生态功能区，其中Ⅰ（2）Ca分布着小兴安岭生物多样性保护优先区域，生态区位更为重要。

长白山地区划分2个天然林保护修复生态功能监测区，即Ⅰ（3）Ca长白山山地红松与阔叶混交林中温带湿润1998—1999年试点工程国有林区和Ⅱ（3）Ca长白山山地红松与阔叶混交林中温带湿润天保工程一期工程国有林区。除天保工程实施阶段的差异外，前者完全位于长白山森林生态功能区，且区内分布有长白山生物多样性保护优先区域，生态区位更为重要。

三江平原划分4个天然林保护修复生态功能监测区，即Ⅰ（5）Ca三江平原草甸散生林中温带湿润1998-1999年试点工程国有林区、Ⅱ（5）Ca三江平原草甸散生林中温带湿润天保工程一期工程国有林区、Ⅳ（5）Cb三江平原草甸散生林中温带湿润天然林保护扩大范围（纳入国家政策）非国有林区、Ⅳ（5）Ca三江平原草甸散生林中温带湿润天然林保护扩大范围（纳入国家政策）国有林区，均部分位于三江平原湿地生态功能区和三江平原生物多样性保护优先区域，但前三者区划面积较小，Ⅳ（5）Ca内天然林国有林区面积较大。

松嫩辽平原划分1个天然林保护修复生态功能监测区，即Ⅳ（4）Bb松嫩辽平原草原草甸散生林中温带半湿润天然林保护扩大范围（纳入国家政策）非国有林区，辽东半岛划分1个天保工程生态功能监测区划，即Ⅳ（6）Fb辽东半岛山地丘陵松（赤松及油松）栎林温带湿润天然林保护扩大范围（纳入国家政策）非国有林区

内蒙古自治区位于东北的区域划分3个天然林保护修复生态功能监测区，即Ⅱ（30）Ba呼伦贝尔及内蒙古东南部森林草原中温带半湿润天保工程一期工程国有林区、Ⅰ（34）Db内蒙古东部森林草原中温带半干旱1998—1999年试点工程非国有林区和Ⅳ（30）Db呼伦贝尔及内蒙古东南部森林草原中温带半干旱天然林保护扩大范围（纳入国家政策）非国有林区。除天保工程实施阶段存在差异外，Ⅱ（30）Ba天然林权属为国有林区，而后两者为非国有林区。此外，Ⅱ（30）Ba和Ⅳ（30）Db位于呼伦贝尔草甸草原生态功能区，区内分布着呼伦贝尔生物多样性保护优先区域，Ⅳ（30）Db西部还涉及浑善达克沙漠化防治生态功能区和锡林郭勒草原生物多样性保护优先区域，Ⅰ（34）Db则位于科尔沁草原生态功能区。

因此，东北地区天然林保护修复生态功能监测网络布局应立足大小兴安岭森林等国家重点

生态功能区和生物多样性保护优先区域，基于天保工程生态功能监测区划基础信息，重点对Ⅰ(1) Aa、Ⅰ(2) Ca、Ⅰ(3) Ca、Ⅳ(5) Ca 等片区布局，兼顾其他区域天然林资源进行全面监测，助力天然林保护和修复、提升区域生态系统功能稳定性、保障国家东北森林带生态安全。

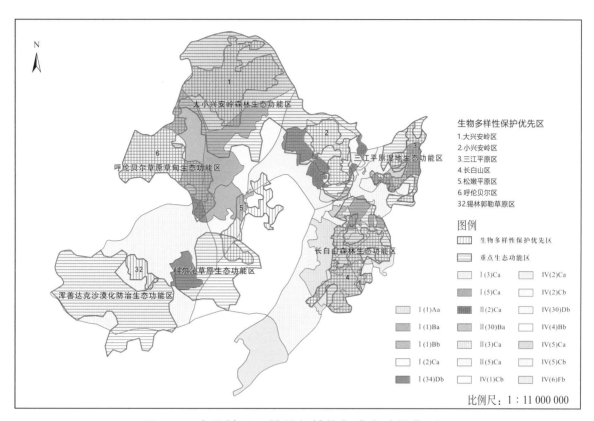

图 3-1　东北地区天然林保护修复生态功能监测区

　　长江上游、黄河上中游包括长江上游地区（以三峡库区为界）的云南、四川、贵州、重庆、湖北、西藏 6 省份以及黄河中上游地区（以小浪底库区为界）的陕西、甘肃、青海、宁夏、内蒙古、陕西和河南 7 省份，共 13 个省份。本区域位于内蒙古防沙带、河西走廊防沙屏障带、川滇—黄土高原生态屏障和青藏高原生态屏障，存在有大量连片分布的天然林，生态区位十分重要，也是流域经济社会可持续发展的重要基础。

　　2. 黄河流域天然林保护修复生态功能监测区

　　黄河流域地区主要涉及 11 个天然林保护修复生态功能监测区。其中，黄土高原划分 5 个片区，即Ⅰ(10) Gb 陕西陇东黄土高原落叶阔叶林及松（油松、华山松、白皮松）侧柏林温带半湿润 1998—1999 年试点工程非国有林区、Ⅱ(10) Gb 陕西陇东黄土高原落叶阔叶林及松（油松、华山松、白皮松）侧柏林温带半湿润天保工程一期工程非国有林区、Ⅱ(11) Rb 陇西黄土高原落叶阔叶林森林草原高原温带半干旱天保工程一期工程非国有林区、Ⅱ(8) Hb 晋冀山地黄土高原落叶阔叶林及松（油松、白皮松）侧柏林暖温带半干旱天保工程一期工程非国有林区和Ⅳ(8) Gb 晋冀山地黄土高原落叶阔叶林及松（油松、白皮松）侧柏林温带半湿润天然林保护扩大范围（纳入国家政策）非国有林区。除工程实施阶段不同外，5个区均为非国有林区，位于黄土高原丘陵沟壑水土保持生态功能区，涉及六盘山—子午岭—太行山生物多样性优先保护区和黄土高原生态屏障（图3-2）。

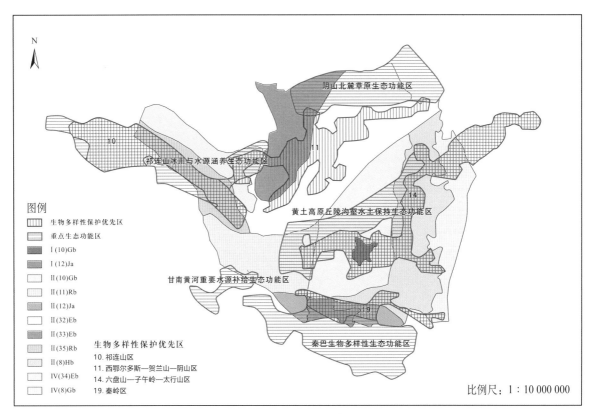

图 3-2　黄河流域天然林保护修复生态功能监测区

　　秦岭地区划分为3个天然林保护修复生态功能监测区，属于黄河流域的分别是Ⅰ（12）Ja秦岭落叶阔叶林和松（油松、华山松）栎林、落叶常绿阔叶混交林北亚热带湿润1998—1999年试点工程国有林区和Ⅱ（12）Ja秦岭北坡落叶阔叶林和松（油松、华山松）栎林北亚热带湿润天保工程一期工程国有林区，二者均位于秦巴生物多样性生态功能区，涉及秦岭生物多样性保护优先区域和川滇—黄土高原生态屏障。

　　此外，祁连山划分1个天然林保护修复生态功能监测区，即Ⅱ（35）Rb祁连山山地针叶林高原温带半干旱天保工程一期工程非国有林区，位于祁连山冰川与水源涵养功能区和祁连山生物多样性保护优先区域。

　　河西走廊涉及1个天然林保护修复生态功能监测区，即Ⅳ（34）Eb河西走廊半荒漠及绿洲中温带干旱天然林保护扩大范围（纳入国家政策）非国有林区，位于河西走廊防沙屏障带，南部涉及祁连山冰川与水源涵养功能区。

　　黄河流域内蒙古地区划分2个天然林保护修复生态功能监测区，分别为Ⅱ（32）Eb内蒙古东部森林草原中温带干旱天保工程一期工程非国有林区、Ⅱ（33）Eb阿拉善高原半荒漠中温带干旱天保工程一期工程非国有林区。二者均位于内蒙古防沙屏障带，前者北部区域位于阴山北麓草原生态功能区，中部涉及西鄂尔多斯—贺兰山—阴山生物多样性保护优先区域；后者仅少部分区域涉及阴山北麓草原生态功能区和西鄂尔多斯—贺兰山—阴山生物多样性保护优先区域。

基于上述分析，黄河流域天然林保护修复生态功能监测网络布局应遵循"共同抓好大保护，协同推进大治理"的原则，上游提升水源涵养能力、中游抓好水土保持、下游保护生物多样性，立足甘南黄河重要水源补给、黄土高原丘陵沟壑水土保持等重点生态功能区以及六盘山—子午岭—太行山区、秦岭区等生物多样性保护优先区域，基于天然林保护修复生态功能监测区划，充分考虑各个区的生态功能监测重点，科学开展生态功能监测网络布局，重点对黄河上中游区域进行布局，兼顾黄河下游区域，对天然林保护修复生态功能监测实现全覆盖。

3. 长江流域天然林保护修复生态功能监测区

长江流域划分 23 个天然林保护修复生态功能监测区，其中秦岭地区的Ⅱ（13）Jb 秦岭南坡大巴山落叶常绿阔叶混交林北亚热带湿润天保工程一期工程非国有林区与黄河流域的 2 个天然林保护修复生态功能监测区对比，差异主要体现在地带性植被的不同，本区域以落叶常绿阔叶混交林为主。此外，秦巴生物多样性生态功能区一半以上位于本区域，区域内分布着大巴山生物多样性保护优先区域（图 3-3）。

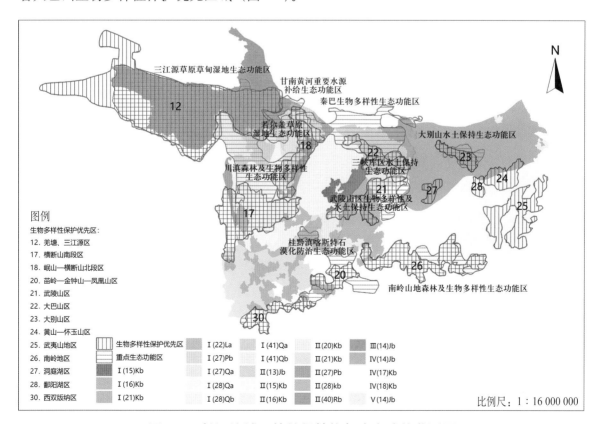

图 3-3　长江流域天然林保护修复生态功能监测区

华中地区分为 3 个天然林保护修复生态功能监测区，即Ⅰ（16）Kb 华中丘陵山地常绿阔叶林及马尾松杉木毛竹林中亚热带湿润 1998—1999 年试点工程林非国有区、Ⅱ（16）Kb 华中丘陵山地常绿阔叶林及马尾松杉木毛竹林中亚热带湿润天保工程一期工程非国有林区、Ⅳ（17）Kb 华中丘陵山地常绿阔叶林及马尾松杉木毛竹林中亚热带湿润天然林保护扩大范围（纳入国家政策）非国有林区；三者除天保工程实施阶段不同外，前两者位于武陵山区生物多样性及水土保持生态功能区，Ⅳ（17）Kb 位于南岭山地森林及生物多样性生态功能区。

四川盆地划分 2 个天然林保护修复生态功能监测生态功能监测区，即Ⅰ（15）Kb 四川盆地常绿阔叶林及马尾松柏木慈竹林中亚热带湿润 1998—1999 年试点工程非国有林区和Ⅱ（15）Kb 四川盆地常绿阔叶林及马尾松柏木慈竹林中亚热带湿润天保工程一期工程非国有林区，后者区域涉及武陵山区生物多样性及水土保持生态功能区。

云贵高原划分 4 个天然林保护修复生态功能监测区，即Ⅰ（22）La 云贵高原亚热带常绿阔叶林及云南松林南亚热带湿润 1998—1999 年试点工程国有林区、Ⅰ（21）Kb 云贵高原亚热带常绿阔叶林及云南松林中亚热带湿润 1998—1999 年试点工程非国有林区、Ⅱ（20）Kb 云贵高原亚热带常绿阔叶林及云南松林中亚热带湿润天保工程一期工程非国有林区、Ⅱ（21）Kb 云贵高原亚热带常绿阔叶林及云南松林中亚热带湿润天保工程一期工程非国有林区。此外，Ⅰ（22）La、Ⅱ（20）Kb、Ⅱ（21）Kb 位于西双版纳生物多样性保护优先区域，Ⅰ（21）Kb 位于桂黔滇喀斯特石漠化防治生态功能区。

青藏高原地区划分 3 个天然林保护修复生态功能监测区，分别为Ⅰ（41）Qb 青藏高原草原草甸及荒漠高原温带湿润 / 半湿润 1998—1999 年试点工程非国有林区、Ⅰ（41）Qa 青藏高原草原草甸及荒漠高原温带湿润 / 半湿润 1998—1999 年试点工程国有林区、Ⅱ（40）Rb 青藏高原草原草甸及荒漠高原温带半干旱天保工程一期工程非国有林区，前两者均位于川滇森林及生物多样性保护生态功能区，Ⅱ（40）Rb 位于三江源草原草甸湿地生态功能区，还涉及甘南黄河重要水源补给生态功能区。此外，前两者的南部还有Ⅱ（28）Kb 大渡河雅砻江金沙江云杉冷杉林中亚热带湿润天保工程一期工程非国有林区。

西南高山峡谷地区划分为 5 个天然林保护修复生态功能监测区，分别为Ⅰ（27）Qa 西南高山峡谷云杉冷杉针叶林高原温带湿润 / 半湿润 1998—1999 年试点工程国有林区、Ⅰ（28）Qb 西南高山峡谷云杉冷杉针叶林高原温带湿润 / 半湿润 1998—1999 年试点工程非国有林区、Ⅰ（28）Qa 西南高山峡谷云杉冷杉针叶林高原温带湿润 / 半湿润 1998—1999 年试点工程国有林区、Ⅰ（27）Pb 西南高山峡谷云杉冷杉针叶林高原亚寒带半湿润 1998—1999 年试点工程非国有林区、Ⅱ（27）Pb 西南高山峡谷云杉冷杉针叶林高原亚寒带半湿润天保工程一期工程非国有林区。5 个天保工程生态功能监测区均位于川滇森林及生物多样性保护生态功能区，Ⅰ（27）Qa、Ⅰ（27）Pb 生物多样性保护优先区域位于岷山—横断山北段区，Ⅰ（28）Qb 和Ⅰ（28）Qa 则位于横断山南段区，Ⅱ（27）Pb 则均有涉及。

江淮平原划分 3 个天然林保护修复生态功能监测区，即Ⅲ（14）Jb 江淮平原丘陵落叶常绿阔叶林及马尾松林北亚热带湿润天保工程二期工程非国有林区、Ⅳ（14）Jb 江淮平原丘陵落叶常绿阔叶林及马尾松林北亚热带湿润天然林保护扩大范围（纳入国家政策）非国有林区、Ⅴ（14）Jb 江淮平原丘陵落叶常绿阔叶林及马尾松林北亚热带湿润天然林保护扩大范围（未纳入国家政策）非国有林区，Ⅳ（14）Jb 区域内分布有大别山水土保持生态功能区，南部涉及黄山—怀玉山生物多样性保护优先区域。

此外，长江流域华东南地区还划分了 1 个天然林保护修复生态功能监测区，Ⅳ（18）Kb 华东南丘陵低山常绿阔叶林及马尾松黄山松（台湾松）毛竹杉木林中亚热带湿润天然林保护扩大范围（纳入国家政策）非国有林区。该区域内分布着黄山—怀玉山和武夷山地生物多样性保护优先区域。

长江流域所有区划中，除Ⅳ（14）Jb、Ⅳ（17）Kb、Ⅳ（18）Kb、Ⅴ（14）Jb 外的 19 个天然林保护修复生态功能监测区均位于长江上游，是天保工程实施的重点区域，也是天然林保护修复生态功能监测网络布局的重点区域。长江流域天然林保护修复生态功能监测网络布局应牢固树立"共抓大保护、不搞大开发"的理念，以天然林保护为重点，推动天然林保护修复进一步实施为导向，立足川滇森林及生物多样性生态功能区等多个国家重点生态功能区，基于天然林保护修复生态功能监测区划，科学开展生态功能监测网络布局，重点对长江上游区域进行布局，兼顾下游区域，为进一步推动区域水源涵养、水土保持等生态功能的增强，逐步提升天然林生态系统稳定性和生态系统服务功能，加快打造长江绿色生态廊道奠定基础。

4. 新疆、海南地区天然林保护修复生态功能监测区

新疆、海南国有林区也属于天保工程重点国有林区，是我国重点生态功能区。新疆位于西北荒漠绿洲交界生态脆弱区，虽国土面积较大，但天然林资源较少，森林覆盖率仅为 4.87%，大部分社会经济活动主要集中在小面积的绿洲上，天然林对新疆绿洲经济起到了十分重要的作用。新疆 84% 的降水集中在天山、阿尔泰山两大山区，也是天然林分布的主要区域（图 3-4）。

天山地区划分为 6 个天然林保护修复生态功能监测区，分别是Ⅰ（36）Ea 天山山地针叶林温带干旱 1998—1999 年试点工程国有林区、Ⅱ（36）Ib 天山山地针叶林暖温带干旱天保工程一期工程非国有林区、Ⅱ（36）Eb 天山山地针叶林温带干旱天保工程一期工程非国有林区、Ⅱ（36）Ea 天山山地针叶林温带干旱天保工程一期工程国有林区、Ⅳ（36）Ib 天山山地针叶林暖温带干旱天然林保护扩大范围（纳入国家政策）非国有林区、Ⅳ（36）Ea 天山山地针叶林温带干旱天然林保护扩大范围（纳入国家政策）国有林区。Ⅰ（36）Ea、Ⅱ（36）Eb、Ⅱ（36）Ea 和Ⅳ（36）Ea 差异体现在天保工程实施阶段和天然林权属类型上；Ⅱ（36）Ib 和Ⅳ（36）Ib 差异体现在天保工程实施阶段上。除Ⅱ（36）Eb 外，其余天保工程生态功能监测区均位于天山—准噶尔盆地西南缘生物多样性保护优先区域。

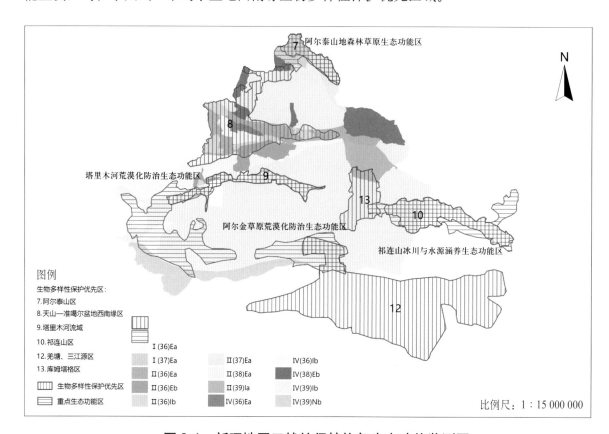

图3-4　新疆地区天然林保护修复生态功能监测区

阿尔泰山地区划分为2个天然林保护修复生态功能监测区，分别是Ⅰ（37）Ea阿尔泰山山地针叶林温带干旱1998—1999年试点工程国有林区和Ⅱ（37）Ea阿尔泰山山地针叶林温带干旱天保工程一期工程国有林区，二者均位于阿尔泰山地森林草原生态功能区，其差异体现在天保工程实施阶段上。

此外，准噶尔盆地划分为2个天然林保护修复生态功能监测区，即Ⅱ（38）Ea准噶尔盆地旱生灌丛半荒漠温带干旱天保工程一期工程国有林区、Ⅳ（38）Eb准噶尔盆地旱生灌丛半荒漠温带干旱天然林保护扩大范围（纳入国家政策）非国有林区，二者除天保工程实施阶段差异外，前者涉及天山—准噶尔盆地西南缘生物多样性保护优先区域。

塔里木盆地分别划分3个天然林保护修复生态功能监测区，即Ⅱ（39）Ia塔里木盆地荒漠及河滩胡杨林及绿洲暖温带干旱天保工程一期工程国有林区、Ⅳ（39）Ib塔里木盆地荒漠及河滩胡杨林及绿洲暖温带干旱天然林保护扩大范围（纳入国家政策）非国有林区、Ⅳ（39）Nb塔里木盆地荒漠及河滩胡杨林及绿洲高原亚寒带干旱天然林保护扩大范围（纳入国家政策）非国有林区，Ⅳ（39）Ib区域内分布有塔里木河流域、库姆塔格生物多样性保护优先区域，涉及塔里木防沙屏障带

新疆天然林保护修复生态功能监测网络布局应立足国家重点生态功能区和生物多样性

保护优先区域，重点考虑天山、阿尔泰山两大山区以及绿洲进行监测站点布局，完善新疆天然林保护修复生态功能监测网络。

海南有我国面积最大、生物多样性最丰富的两大热带雨林之一，物种极其丰富，是我国重要的物种"基因库"，分布着海南岛中部山区热带雨林重点生态功能区和海南岛中南部生物多样性保护优先区域以及海南热带雨林国家公园。海南的河流多源于中部的五指山等林区，天然林对涵养水源、防止干旱和洪涝灾害、保障经济社会可持续发展起着重要的作用。本区域涉及的天然林保护修复生态功能监测区为Ⅱ（26）Mb 海南岛（包括南海诸岛）平原山地热带季雨林雨林边缘热带湿润天保工程一期工程非国有林区与Ⅵ（19）Lb 台湾山地常绿阔叶林及马尾松杉木林南亚热带湿润非天保工程非国有林区。海南天然林保护修复生态功能监测网络布局应立足国家重点生态功能区和生物多样性保护优先区域以及国家公园，基于天然林保护修复生态功能监测区划，重点考虑五指山区以及重点国有林区分布进行监测站点布局，实现海南天然林保护修复生态功能监测网络全覆盖。

5. 华北地区天然林保护修复生态功能监测区

华北地区河北、北京、天津等省份划分 4 个生态区，即Ⅳ（9）Gb 华北平原散生落叶阔叶林及农田防护林温带半湿润天然林保护扩大范围（纳入国家政策）非国有林、Ⅴ（9）Gb 华北平原散生落叶阔叶林及农田防护林温带半湿润天然林保护扩大范围（未纳入国家政策）非国有林区、Ⅵ（9）Gb 华北平原散生落叶阔叶林温带半湿润非天保工程非国有林区、Ⅳ（7）Gb 燕山山地落叶阔叶林及油松侧柏林温带半湿润天然林保护扩大范围（纳入国家政策）非国有林区。其中Ⅳ（7）Gb 位于黄土高原丘陵沟壑水土保持生态功能区，涉及六盘山—子午岭—太行山生物多样性保护优先区域和北方防沙带，Ⅵ（9）Gb 虽为非天保工程实施区域，但区域内分布有泰山生物多样性保护优先区域。

本区域天然林保护修复生态功能监测网络布局以提高天然林生态系统服务功能为导向，立足京津冀协同发展需要和黄土高原丘陵沟壑水土保持生态功能区，以Ⅳ（7）Gb 为重点区域，兼顾泰山生物多样性保护优先区域等生态规划重点区域完成网络布局，为增强防风固沙、水土保持、生物多样性等功能，提高生态系统服务功能，筑牢我国北方生态安全屏障提供科技支撑。

6. 其他地区天然林保护修复生态功能监测区

除上述区划外，还有Ⅵ（31）Eb 内蒙古东部森林草原中温带非天保工程非国有林区，Ⅳ（33）Eb 阿拉善高原半荒漠温带干旱天然林保护扩大范围（纳入国家政策）非国有林区。位于云南的还有Ⅱ（25）Mb 滇南及滇西南丘陵盆地热带季雨林雨林边缘热带湿润天保工程一期工程非国有林区和Ⅳ（23）Kb 滇东南贵西黔西南落叶常绿阔叶林及云南松林中亚热带湿润天然林保护扩大范围（纳入国家政策）非国有林区 2 个生态功能监测区，均位于川滇森林及生物多样性保护生态功能区。本区域应立足于川滇森林及生物多样性保护生态功能区，进行天然林保护修复生态功能监测网络布局。位于广东的还有Ⅳ（19）Lb 南岭南坡及福建沿海常绿阔叶林及马尾松杉木林南亚热带湿润天然林保护扩大范围（纳入国家政策）非国有林区、Ⅳ（24）Lb 广东沿海平原丘陵山地季风常绿阔叶林及马尾松林南亚热带湿润天然林保护扩大范围（纳入国家政策）非国有林区、Ⅵ（18）Lb 广东沿海平原丘陵山地季风常绿阔叶林及马尾松林南亚热带湿润非天保工程非国有林区3 个生态功能监测区。Ⅳ（19）Lb 涉及南岭山地森林及生物多样性生态功能区，而Ⅳ（24）Lb 则涉及大明山生物多样性保护优先区域，二者均为本区域天然林保护修复生态功能监测网络布局重点地区。

西藏地区除位于黄河流域的3 个天然林保护修复生态功能监测区外，还划分了3 个天然林保护修复生态功能监测区，分别是Ⅱ（42）Ob 青藏高原草原草甸及荒漠高原亚寒带半干旱天保工程一期工程非国有林区、Ⅵ（42）Nb 青藏高原草原草甸及荒漠高原亚寒带半干旱非天保工程非国有林区以及Ⅱ（29）Qb 藏东南云杉冷杉林高原温带湿润/半湿润天保工程一期工程非国有林区片区，Ⅱ（29）Qb 区域内含喜马拉雅东南生物多样性保护优先区域，因此，本区域天然林保护修复生态功能监测网络布局则以Ⅱ（29）Qb 为重点，兼顾其他天然林资源，进行网络建设（图3-5）。

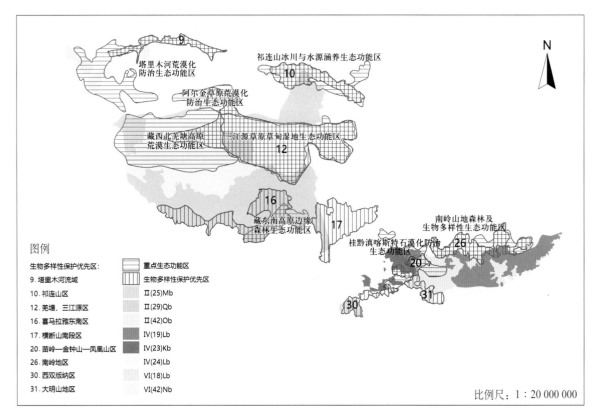

图3-5　西藏、广东等地区天然林保护修复生态功能监测区

基于天然林保护修复生态功能监测区划的监测站布局思想是天然林保护修复生态功能监测网络布局的基础，区划依据气候、森林植被、政策实施等指标，对每个区域进行精准划分，是实现精准监测、精准布局的基础。整个布局过程采用自上而下的布局思想，从全国尺度天保工程实施范围入手，重点对东北、内蒙古等重点国有林区以及长江上游、黄河上中游开展布局，在此基础上，结合各区域天然林分布情况、生态问题、政策导向等方面，更有针对性地对不同区域的水源涵养、防风固沙、生物多样性保护等功能进行监测，每个区域都有其独特的生态系统特点和特征，同时增加了天然林保护修复生态效益监测站之间的内在联系，实现全国范围内天然林保护修复生态功能监测由点到面的转换。此外，从网络布局最优的角度，考虑整个天然林保护修复生态功能监测网络的布局，实现精准监测，整体平衡网络的各个节点，规划网络通道，实现整体网络布局最优化。布局思路符合党的十九届五中全会"推动绿色发展，促进人与自然和谐共生"的理念，全面监测天然林保护修复生态效益，落实好主体功能区战略，完善生物多样性保护网络，进一步筑牢生态安全屏障。

二、布局原则

依据天然林保护修复生态功能监测区划体系，结合天然林资源分布、结构、功能和生态系统服务转化等因素，考虑植被的典型性、生态站的稳定性以及站点间的协调性和可比性，合理布局森林生态系统长期定位观测台站，构建天然林保护修复生态功能监测网络布局时应遵循以下原则：

（一）工程导向，体现天然林特色

天然林保护修复生态功能监测区划与网络布局以服务于天然林保护修复为根本目标，布局应与天保工程紧密结合。以天保工程区范围为主要布局范围，以满足天然林保护修复需要为根本原则，以天保工程特点作为网络布局和建设的特色，在网络布局与建设、观测的各个方面，都要从天然林保护修复的实际出发。天然林保护修复生态功能监测网络与国家森林生态监测网络、省级生态监测网络及其他生态工程监测网络相比，其鲜明和突出的特点都体现在其保护对象上，因此，天然林保护修复生态功能监测网络需突出天然林特色，既要体现天然林分布的地域特点，也要充分考虑天然林生态系统的复杂性与多样性，综合反映天然林地理分异性、生物多样性、群落复杂性和功能的强大性。

（二）统一规划，科学布局

天然林保护修复生态功能监测网络布局，要全面反映天然林分布格局、特点和异质性，布局涉及工程区内不同的天然林类型，涵盖各类型天保工程区和全国各主要林区。

在充分分析天然林保护修复生态系统功能区划的基础上，从全国天保工程建设出发，实行"统一规划、分类指导、集中管理"的原则，按照"先易后难、先重点后一般"的布局步骤、依据天然林保护修复实施要求和建设需要，分阶段对天然林保护修复生态效益监测站进行建设。

按照不同类型天然林生态系统的典型性、代表性和科学性，立足现有生态效益监测站

点，围绕数据积累、监测评估、科学研究等任务，全面科学地布局生态效益监测站，建设具有典型性和代表性的生态效益监测站，优化资源配置，优先重点区域建设，避免低水平重复建设，逐步形成层次清晰、功能完善、覆盖全国天然林保护修复区生态监测区域的生态效益监测站网，全面提升天然林生态系统长期定位观测研究的水平。

（三）标准规范，开放共享

在观测需求上，选定的生态效益监测站点和样地，要具有长期性、稳定性、可达性、安全性，以免自然或人为干扰而影响观测研究工作的持续性。生态效益监测站观测数据能反映生态系统长期变化过程。在天然林保护修复生态效益监测网络建设过程中，需要统一生态站点建设技术要求、统一观测指标体系、统一数据管理规范。森林生态站的建设、运行、管理和数据收集等工作应该严格遵循国家标准《森林生态系统长期定位观测研究站建设规范》（GB/T 40053—2021）、《森林生态系统定位观测指标体系》（GB/T 35377—2017）、《森林生态系统长期定位观测方法》（GB/T 33027—2016）和《森林生态系统服务功能评估规范》（GB/T 38582—2020）的要求。

采用多站点联合、多系统组合、多尺度拟合、多目标融合的思路，实现多个站点协同研究，覆盖个体、种群、群落、生态系统、景观、区域多个尺度，实现生态站多目标观测，充分发挥一站多能、综合监测的特点。

天然林保护修复生态功能监测网络建设与林业科研基地、林业工程效益监测点、重大项目研究相结合，构建一站多点的监测体系；以国家财政支持为主，鼓励地方和依托单位投入，多渠道筹集资金，不断提高生态站建设水平；整合地方生态站网的优势和资源，加强与国内外专家学者的交流合作，建立开放式研究机制；整合网络资源，促进生态观测数据联网和共享，实现生态观测立体化、自动化、智能化，网络成果实行资源和数据共享，实现观测设施、仪器设备、试验数据等资源共享，实现生态站网标准化建设和规范、高效运行。

三、布局方法

天然林保护修复生态功能监测网络布局在"典型抽样"思想指导下，以待布局区域影响天然林保护修复生态功能的相关要素特征为基础，结合台站布局特点和布局体系原则，依据台站观测要求，选择典型的、具有代表性的区域完成台站布局。在完成天然林保护修复生态功能监测区划的基础上，提取相对均质区域作为天然林保护修复生态功能监测网络布局的目标靶区，并对森林生态站的监测范围进行空间分析，确定天然林保护修复生态功能监测网络布局的有效分区。在有效分区的基础上，综合分析天然林保护修复生态功能监测需求，布设生态效益监测站，并对站点密度进行空间分析后，确定站点位置，从而完成天然林保护修复生态功能监测网络构建。

在完成天然林保护修复生态功能监测区划的基础上，通过对国内外森林生态系统调查研究和生态系统长期定位观测研究的发展情况进行分析，以"典型抽样"思想为指导构建森林生态系统长期定位观测台站布局体系，分析台站布局的特点，提出台站布局体系原则、方法、步骤。

本布局主要从中国森林生态系统定位研究网络（CFERN）（图3-6）、科技部发布的国家野外科学观测研究站优化调整名单以及省级森林生态站中选取适宜站点。在天然林保护修复生态功能监测区划的基础上，若该分区有已建森林生态站，则把已建森林生态站纳入网络布局，不再重新建设森林生态站，反之，则需要重新布设生态效益监测站。

图 3-6　中国森林生态系统定位观测研究网络（引自：https://cfern.org/portal/list/index/id/10.html）

站点选取主要以天然林保护修复区类型、林权类型、区位代表性及生态站建设研究水平等为依据，针对生态站监测内容，布设兼容型监测站和专业型监测站。除监测天然林保护修复工作外，还兼顾国家级、省级森林生态系统监测以及其他生态工程监测等任务的生态站设为兼容型监测站；只针对天然林保护修复生态功能进行监测的生态站设为专业型监测站。在此基础上，依照区位重要程度、森林生态系统典型性、生态站科研实力等因素按照重要性由大到小，将兼容型监测站和专业型监测站划分为一级站和二级站。技术流程如图3-7所示。

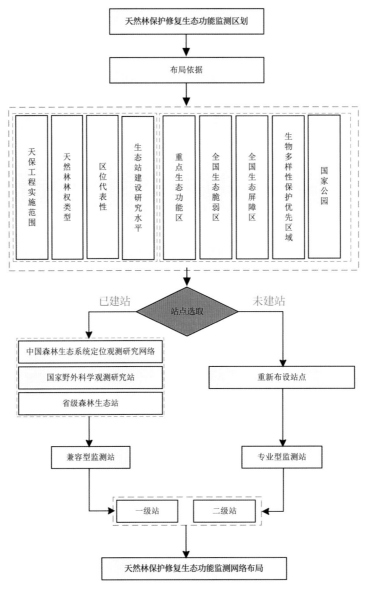

图 3-7　布局技术流程

四、布局结果

天然林保护修复生态功能监测网络布局共设有监测站 84 个。其中，兼容型监测站 64 个，专业型监测站 20 个。兼容型监测站中，重要性最高的一级站 24 个，二级站 40 个；专业型监测站中，一级站 12 个，二级站 8 个。

天然林保护修复生态功能监测网络布局各工程区布设情况如下。

（一）1998—1999 年试点工程生态功能监测网络布局

天然林资源保护工程 1998—1999 年试点工程区生态功能监测网络布局见表 3-1、图 3-8。布局共设天然林保护修复生态效益监测站 21 个，其中兼容型监测站 18 个，专业型监测站 3 个。

兼容型监测站中，一级站6个，分别为贵州喀斯特站、甘肃白龙江站、内蒙古大兴安岭站、内蒙古赛罕乌拉站、黑龙江嫩江源站、云南普洱站；二级站12个，分别为黑龙江漠河站、黑龙江小兴安岭站、吉林长白山西坡站、贵州梵净山站、陕西秦岭站、云南玉溪站、青海大渡河源站、四川卧龙站、新疆阿尔泰山站、四川峨眉山站、云南高黎贡山站、重庆武陵山站。

专业型监测站中，一级站2个，分别是陕西桥山站、四川稻城站；二级站1个，为贵州遵义站。

（二）天保工程一期生态功能监测网络布局

天然林资源保护工程一期工程区生态功能监测网络布局见表3-3、图3-4。布局共设天然林保护修复生态效益监测站29个，其中兼容型监测站23个，专业型监测站6个。

兼容型监测站中，一级站11个，分别为黑龙江黑河站、吉林长白山站、陕西黄龙山站、湖北神农架站、湖北恩施站、海南五指山站、新疆西天山站、西藏林芝站、甘肃兴隆山站、甘肃祁连山站、四川贡嘎山站；二级站12个，分别是内蒙古海拉尔站、内蒙古大青山站、黑龙江帽儿山站、吉林松江源站、宁夏贺兰山站、宁夏六盘山站、甘肃小陇山站、重庆缙云山站、云南西双版纳站、云南滇中高原站、海南尖峰岭站、海南霸王岭站。

专业型监测站中，一级站4个，分别为陕西商洛站、四川巴中站、山西汾河源站和陕西榆林站；二级站2个，分别为青海三江源特灌林站和新疆卡拉麦里特灌林站。

（三）天保工程二期生态功能监测网络布局

天然林资源保护工程二期工程区生态功能监测网络布设天然林保护修复生态效益监测站1个，即河南宝天曼站。该站点属于江淮平原四川盆地丘陵落叶常绿阔叶林及马尾松林区，代表性树种与林型为含常绿阔叶树种的针叶阔叶混交林，气候类型为北亚热带湿润地区，属于非国有林区，但该站点位于生物多样性生态功能区，因此，该站点为兼容型监测站中的一级站（图3-8）。

表3-1　天然林资源保护工程1998—1999年试点工程区生态功能监测网络布局

编号	编码	地带性森林植被	代表性树种与林型	气候区划	权属	建站数量	天然林保护修复生态功能监测站	站点类别	级别
1	I (1) Aa	大兴安岭山地兴安落叶松林	兴安落叶松	寒温带湿润地区	国有林区：大兴安岭林业集团公司；内蒙古大兴安岭重点国有林管理局	3	内蒙古大兴安岭站	兼容型	一级站
							黑龙江嫩江源站	兼容型	一级站
							黑龙江江漠河站	兼容型	二级站
2	I (1) Bb	大兴安岭山地兴安落叶松林	兴安落叶松	中温带半湿润地区	非国有林区	—	—	—	—
3	I (1) Ba	大兴安岭山地兴安落叶松林	兴安落叶松	中温带半湿润地区	国有林区：内蒙古大兴安岭重点国有林管理局	—	—	—	—
4	I (2) Ca	小兴安岭山地丘陵阔叶与红松混交林	红松阔叶混交林	中温带湿润地区	国有林区：黑龙江森工总局	1	黑龙江小兴安岭站	兼容型	二级站
5	I (3) Ca	长白山山地红松与阔叶混交林	红松阔叶混交林	中温带湿润地区	国有林区：长白山森工集团	1	吉林长白山西坡站	兼容型	二级站
6	I (5) Ca	三江平原草甸散生林	红松阔叶混交林	中温带湿润地区	国有林区：黑龙江森工总局	—	—	—	—
7	I (10) Gb	陕西陇东黄土高原落叶阔叶林及松（油松、华山松、白皮松）柏林	落叶阔叶林	温带半湿润地区	非国有林区	1	陕西桥山站	专业型	一级站
8	I (12) Ja	秦岭落叶阔叶林和松（油松、华山松、栎林区）落叶常绿阔叶混交林	含常绿阔叶林的落叶阔叶林	北亚热带湿润地区	国有林区：陕西省森林资源管理局	1	陕西秦岭站	兼容型	二级站
9	I (15) Kb	四川盆地常绿阔叶松柏叶林及马尾松木态竹林	马尾松林、柏木林、经济林	中亚热带湿润地区	非国有林区	—	—	—	—

（续）

编号	编码	地带性森林植被	代表性树种与林型	气候区划	权属	建站数量	天然林保护修复生态功能监测站	站点类别	级别
10	I（16）Kb	华中丘陵山地常绿阔叶林及马尾松杉木毛竹林	马尾松、杉木林	中亚热带湿润地区	非国有林区	4	贵州梵净山站	兼容型	二级站
							重庆武陵山站	兼容型	二级站
							贵州喀斯特站	兼容型	一级站
							贵州遵义站	专业型	二级站
11	I（21）Kb	云贵高原亚热带常绿阔叶林及云南松林	滇青冈、高山栲、元江栲、云南松	中亚热带湿润地区	非国有林区	1	云南高黎贡山站	兼容型	二级站
12	I（22）La	云贵高原亚热带常绿阔叶林及云南松林	刺栲、印栲、红木荷、思茅松、云南铁杉、云南松、栎类	南亚热带湿润地区	国有林区：云南省林业和草原局	2	云南普洱站	兼容型	一级站
							云南玉溪站	兼容型	二级站
13	I（41）Qb	青藏高原草甸及荒漠	亚高山针叶林	高原温带湿润/半湿润地区	非国有林区	—	—	—	—
14	I（41）Qa	青藏高原草甸及荒漠	亚高山针叶林	高原温带湿润/半湿润地区	国有林区甘孜州林草局；阿坝州国有林保护局；青海省省林草局	1	青海大渡河源站	兼容型	二级站
15	I（27）Qa	西南高山峡谷云杉冷杉针叶林	松类和栎类	高原温带湿润/半湿润地区	国有林区：甘肃省林管局、州林地其他局；阿坝州国有林保护局	1	甘肃白龙江站	兼容型	一级站
16	I（27）Pb	西南高山峡谷云杉冷杉针叶林	马尾松林、木荷、石栎、栲树等	高原亚寒带半湿润地区	非国有林区	1	四川卧龙站	兼容型	二级站
17	I（28）Qb	西南高山峡谷云杉冷杉针叶林	马尾松林、木荷、石栎、栲树等	高原温带湿润/半湿润地区	非国有林区	1	四川稻城站	专业型	一级站
18	I（28）Qa	西南高山峡谷云杉冷杉针叶林	马尾松林、木荷、石栎、栲树等	高原温带湿润/半湿润地区	国有林区：云南省省林草局、州林管局-其他局	1	四川峨眉山站	兼容型	二级站

（续）

编号	编码	地带性森林植被	代表性树种与林型	气候区划	权属	建站数量	天然林保护修复生态功能监测站	站点类别	级别
19	I（34）Db	内蒙古东部森林草原	兴安落叶松、油松、红皮云杉	中温带半干旱地区	非国有林区	1	内蒙古赛罕乌拉站	兼容型	一级站
20	I（36）Ea	天山山地针叶林	灌木林、落叶阔叶林、云杉林	温带干旱地区	国有林区新疆林管局	—	——	—	—
21	I（37）Ea	阿尔泰山山地针叶林	灌木林、落叶松、桦木和白杨	温带干旱地区	国有林区新疆林管局	1	新疆阿尔泰山站	兼容型	二级站

表 3-2　天然林资源保护工程一期生态功能监测网络布局

编号	编码	地带性森林植被	代表性树种与林型	气候区划	权属	建站数量	天然林保护修复生态功能监测站	站点类别	级别
1	II（2）Ca	小兴安岭山地丘陵阔叶与红松混交林	阔叶红松林	中温带湿润地区	国有林区：黑龙江森工总局	1	黑龙江黑河站	兼容型	一级站
2	II（3）Ca	长白山山地红松与阔叶混交林	红松阔叶混交林、沙松冷杉阔叶混交林	中温带湿润地区	国有林区吉林省林草局；黑龙江森工总局	2	吉林长白山站 / 吉林松江源站	兼容型 / 兼容型	一级站 / 二级站
3	II（5）Ca	三江平原草甸散生林	红松阔叶混交林	中温带湿润地区	国有林区：黑龙江森工总局 吉林省林草局	1	黑龙江帽儿山站	兼容型	二级站
4	II（10）Gb	陕西陇东黄土高原落叶阔叶林及华山松（油松、白皮松）侧柏林	落叶阔叶林	温带半湿润地区	非国有林区	1	陕西黄龙山站	兼容型	一级站

（续）

编号	编码	地带性森林植被	代表性树种与林型	气候区划	权属	建站数量	天然林保护修复生态功能监测站	站点类别	级别
5	Ⅱ（11）Rb	陇西黄土高原落叶阔叶林森林草原	落叶阔叶林	高原温带半干旱地区	非国有林区	2	甘肃兴隆山站	兼容型	一级站
							宁夏六盘山站	兼容型	二级站
6	Ⅱ（12）Ja	秦岭北坡落叶阔叶林松（油松、华山松）林	漆树、杜仲等	北亚热带湿润地区	国有林区；甘肃省林草局	2	甘肃小陇山站	兼容型	二级站
							陕西商洛站	专业型	一级站
7	Ⅱ（13）Jb	秦岭南坡大巴山落叶常绿阔叶混交林	含常绿阔叶林的针阔混交林	北亚热带湿润地区	非国有林区	1	湖北神农架站	兼容型	一级站
8	Ⅱ（8）Hb	晋冀山地黄土高原落叶阔叶林及松（油松、侧柏松）林	华北落叶松、云杉、落叶阔叶林	温带半干旱地区	非国有林区	2	山西汾河源站	专业型	一级站
							陕西榆林站	专业型	一级站
9	Ⅱ（15）Kb	四川盆地常绿阔叶林及马尾松杉木慈竹林	马尾松林、柏木林、经济林	中亚热带湿润地区	非国有林区	2	四川巴中站	专业型	一级站
							重庆缙云山站	兼容型	二级站
10	Ⅱ（16）Kb	华中丘陵山地常绿阔叶林及马尾松杉木毛竹林	青冈栲类、栎类等润楠木林；马尾松、杉木、杉木林	中亚热带湿润地区	非国有林区	1	湖北恩施站	兼容型	一级站
11	Ⅱ（20）Kb	云贵高原亚热带常绿阔叶林	米槠、栲树、青冈	中亚热带湿润地区	非国有林区	2	—	—	—
12	Ⅱ（20）Kb	云贵高原亚热带常绿阔叶林	米槠、栲树、青冈	中亚热带湿润地区	非国有林区		云南滇中高原站	兼容型	二级站
							四川贡嘎山站	兼容型	一级站

（续）

编号	编码	地带性森林植被	代表性树种与林型	气候区划	权属	建站数量	天然林保护修复生态功能监测站	站点类别	级别
13	II（40）Rb	青藏高原草原草甸及荒漠	柽柳、梭梭	高原温带半干旱地区	非国有林区	1	青海三江源特灌林站	专业型	二级站
14	II（42）Ob	青藏高原草原草甸及荒漠	高山灌丛	高原亚寒带半干旱地区	非国有林区		—	—	—
15	II（25）Mb	滇南及滇西南丘陵盆地热带季雨林雨林	季雨林雨林	边缘热带湿润地区	非国有林区	1	云南西双版纳站	兼容型	二级站
16	II（26）Mb	海南岛（包括南海诸岛）平原山地热带季雨林雨林	海滩红树林、经济林	南亚热带边缘热带湿润地区	非国有林区	3	海南五指山站	兼容型	一级站
							海南尖峰岭站	兼容型	二级站
							海南霸王岭站	兼容型	二级站
17	II（27）Pb	西南高山峡谷云杉冷杉针叶林	马尾松林、杉木林、木荷、石栎、楼树等	高原亚寒带半湿润地区	非国有林区	—	—	—	—
18	II（28）Kb	大渡河雅砻江金沙江云杉冷杉林	云杉、冷杉	中亚热带湿润地区	非国有林区	—	—	—	—
19	II（29）Qb	藏东南云杉冷杉林	云杉、冷杉	高原温带湿润/半湿润地区	非国有林区	1	西藏林芝站	兼容型	一级站
20	II（32）Eb	内蒙古西部森林草原	落叶阔叶林	温带干旱地区	非国有林区	2	宁夏贺兰山站	兼容型	二级站
							内蒙古大青山站	兼容型	二级站
21	II（30）Ba	呼伦贝尔及内蒙古东南部森林草原	落叶阔叶林	中温带半湿润地区	国有林区：内蒙古大兴安岭重点国有林管理局	1	内蒙古海拉尔站	兼容型	二级站
22	II（33）Eb	阿拉善高原半荒漠	旱生灌丛、胡杨林、柽柳	温带干旱地区	非国有林区	—	—	—	—

（续）

编号	编码	地带性森林植被	代表性树种与林型	气候区划	权属	建站数量	天然林保护修复生态功能监测站	站点类别	级别
23	II（35）Rb	祁连山山地针叶林	青海云杉、圆柏	高原温带半干旱地区	非国有林区	1	甘肃祁连山站	兼容型	一级站
24	II（36）Ib	天山山地针叶林	灌木林、落叶阔叶林	暖温带干旱地区	非国有林区	1	新疆西天山站	兼容型	一级站
25	II（36）Eb	天山山地针叶林	云杉林、灌木林	温带干旱地区	非国有林区	—	—	—	—
26	II（36）Ea	天山山地针叶林	灌木林、落叶阔叶林、云杉林	温带干旱地区	国有林区：新疆林管局	—	—	—	—
27	II（37）Ea	阿尔泰山山地针叶林	灌木林、落叶松、桦木和白杨	温带干旱地区	国有林区：新疆林管局	—	—	—	—
28	II（38）Ea	准噶尔盆地旱生灌丛半荒漠	梭梭、柽柳	温带干旱区	国有林区：新疆林管局	1	新疆卡拉麦里特灌林站	专业型	二级站
29	II（39）Ia	塔里木盆地荒漠胡杨林及河滩胡杨林及绿洲	胡杨林、梭梭、柽柳	温带干旱地区	国有林区：新疆林管局	—	—	—	—

（四）天然林保护扩大范围（纳入国家政策）生态监测布局

天然林资源保护工程扩大范围（纳入国家政策）工程区生态功能监测网络布局见表3-3、图3-4。布局共设天然林保护修复生态效益监测站30个。其中，兼容型监测站20个，专业型监测站10个。

兼容型监测站中，一级站6个，分别为新疆塔里木河胡杨林站、黑龙江抚远站、广西漓江源站、江西大岗山站、广东南岭站和辽宁冰砬山站；二级站14个，分别为内蒙古特金罕山站、内蒙古七老图山站、辽宁白石砬子站、辽宁仙人洞站、河北小五台山站、甘肃河西走廊站、山西太行山站、河南鸡公山站、安徽黄山站、江西庐山站、浙江古田山站、浙江凤阳山站、广西大瑶山站、广东东江源站。

专业型监测站中，一级站6个，分别为辽宁医巫闾山站、河北雾灵山站、江西武夷山西坡站、广东鹅凰嶂站、广东韩江源站和浙江舟山群岛站；二级站4个，分别为河北秦皇岛站、北京山区站、河南云台山站、广西十万大山站。

（五）天然林保护扩大范围（未纳入国家政策）生态监测布局

天然林资源保护工程扩大范围（未纳入国家政策）工程区生态功能监测网络布局见表3-4、图3-4。

布局共设天然林保护修复生态效益监测站2个：兼容型监测站1个，山东泰山站；专业型监测站1个，天津盘山站，2个监测站均为二级站。

此外，在非天然林资源保护工程区生态系监测网络布设1个站点，即山东青岛站，所属天然林保护修复生态功能监测区为为Ⅵ（9）Gb华北平原散生落叶阔叶林温带半湿润非天保工程非国有林区，地带性森林植被为华北平原散生落叶阔叶林，代表性树种有栎类、刺槐、油松等，气候为温带半湿润地区，属于非国有林区，该站点为兼容型监测站中的二级站。

表 3-3　天然林资源保护工程扩大范围（纳入国家政策）工程区生态功能监测网络布局

编号	编码	地带性森林植被	代表性树种与林型	气候区划	权属	建站数量	天然林保护修复生态功能监测站	站点类别	级别
1	IV (1) Cb	大兴安岭山地兴安落叶松林	兴安落叶松	中温带湿润地区	非国有林区	—	—	—	—
2	IV (2) Cb	小兴安岭山地丘陵阔叶与红松混交林	红松阔叶混交林	中温带湿润地区	非国有林区	—	—	—	—
3	IV (2) Ca	小兴安岭山地丘陵阔叶与红松混交林	红松阔叶混交林	中温带湿润地区	国有林区：黑龙江森工总局	—	—	—	—
4	IV (4) Bb	松嫩辽平原草甸原草甸散生林	油松林、蒙古栎林	中温带半湿润地区	非国有林区	—	—	—	—
5	IV (5) Ca	三江平原草甸散生林	红松阔叶混交林	中温带湿润地区	国有林区黑龙江森工总局	2	黑龙江抚远站	兼容型	一级站
							辽宁冰砬山站	兼容型	一级站
6	IV (5) Cb	三江平原草甸散生林	红松阔叶混交林	中温带湿润地区	非国有林区	—	—	—	—
7	IV (9) Gb	华北平原散生落叶阔叶林	华北落叶松、油松等	温带半湿润地区	非国有林区	—	—	—	—
8	IV (6) Fb	辽东半岛山地丘陵松（赤松及油松）栎林	栎类林、赤松、油松	温带湿润地区	非国有林区	2	辽宁白石砬子站	兼容型	二级站
							辽宁仙人洞站	兼容型	二级站
9	IV (7) Gb	燕山山地落叶阔叶林及油松侧柏林	华北落叶松、油松等	温带半湿润地区	非国有林区	5	河北小五台山站	兼容型	二级站
							辽宁医巫闾山站	专业型	一级站
							河北雾灵山站	专业型	一级站
							北京山区站	专业型	二级站
							河北秦皇岛站	专业型	二级站
10	IV (8) Gb	晋冀山地黄土高原落叶阔叶林及松（油松、白皮松）侧柏林	油松、栎林等	温带半湿润地区	非国有林区	2	山西大行山站	兼容型	二级站
							河南云台山站	专业型	二级站
11	IV (14) Jb	江淮平原丘陵落叶常绿阔叶林及马尾松林	常绿阔叶林：青冈、苦槠等	北亚热带湿润地区	非国有林区	2	安徽黄山站	兼容型	二级站
							河南鸡公山站	兼容型	二级站

（续）

编号	编码	地带性森林植被	代表性树种与林型	气候区划	权属	建站数量	天然林保护修复生态功能监测站	站点类别	级别
12	IV (17) Kb	华中丘陵山地常绿阔叶林及马尾松杉木毛竹林	马尾松、白栎	中亚热带湿润地区	非国有林区	1	广西漓江源站	兼容型	一级站
13	IV (18) Kb	华东南丘陵低山常绿阔叶林及马尾松黄山松（台湾松）毛竹杉木林	马尾松、青冈、槠树、苦槠、甜槠、常绿阔叶林、马尾松林、杉木林等	中亚热带湿润地区	非国有林区	6	江西大岗山山站	兼容型	一级站
							古田山山站	兼容型	二级站
							浙江凤阳山山站	兼容型	二级站
							江西庐山站	兼容型	二级站
							江西武夷山西坡站	专业型	一级站
							浙江舟山群岛站	专业型	一级站
14	IV (19) Lb	南岭南坡及福建沿海常绿阔叶林及马尾松杉木林	常绿阔叶林：罗浮栲、鹿角锥、小红栲、木荷等、松、杉木林、常绿阔叶林、马尾松和杉木林	南亚热带湿润地区	非国有林区	4	广东南岭站	兼容型	一级站
							广东大瑶山站	兼容型	二级站
							广东韩江源站	专业型	一级站
							广东东江源站	兼容型	二级站
15	IV (23) Kb	滇东南贵西黔西南落叶常绿阔叶林及云南松林	落叶常绿阔叶林及云南松	中亚热带湿润地区	非国有林区	—	—	—	—
16	IV (24) Lb	广东沿海平原丘陵山地季风常绿阔叶林及马尾松林	季风常绿阔叶林及桉树、马尾松林	南亚热带湿润地区	非国有林区	2	广西十万大山站	专业型	二级站
							广东鹅凰嶂站	专业型	一级站
17	IV (30) Db	呼伦贝尔及内蒙古东南部森林草原	灌木	中温带半干旱地区	非国有林区	2	内蒙古七老图山站	兼容型	二级站
							内蒙古特金罕山站	兼容型	二级站
18	IV (33) Eb	阿拉善高原半荒漠	旱生灌丛、胡杨林、柽柳	温带干旱地区	非国有林区	—	—	—	—
19	IV (34) Eb	河西走廊半荒漠及绿洲	青海云杉、圆柏、红柳	温带干旱地区	非国有林区	1	甘肃河西走廊站	兼容型	二级站

（续）

编号	编码	地带性森林植被	代表性树种与林型	气候区划	权属	建站数量	天然林保护修复生态功能监测站	站点类别	级别
20	Ⅳ（36）Ib	天山山地针叶林	灌木林、落叶阔叶林	暖温带干旱地区	非国有林区	—	—	—	—
21	Ⅳ（36）Ea	天山山地针叶林	云杉林、灌木林	温带干旱地区	国有林区：新疆林管局	—	—	—	—
22	Ⅳ（38）Eb	准噶尔盆地旱生灌丛半荒漠	梭梭、柽柳	温带干旱地区	非国有林区	—	—	—	—
23	Ⅳ（39）Nb	塔里木盆地荒漠及河滩胡杨林及绿洲	胡杨林、梭梭、柽柳	高原亚寒带干旱地区	非国有林区	—	—	—	—
24	Ⅳ（39）Ib	塔里木盆地荒漠及河滩胡杨林及绿洲	胡杨林、梭梭、柽柳	温带干旱地区	非国有林区	1	新疆塔里木河胡杨林站	兼容型	一级站

表 3-4　天然林资源保护工程扩大范围（未纳入国家政策）工程区生态功能监测网络布局

编号	编码	地带性森林植被	代表性树种与林型	气候区划	权属	建站数量	天然林保护修复生态功能监测站	站点类别	级别
1	Ⅴ（9）Gb	华北平原散生落叶阔叶林	栎类、刺槐、油松、赤松林、栎林、刺槐等	温带半湿润地区	非国有林区	2	山东泰山站	兼容型	二级站
							天津盘山站	专业型	二级站
2	Ⅴ（14）Jb	江淮平原丘陵落叶常绿阔叶林及马尾松林	落叶阔叶和常绿阔叶混交林	北亚热带湿润地区	非国有林区	—	—	—	—

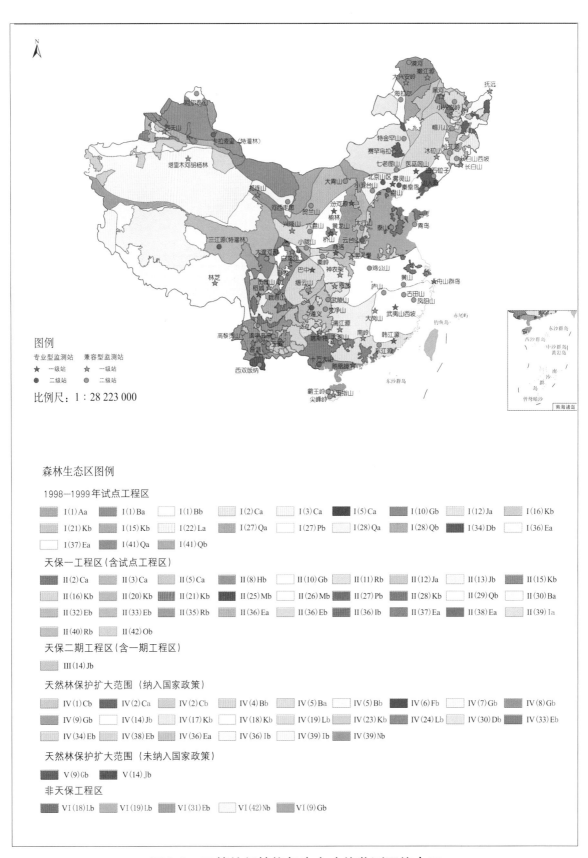

图 3-8   天然林保护修复生态功能监测网络布局

五、布局分析

（一）综合布局分析

依照本布局，可实现对 1998—1999 年试点工程、天保工程一期、天保工程二期、天然林保护扩大范围（纳入国家政策）和天然林保护扩大范围（未纳入国家政策）五类天然林保护修复区域的全覆盖。各区域生态效益监测站的布设数量排序与天保工程实施范围类型排序基本一致。天然林扩大范围（纳入国家政策）生态效益监测站点最多为 30 个，占总建站数量的 36%；天保工程一期工程区生态效益监测站点数量为 29 个，位居第二，占总建站数量的 35%；1998—1999 年试点工程区监测站布局 21 个，占比为 25%；天然林保护扩大范围（未纳入国家政策）监测站布局 2 个，占比为 2%；天保工程二期工程区监测站布局 1 个，占比为 1%（图 3-9）。该比例与各工程区生态分区的比例具有相似的规律。

生态功能监测区划站点布局最多的为Ⅳ（18）Kb 华东南丘陵低山常绿阔叶林及马尾松黄山松（台湾松）毛竹杉木林、Ⅳ（7）Gb 燕山山地落叶阔叶林及油松侧柏林温带半湿润天然林保护扩大范围（纳入国家政策）非国有林区、Ⅰ（16）Kb 华中丘陵山地常绿阔叶林及马尾松杉木毛竹林中亚热带湿润 1998—1999 年试点工程林非国有区、Ⅳ（19）Lb 南岭南坡及福建沿海常绿阔叶林及马尾松杉木林，主要是由于这些区域面积较大，生态区位重要性较高，区域多位于国家生态规划区，承担多种专项观测任务，故站点布设较多（图 3-10）。

从全国范围来看，国有林区天然林资源面积少于非国有林区天然林面积，但国有林区是天保实施的重点区域，因此国有林区生态效益监测站数量 21 个，占比 25%，非国有林区生态效益监测站布局 63 个，占比 75%，且二级站较多。在布局中，一级站的建设标准最高，监测能力最强，有辐射带动周边二级站的引领作用，因此理论上一级站的数量应少于只需要满足基本指标监测要求的二级站，本布局一级站整体建站 36 个，占比为 43%，二级站 48 个，占比 57%。本布局兼容型监测站（64 个）占比达到 76%，其中一级站（24 个）占比 37%，二级站数量占比（40 个）63%；专业型监测站作为天然林保护修复生态功能的主要监测站，理论上一级站占比应较二级站高，才能进一步满足天然林保护修复的专业监测工作。本布局中专业型监测站（20 个）占比为 24%，其中一级站（12 个）占比 62%，二级站的数量较少（8 个），占比为 38%（图 3-9）。

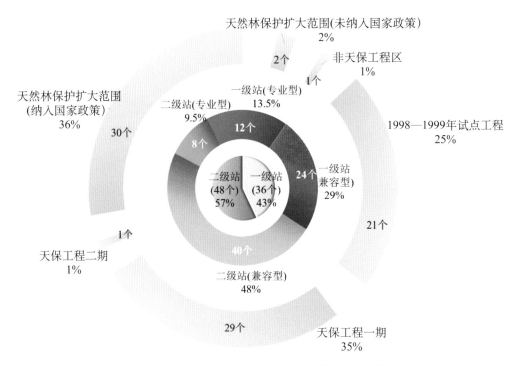

图3-9　天保工程实施进程及各级生态效益监测站数量百分比

注：环形图中标注为台站布局个数。

（二）天然林保护修复生态功能监测网络布局与典型生态区对应关系

1.重点生态功能区

《全国主体功能规划》中提出的国家重点生态功能区是保障国家生态安全的重要区域，也是人与自然和谐相处的示范区，我国重点生态功能区主要分为水源涵养型、水土保持型、防风固沙型和生物多样性维护型4种类型，共计25个地区。

依照本布局，53个天然林保护修复生态效益监测站位于重点生态功能区，其中有43个兼容型监测站和10个专业型监测站，兼容型监测站中又分为21个一级站和22个二级站；专业型监测站则为7个一级站和3个二级站，见表3-6、图3-7。从布局角度来看，63%以上的站点位于重点生态功能区，其中一级站占比为53%，对于生态功能区水源涵养、水土保持、防风固沙和生物多样性维护等生态功能起到有效监测。天然林保护修复生态功能监测网络针对重点生态功能区生态监测，可覆盖92%的区域。本次布局是加强国家重点生态功能区环境保护和管理、增强生态服务功能、构建国家生态安全屏障的重要支撑。

表 3-5   全国重点生态功能区天然林保护修复生态效益监测站

区域	类型	数量	天然林保护修复生态效益监测站	站点类型	级别
大小兴安岭森林生态功能区	水源涵养	5	内蒙古大兴安岭站	兼容型	一级站
			黑龙江嫩江源站	兼容型	一级站
			黑龙江漠河站	兼容型	二级站
			黑龙江小兴安岭站	兼容型	二级站
			黑龙江黑河站	兼容型	一级站
长白山森林生态功能区	水源涵养	4	吉林长白山站	兼容型	一级站
			吉林长白山西坡站	兼容型	二级站
			辽宁冰砬山站	兼容型	一级站
			吉林松江源站	兼容型	二级站
阿尔泰山地森林草原生态功能区	水源涵养	1	新疆阿尔泰山站	兼容型	二级站
三江源草原草甸湿地生态功能区	水源涵养	1	青海三江源特灌林站	专业型	二级站
若尔盖草原湿地生态功能区	水源涵养	1	青海大渡河源站	兼容型	二级站
甘南黄河重要水源补给生态功能区	水源涵养	2	甘肃兴隆山站	兼容型	一级站
			甘肃白龙江站	兼容型	一级站
祁连山冰川与水源涵养生态功能区	水源涵养	2	甘肃祁连山站	兼容型	一级站
			甘肃河西走廊站	兼容型	二级站
南岭山地森林及生物多样性生态功能区	水源涵养	4	广东南岭站	兼容型	一级站
			广东东江源站	兼容型	二级站
			广西漓江源站	兼容型	一级站
			广东韩江源站	专业型	一级站
黄土高原丘陵沟壑水土保持生态功能区	水土保持	5	山西汾河源站	专业型	一级站
			宁夏六盘山站	兼容型	二级站
			陕西桥山站	专业型	一级站
			陕西黄龙山站	兼容型	一级站
			陕西榆林站	专业型	一级站
大别山水土保持生态功能区	水土保持	1	河南鸡公山站	兼容型	二级站
桂黔滇喀斯特石漠化防治生态功能区	水土保持	1	贵州喀斯特站	兼容型	一级站
三峡库区水土保持生态功能区	水土保持	1	湖北神农架站	兼容型	一级站

（续）

区域	类型	数量	天然林保护修复生态效益监测站	站点类型	级别
塔里木河荒漠化防治生态功能区	防风固沙	1	塔里木河胡杨林站	兼容型	一级站
阿尔金草原荒漠化防治生态功能区	防风固沙	—	—	—	—
呼伦贝尔草原草甸生态功能区	防风固沙	1	内蒙古海拉尔站	兼容型	二级站
科尔沁草原生态功能区	防风固沙	2	内蒙古特金罕山站	兼容型	二级站
			内蒙古赛罕乌拉站	兼容型	一级站
浑善达克沙漠化防治生态功能区	防风固沙	2	内蒙古七老图山站	兼容型	二级站
			北京山区站	专业型	二级站
阴山北麓草原生态功能区	防风固沙	1	内蒙古大青山站	兼容型	二级站
川滇森林及生物多样性生态功能区	生物多样性维护	4	四川峨眉山站	兼容型	二级站
			四川卧龙站	兼容型	二级站
			四川稻城站	专业型	一级站
			四川贡嘎山站	兼容型	一级站
秦巴生物多样性生态功能区	生物多样性维护	6	陕西秦岭站	兼容型	二级站
			四川巴中站	专业型	一级站
			陕西商洛站	专业型	一级站
			甘肃小陇山站	兼容型	二级站
			湖北神农架站	兼容型	一级站
			河南宝天曼站	兼容型	一级站
藏东南高原边缘森林生态功能区	生物多样性维护	1	西藏林芝站	兼容型	一级站
藏西北羌塘高原荒漠生态功能区	生物多样性维护	—	—	—	—
三江平原湿地生态功能区	生物多样性维护	1	黑龙江抚远站	兼容型	一级站
武陵山区生物多样性及水土保持生态功能区	生物多样性维护	4	贵州梵净山站	兼容型	二级站
			湖北恩施站	兼容型	一级站
			重庆武陵山站	兼容型	二级站
			贵州遵义站	专业型	二级站
海南岛中部山区热带雨林生态功能区	生物多样性维护	3	海南五指山站	兼容型	一级站
			海南尖峰岭站	兼容型	二级站
			海南霸王岭站	兼容型	二级站

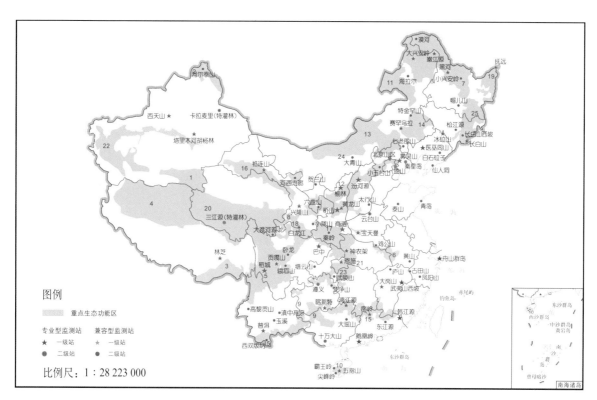

图 3-10 全国重点生态功能区天然林保护修复生态功能监测网络布局

注：1.阿尔金草原荒漠化防治生态功能区；2.阿尔泰山地森林草原生态功能区；3.藏东南高原边缘森林生态功能区；4.藏西北羌塘高原荒漠生态功能区；5.川滇森林及生物多样性保护生态功能区；6.大别山水土保持生态功能区；7.大小兴安岭森林生态功能区；8.甘南黄河重要水源补给生态功能区；9.桂黔滇喀斯特石漠化防治生态功能区；10.海南岛中部山区热带雨林生态功能区；11.呼伦贝尔草原草甸生态功能区；12.黄土高原丘陵沟壑水土保持生态功能区；13.浑善达克沙漠化防治生态功能区；14.科尔沁草原生态功能区；15.南岭山地森林及生物多样性生态功能区；16.祁连山冰川与水源涵养功能区；17.秦巴生物多样性生态功能区；18.若尔盖草原湿地生态功能区；19.三江平原湿地生态功能区；20.三江源草原草甸湿地生态功能区；21.三峡库区水土保持生态功能区；22.塔里木河荒漠化防治生态功能区；23.武陵山区生物多样性及水土保持生态功能区；24.阴山北麓草原生态功能区；25.长白山森林生态功能区。

2. 生物多样性保护优先区域

2015 年，环境保护部正式发布了《生物多样性保护优先区域范围》，划定了 35 个生物多样性保护优先区域，包括 32 个内陆陆地及水域生物多样性保护优先区域，以及 3 个海洋与海岸生物多样性保护优先区域，是开展生物多样性保护工作的重点区域，是贯彻落实《中国生物多样性保护战略与行动计划（2011—2030 年)》，把生物多样性保护的各项政策措施落到实处的基础。

依照本布局，67 个天然林保护修复生态效益监测站位于生物多样性保护优先区域内，其中有 52 个兼容型监测站和 15 个专业型监测站，兼容型监测站中又分为 22 个一级站和 30 个二级站，专业型监测站则分为 7 个一级站和 8 个二级站，见表 3-7、图 3-8。从布局角度来看，79% 以上的站点位于生物多样性保护优先区域，其中一级站占比为 43%，对于生物多样性保护优先区域自然条件、自然资源以及主要保护对象等监测目标起到有效监测。天然林保护修复生态功能监测网络针对生物多样性保护优先区域生态监测，可覆盖 94% 的区域。为落实《生物多样性公约》的相关规定，进一步加强我国生物多样性保护工作，有效应对我国生物多样性保护面临的新问题、新挑战提供重要保障。

表3-6　生物多样性保护优先区域天然林保护修复生态效益监测站

区域	数量	天然林保护修复生态效益监测站	站点类型	级别
大兴安岭区	3	内蒙古大兴安岭站	兼容型	一级站
		黑龙江嫩江源站	兼容型	一级站
		黑龙江漠河站	兼容型	二级站
小兴安岭区	2	黑龙江小兴安岭站	兼容型	二级站
		黑龙江黑河站	兼容型	一级站
三江平原区	1	黑龙江抚远站	兼容型	一级站
长白山区	4	吉林长白山站	兼容型	一级站
		吉林长白山西坡站	兼容型	二级站
		吉林松江源站	兼容型	二级站
		辽宁冰砬山站	兼容型	一级站
松嫩平原区	—	—	—	—
呼伦贝尔区	1	内蒙古海拉尔站	兼容型	二级站
阿尔泰山区	1	新疆阿尔泰山站	兼容型	二级站
天山—准噶尔盆地西南缘区	1	新疆西天山站	兼容型	一级站
塔里木河流域	1	新疆塔里木河胡杨林站	兼容型	一级站
祁连山区	1	甘肃祁连山站	兼容型	一级站
西鄂尔多斯—贺兰山—阴山区	3	内蒙古大青山站	兼容型	二级站
		宁夏贺兰山站	兼容型	二级站
		甘肃河西走廊站	兼容型	二级站
羌塘、三江源区	2	青海三江源特灌林站	专业型	二级站
		青海大渡河源站	兼容型	二级站
库姆塔格区	—	—	—	—
六盘山—子午岭—太行山区	11	宁夏六盘山站	兼容型	二级站
		陕西桥山站	专业型	一级站
		陕西黄龙山站	兼容型	一级站
		山西汾河源站	专业型	一级站
		河北小五台山站	兼容型	二级站
		河北雾灵山站	专业型	一级站
		北京山区站	专业型	二级站
		天津盘山站	专业型	二级站
		山西太行山站	兼容型	二级站
		河南云台山站	专业型	二级站
		河北秦皇岛站	专业型	二级站
泰山地区	1	山东泰山站	兼容型	二级站
喜马拉雅东南区	1	西藏林芝站	兼容型	一级站

（续）

区域	数量	天然林保护修复生态效益监测站	站点类型	级别
横断山南段区	1	四川稻城站	专业型	一级站
岷山—横断山北段区	4	甘肃白龙江站	兼容型	一级站
		四川卧龙站	兼容型	二级站
		四川贡嘎山站	兼容型	一级站
		四川峨眉山站	兼容型	二级站
秦岭区	4	陕西秦岭站	兼容型	二级站
		甘肃小陇山站	兼容型	二级站
		陕西商洛站	专业型	一级站
		河南宝天曼站	兼容型	一级站
苗岭—金钟山—凤凰山区	1	贵州喀斯特站	兼容型	一级站
武陵山区	4	贵州梵净山站	兼容型	二级站
		湖北恩施站	兼容型	一级站
		重庆武陵山站	兼容型	二级站
		贵州遵义站	专业型	二级站
大巴山区	2	四川巴中站	专业型	一级站
		湖北神农架站	兼容型	一级站
大别山区	1	河南鸡公山站	兼容型	二级站
黄山—怀玉山区	2	安徽黄山站	兼容型	二级站
		浙江古田山站	兼容型	二级站
武夷山地区	2	浙江凤阳山站	兼容型	二级站
		江西武夷山西坡站	专业型	一级站
南岭地区	5	广东南岭站	兼容型	一级站
		广东东江源站	兼容型	二级站
		广西漓江源站	兼容型	一级站
		广西大瑶山站	兼容型	二级站
		广东韩江源站	专业型	一级站
洞庭湖区	—	—	—	—
鄱阳湖区	1	江西庐山站	兼容型	二级站
海南岛中南部区	3	海南五指山站	兼容型	一级站
		海南尖峰岭站	兼容型	二级站
		海南霸王岭站	兼容型	二级站
西双版纳区	2	云南普洱站	兼容型	一级站
		云南西双版纳站	兼容型	二级站
大明山地区	1	广西十万大山站	专业型	二级站
锡林郭勒草原区	1	内蒙古赛罕乌拉站	兼容型	一级站

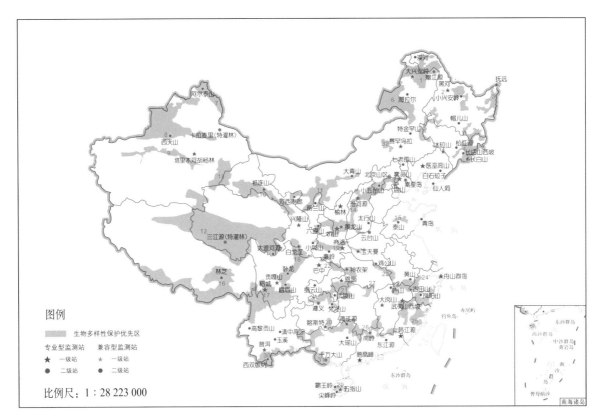

图 3-11　生物多样性保护优先区域天然林保护修复生态功能监测网络布局

注：1.大兴安岭区；2.小兴安岭区；3.三江平原区；4.长白山区；5.松嫩平原区；6.呼伦贝尔区；7.阿尔泰山区；8.天山—准噶尔盆地西南缘区；9.塔里木河流域；10.祁连山区；11.西鄂尔多斯—贺兰山—阴山区；12.羌塘、三江源区；13.库姆塔格区；14.六盘山—子午岭—太行山区；15.泰山地区；16.喜马拉雅东南区；17.横断山南段区；18.岷山—横断山北段区；19.秦岭区；20.苗岭—金钟山—凤凰山区；21.武陵山区；22.大巴山区；23.大别山区；24.黄山—怀玉山区；25.武夷山地区；26.南岭地区；27.洞庭湖区；28.鄱阳湖区；29.海南岛中南部区；30.西双版纳区；31.大明山地区；32.锡林郭勒草原区。

3.国家生态屏障区

生态屏障是一个区域的关键地段，其生态系统对区域具有重要作用。"两屏三带"以青藏高原生态屏障、黄土高原川滇生态屏障、东北森林带、北方防沙带和南方丘陵山地带以及大江大河重要水系为骨架，以其他国家重点生态功能区为重要支撑，以点状分布的国家禁止开发区域为重要组成部分的生态安全战略格局，是构建国土空间的"三大战略格局"的重要组成部分，也是城市化格局战略和农业战略格局的重要保障性格局。

依照本布局，47个天然林保护修复生态效益监测站位于国家生态屏障区，其中有个39兼容型监测站和8个专业型监测站，兼容型监测站中又分为18个一级站和21个二级站，专业型监测站则为6个一级站和2个二级站，见表3-7、图3-12。从布局角度来看，一半以上的站点位于国家生态屏障区，其中一级站占比为51%，可对国家生态屏障区生态起到有效监测。天然林保护修复生态功能监测网络针对国家生态屏障区生态监测，可实现全覆盖，对于恢复和提升生态功能，保障国家生态安全，实现可持续发展具有重要战略意义。

表 3-7　国家生态屏障区天然林保护修复生态效益监测站

区域	数量	天然林保护修复生态效益监测站	站点类型	级别
东北森林屏障带	12	内蒙古大兴安岭站	兼容型	一级站
		黑龙江嫩江源站	兼容型	一级站
		黑龙江漠河站	兼容型	二级站
		黑龙江小兴安岭站	兼容型	二级站
		黑龙江黑河站	兼容型	一级站
		黑龙江抚远站	兼容型	一级站
		黑龙江帽儿山站	兼容型	二级站
		内蒙古海拉尔站	兼容型	二级站
		吉林长白山站	兼容型	一级站
		吉林长白山西坡站	兼容型	二级站
		吉林松江源站	兼容型	二级站
		辽宁冰砬山站	兼容型	一级站
北方防沙带	12	内蒙古大青山站	兼容型	二级站
		宁夏贺兰山站	兼容型	二级站
		内蒙古七老图山站	兼容型	二级站
		内蒙古赛罕乌拉站	兼容型	一级站
		内蒙古特金罕山站	兼容型	二级站
		北京山区站	专业型	二级站
		河北小五台山站	兼容型	二级站
		甘肃河西走廊站	兼容型	二级站
		甘肃兴隆山站	兼容型	一级站
		甘肃祁连山站	兼容型	一级站
		新疆西天山站	兼容型	一级站
		新疆塔里木河胡杨林站	兼容型	一级站
青藏高原生态屏障	3	青海三江源特灌林站	专业型	二级站
		青海大渡河源站	兼容型	二级站
		西藏林芝站	兼容型	一级站
川滇-黄土高原生态屏障	14	宁夏六盘山站	兼容型	二级站
		陕西桥山站	专业型	一级站
		陕西黄龙山站	兼容型	一级站
		甘肃白龙江站	兼容型	一级站
		甘肃小陇山站	兼容型	二级站
		四川卧龙站	兼容型	二级站
		陕西秦岭站	兼容型	二级站
		四川巴中站	专业型	一级站
		云南高黎贡山站	兼容型	二级站
		陕西榆林站	专业型	一级站

（续）

区域	数量	天然林保护修复生态效益监测站	站点类型	级别
川滇-黄土高原生态屏障	14	陕西汾河源站	专业型	一级站
		四川贡嘎山站	兼容型	一级站
		四川峨眉山站	兼容型	二级站
		四川稻城站	专业型	一级站
南方丘陵山地带	6	广东南岭站	兼容型	一级站
		广东东江源站	兼容型	二级站
		广西漓江源站	兼容型	一级站
		广西大瑶山站	兼容型	二级站
		广东韩江源站	专业型	一级站
		贵州喀斯特站	兼容型	一级站

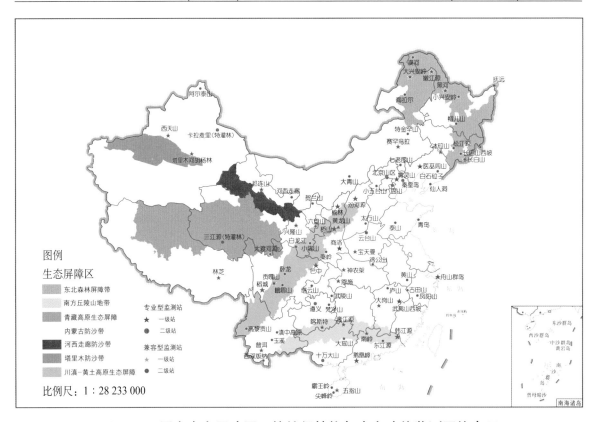

图3-12　国家生态屏障区天然林保护修复生态功能监测网络布局

注：北方防沙带分为：内蒙古防沙带；河西走廊防沙带；塔里木防沙带。

4. 全国生态脆弱区

生态脆弱区是我国目前生态问题突出、经济相对落后和人民生活贫困区，同时，也是我国环境监管的薄弱地区，生态脆弱区天然林保护修复的实施对于脆弱区生态修复具有重大意义。

依照本布局，60个天然林保护修复生态效益监测站位于生态脆弱区，其中有个46兼容型监测站和14个专业型监测站，兼容型监测站中又分为18个一级站和28个二级站，专业型监测站则分为 10 个一级站和 4 个二级站，见表 3-8、图 3-13。从布局角度来看，71%以上的站点位于生态脆弱区，其中一级站占比为 47%，对于生态脆弱区生态起到有效监测。天然林保护修复生态功能监测网络针对生态脆弱区开展生态监测，可实现全覆盖，为加强生态脆弱区保护、控制生态退化、恢复生态系统功能、改善生态环境质量和落实《全国生态脆弱区保护规划纲要》提供科学支撑。

表 3-8　生态脆弱区天然林保护修复生态效益监测站

区域	数量	天然林保护修复生态效益监测站	站点类型	级别
东北林草交错生态脆弱区	2	内蒙古大兴安岭站	兼容型	一级站
		内蒙古海拉尔站	兼容型	二级站
北方农牧交错生态脆弱区	14	内蒙古大青山站	兼容型	二级站
		宁夏贺兰山站	兼容型	二级站
		宁夏六盘山站	兼容型	二级站
		甘肃兴隆山站	兼容型	一级站
		山西汾河源站	专业型	一级站
		内蒙古七老图山站	兼容型	二级站
		内蒙古赛罕乌拉站	兼容型	一级站
		内蒙古特金罕山站	兼容型	二级站
		河北小五台山站	兼容型	二级站
		河北雾灵山站	专业型	一级站
		北京山区站	专业型	二级站
		陕西桥山站	专业型	一级站
		陕西黄龙山站	兼容型	一级站
		陕西榆林站	专业型	一级站
西北荒漠绿洲交接生态脆弱区	6	甘肃祁连山站	兼容型	一级站
		新疆阿尔泰山站	兼容型	二级站
		新疆西天山站	兼容型	一级站
		新疆卡拉麦里特灌林站	专业型	二级站
		新疆塔里木河胡杨林站	兼容型	一级站
		甘肃河西走廊站	兼容型	二级站
南方红壤丘陵山地生态脆弱区	24	陕西秦岭站	兼容型	二级站
		四川巴中站	专业型	一级站
		湖北神农架站	兼容型	一级站
		河南宝天曼站	兼容型	一级站
		陕西商洛站	专业型	一级站
		贵州梵净山站	兼容型	二级站
		湖北恩施站	兼容型	一级站
		重庆武陵山站	兼容型	二级站

（续）

区域	数量	天然林保护修复生态效益监测站	站点类型	级别
南方红壤丘陵山地生态脆弱区	24	重庆缙云山站	兼容型	二级站
		河南鸡公山站	兼容型	二级站
		安徽黄山站	兼容型	二级站
		浙江古田山站	兼容型	二级站
		浙江凤阳山站	兼容型	二级站
		江西武夷山西坡站	专业型	一级站
		广东南岭站	兼容型	一级站
		广东东江源站	兼容型	二级站
		广西漓江源站	兼容型	一级站
		广西大瑶山站	兼容型	二级站
		广东韩江源站	专业型	一级站
		贵州喀斯特站	兼容型	一级站
		江西大岗山站	兼容型	一级站
		江西庐山站	兼容型	二级站
		贵州遵义站	专业型	二级站
		浙江舟山群岛站	专业型	一级站
西南岩溶山地石漠化生态脆弱区	5	云南高黎贡山站	兼容型	二级站
		云南普洱站	兼容型	一级站
		云南玉溪站	兼容型	二级站
		云南滇中高原站	兼容型	二级站
		云南西双版纳站	兼容型	二级站
西南山地农牧交错生态脆弱区	7	四川贡嘎山站	兼容型	一级站
		四川卧龙站	兼容型	二级站
		青海大渡河源站	兼容型	二级站
		西藏林芝站	兼容型	一级站
		四川稻城站	专业型	一级站
		四川峨眉山站	兼容型	二级站
		甘肃白龙江站	兼容型	一级站
青藏高原复合侵蚀生态脆弱区	1	青海三江源特灌林站	专业型	二级站

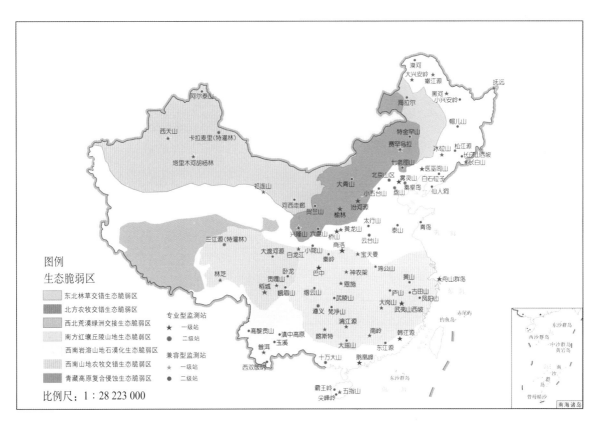

图 3-13 生态脆弱区天然林保护修复生态功能监测网络布局

5.国家公园体制试点

2017 年 9 月，中共中央办公厅、国务院办公厅印发了《建立国家公园体制总体方案》，公布首批十个国家公园体制试点，包括三江源国家公园 、大熊猫国家公园 、东北虎豹国家公园 、湖北神农架国家公园、钱江源国家公园 、南山国家公园 、武夷山国家公园、普达措国家公园、祁连山国家公园、海南热带雨林国家公园。国家公园保护地与天然林保护修复具有紧密的联系，天然林保护修复生态功能监测网络可为国家公园生态监测提供有力支撑。

依照本布局，共有 19 个天然林保护修复生态效益监测站位于国家公园内或周边，其中有 16 个兼容型监测站和 3 个专业型监测站，兼容型监测站中又分为 7 个一级站和 9 个二级站，专业型监测站为 2 个一级站和 1 个二级站，见表 3-9、图 3-14。天然林保护修复生态功能监测网络可实现对首批公布的十个国家公园体制试点的全覆盖，对于切实保护好国家自然和人文遗产资源、推动国土空间的高效合理利用具有重要意义。

表 3-9 国家公园体制试点天然林保护修复生态效益监测站

国家公园	天然林保护修复生态效益监测站	站点类型	级别
三江源国家公园	青海三江源特灌林站	专业型	二级站
大熊猫国家公园	四川卧龙站	兼容型	二级站
	甘肃白龙江站	兼容型	一级站

（续）

国家公园	天然林保护修复生态效益监测站	站点类型	级别
东北虎豹国家公园	吉林长白山站	兼容型	一级站
	吉林长白山西坡站	兼容型	二级站
	黑龙江帽儿山站	兼容型	二级站
	吉林松江源站	兼容型	二级站
湖北神农架国家公园	湖北神农架站	兼容型	一级站
钱江源国家公园	浙江古田山站	兼容型	二级站
	浙江凤阳山站	兼容型	二级站
南山国家公园	湖北恩施站	兼容型	一级站
武夷山国家公园	江西武夷山西坡站	专业型	一级站
海南热带雨林国家公园	海南五指山站	兼容型	一级站
	海南尖峰岭站	兼容型	二级站
	海南霸王岭站	兼容型	二级站
普达措国家公园	四川稻城站	专业型	一级站
祁连山国家公园	甘肃祁连山站	兼容型	一级站

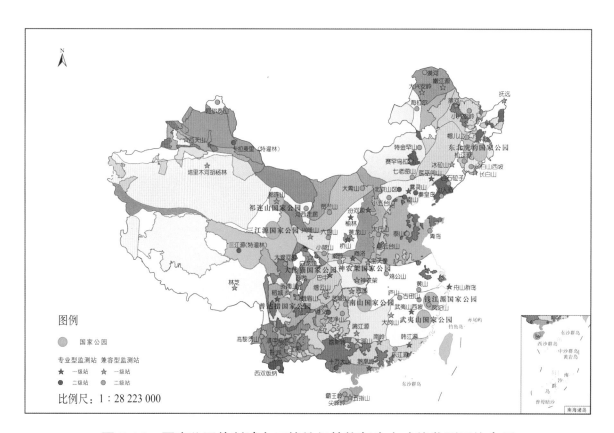

图 3-14　国家公园体制试点天然林保护修复生态功能监测网络布局

注：其中三江源国家公园、大熊猫国家公园、东北虎豹国家公园、海南热带雨林国家公园、武夷山国家公园为
《生物多样性公约》第十五次缔约方大会（COP15）上宣布设立的第一批国家公园。

第四章

天然林保护修复专项生态观测计划

一、天然林保护修复生物多样性大样地观测计划

（一）天然林保护修复生物多样性大样地观测意义

生物多样性大样地与传统的样带研究方法相比，典型特征是面积大，其设置方法、观测内容、观测手段和研究方向上均与小样地具有较大的差别，也使得其在解决一些生态学问题时更加科学有效。生物多样性大样地主要经历了四个发展阶段：1975—1980 年孕育阶段；1981—1993 年分散发展阶段；1994—2002 年联网发展阶段；2002 年以后的多网络发展阶段。多年的科学实践表明，大样地是对森林生态系统进行长期固定监测的先进方法，是研究长期生态过程与森林生态系统动态的重要手段，有效地克服了一般样地在森林群落动态与生物多样性研究等方面的不足，为人们了解生物多样性的变化及其影响，理解物种共存机制等提供了详实的数据（马克平，2008；温腾等，2012；李明阳，2012；彭辉，2017；陈云等，2017）。

> 生物多样性大样地是森林群落大型长期监测固定样地的简称，是指在典型森林群落上建立，面积在 1 公顷以上，采用网格体系，利用一致的方法对森林植被动态长期连续调查监测的永久性固定样地。森林生态系统长期固定观测样地通过对森林群落动态的长期观测，在群落组成与变化、群落与生态因子的关系、群落内物种种群的变化规律、群落生物多样性及其维持机制等方面的研究中发挥着重要的作用。

开展天然林保护修复生物多样性大样地观测具有重要意义。首先，实施天然林保护修复大样地网络观测将更加有效地掌握天然林群落的动态变化及生物多样性维持机制；其次，对于天然林生态系统而言，获取其动态变化信息越多，对其动态规律的研究越准确，在此基础上开展保护成功的可能性就越大。此外，大样地监测对于我国天然林群落动态长期数据积累非常必要。

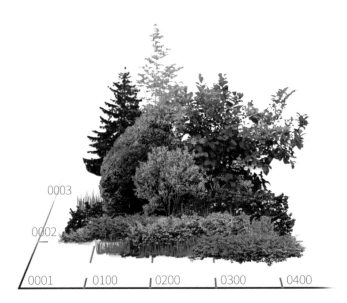

图 4-1　生物多样性大样地示意图

（二）天然林保护修复生物多样性大样地观测网络布局方法

1. 样地筛选

基于中国森林生物多样性监测网络与中国森林生态系统定位观测研究网络的台站及生物多样性大样地信息，利用空间统计方法，对全国大样地生态区位、面积、监测对象、管理机构等信息进行综合分析。在满足对温带、亚热带与热带主要天然林群落动态与生物多样性监测的条件下，分析大样地的区位重要性、监测天然林的代表性、样地设置调查的科学性以及管理机构科技支撑能力等方面，对观测样地进行系统评价，并筛选样地。

2. 空间分析

在进行坐标转换、校正、配准、投影转换等预处理步骤后，采用第二章介绍的相关空间分析方法，将筛选出的大样地与天然林保护修复生态功能监测区划进行融合，将样地空间图层与天然林保护修复生态功能监测区划图层进行叠置分析，最终形成天然林保护修复生物多样性大样地观测网络布局。

（三）天然林保护修复生物多样性大样地观测网络布局

本计划共设置天然林保护修复生物多样性大样地 21 个（表 4-1）。其中，黑龙江大兴安岭大样地、黑龙江丰林大样地、黑龙江凉水大样地、黑龙江穆棱大样地、吉林长白山大样地（24 公顷）、吉林长白山大样地（25 公顷）、北京东灵山大样地、河南宝天曼大样地、湖南八大公山大样地、浙江天童山大样地、浙江古田山大样地、浙江百山祖大样地、广东鼎湖山大样地、广西弄岗大样地、云南西双版纳大样地 15 块大样地属于中国森林生物多样性监测网络；辽宁辽东半岛大样地、山西太岳山大样地、江西大岗山大样地、湖北木林子大样地、广东南岭大样地、海南尖峰岭大样地 6 个大样地属于中国森林生态系统定位观测研究网络。

监测天然林类型包括寒温带针叶林、阔叶红松林、东北红豆杉林、次生杨桦林、暖温带落叶阔叶林、落叶阔叶次生林、暖温带落叶阔叶林和针阔混交林、中亚热带山地森林、亚热带落叶常绿阔叶混交林、中亚热带常绿阔叶林、中亚热带中山常绿阔叶林、南亚热带常绿阔叶林、喀斯特季节性雨林、热带雨林、热带山地雨林等。

表 4-1　天然林保护修复生物多样性大样地

样地名称	面积（公顷）	监测天然林类型	主要建群种或优势种	管理机构
黑龙江大兴安岭大样地	25	寒温带针叶林	兴安落叶松	黑龙江省科学院自然与生态研究所
黑龙江丰林大样地	30	阔叶红松林	红松	东北林业大学
黑龙江凉水大样地	9.12	阔叶红松林	红松	东北林业大学
黑龙江穆棱大样地	25	东北红豆杉林	紫椴、红松	黑龙江省森林工程与环境研究所
吉林长白山大样地1	25	阔叶红松林	红松、紫椴、蒙古栎	中国科学院沈阳应用生态研究所
吉林长白山大样地2	24	次生杨桦林	白桦、山杨	中国科学院沈阳应用生态研究所
北京东灵山大样地	20	落叶阔叶次生林	辽东栎、色木槭	中国科学院植物研究所
河南宝天曼大样地	25	暖温带落叶阔叶林和针阔混交林	锐齿槲栎、葛罗枫	中国科学院植物研究所
湖南八大公山大样地	25	中亚热带山地森林	亮叶水青冈	中科院武汉植物园
浙江天童山大样地	20	中亚热带常绿阔叶林	细枝柃、黄丹木姜子	华东师范大学
浙江古田山大样地	24	中亚热带常绿阔叶林	甜槠、木荷、马尾松	中国科学院植物研究所
浙江百山祖大样地	5	中亚热带中山常绿阔叶林	多脉青冈	浙江大学生命科学学院、中国科学院植物研究所和百山祖管理处
广东鼎湖山大样地	24	南亚热带常绿阔叶林	锥栗、荷木、黄杞	中国科学院华南植物园
广西弄岗大样地	15	喀斯特季节性雨林	蚬木、肥牛树、金丝李	中国科学院广西植物研究所
云南西双版纳大样地	20	热带雨林	望天树	中国科学院西双版纳热带植物园
辽宁辽东半岛大样地	6	暖温带落叶阔叶林	蒙古栎、槲栎	辽宁省森林经营研究所
山西太岳山大样地	6	暖温带落叶阔叶林	辽东栎	北京林业大学
江西大岗山大样地	6	中亚热带常绿阔叶林	丝栗栲、刨花楠	中国林业科学研究院森林生态环境自然保护研究所
湖北木林子大样地	15	亚热带落叶常绿阔叶混交林	小叶青冈、多脉青冈	湖北民族学院
广东南岭大样地	6	亚热带常绿阔叶林	甜槠、水青冈、银木荷	广东省林业科学研究院
海南尖峰岭	60	热带山地雨林	高山蒲葵、厚壳桂	中国林业科学研究院热带林业研究所

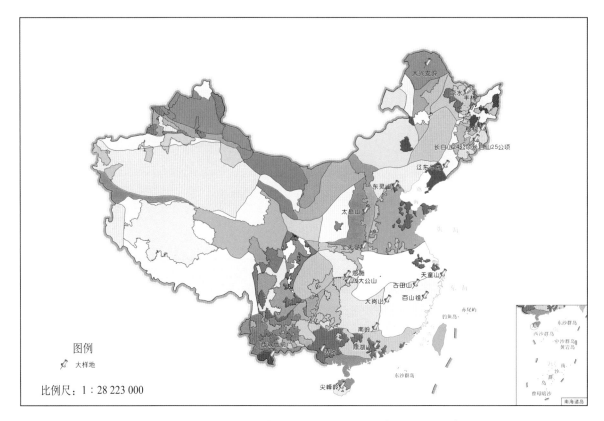

图 4-2　天然林保护修复生物多样性大样地监测网络布局

二、天然林保护修复时空格局演变大样带观测计划

（一）天然林保护修复时空格局演变大样带观测意义

1993 年 8 月，在国际地圈——生物圈计划（IGBP）的核心项目"全球变化与陆地生态系统（CCTE）"组织和美国国家航天局（NASA）实施的"生态过程和模拟计划"项目资助下，在美国加里福尼亚的马可尼会议中心举办了"全球变化与陆地生态系统关系"研讨会，提出了全球变化的陆地样带研究方法（周广胜等，2002）。1995 年，IGBP 在全球 4 个关键地区共设置了 14 条 IGBP 陆地样带。这些样带的提出是基于不同地区的全球变化驱动力和全球变化的潜在反馈作用强度不同（Koch G Wet al.，1995）。截至 2000 年，全球共启动了 15 条 IGBP 陆地样带（图 4-3），这些陆地样带对于研究全球变化引起的陆地生态系统结构和功能变化，以及探讨造成某种变化的机制和过程的研究起到了积极的作用。这些样带的提出，极大地提高了大样带方法在生态学研究中的应用，也有力地推动了样带理念在相关森林生态学研究中的发展。

大样带是大尺度空间格局的生态过程样带研究方法的简称，也被称为陆地样带。陆地样带的概念首先由 IGBP 在其第 36 号报告"IGBP 陆地样带：科学计划"（1995）中提出。每条样带均由分布在一个具有控制生态系统结构与功能因素梯度的较大地理范围内的一系列研究点所构成。为了要符合大气环流模型（GCM）运作的最小单元（4°×5° 或 8°×10° 经、纬度），样带长度应不小于 1000 千米，以满足覆盖气候和大气模式模拟模型的最小尺度，同时样带还应具有足够宽度（数百公里），以涵盖遥感影像范围。由于陆地样带的地理范围较大所以又被称为大样带。

GCTE/IGBP　　陆地样带

高纬度区　　中纬度区　　半干旱热带区　　湿润/半湿润热带区

图 4-3　IGBP 陆地样带分布（引自 Steffen et al., 1999）

　　大样带反映主要环境因素变异对生态系统的结构、功能、组成、生物圈—大气圈的痕量气体交换与水循环的作用，每条样带均由分布在具有控制生态系统结构与功能的某种全球变化驱动因素梯度上的一系列生态实验站、观测点和样地构成（Koch，1995）。大样带被认为是研究全球变化与陆地生态系统关系的最有效途径之一，因此样带可以作为分散的站点与一定区间区域之间的桥梁以及不同时空尺度之间耦合转换的媒介，由于大样带站点沿生态梯度安排，可以促进对陆地生态系统如何响应环境变化机制的了解（王权，1997）。

　　对天然林保护修复生态功能监测进行时空格局演变大样带观测具有重要意义。首先，大样带可以作为天然林保护修复生态功能单个监测站点与一定空间内所有站点研究结果综合分析的桥梁和不同时空尺度模型间转化与耦合的媒介，是网络内站点间开展协作研究的一种有效手段。其次，基于大样带的研究方法能够提供大尺度天然林生态系统时空格局演变分析所必需的关键机理及过程信息，进行大尺度分析。最后，大样带是开发机理模型和验证关键信息的强有力手段，因为它可以提供模型所需要的理想数据，这得益于在样带内沿着环境梯度开展合理的野外实验，同时还能排除其他因素的影响。。

（二）天然林保护修复时空格局演变大样带观测网络布局方法

1. 构建生态梯度大样带十字网

严格按照大样带的布设要求，合理选择和构建大样带是保证天然林保护修复时空格局演变大样带布局科学性和有效性的关键。大样带的设立是依据一个或多个全球变化因素而布设的，进而可以根据这些全球变化的驱动因素（温度、降水、土地利用强度）直接与生态系统特征的变化相耦合（唐海萍，2003）。通过对某些典型研究站点生态系统特征的分析结果，基于以点带面的方式，找出整个区域的天然林保护修复生态功能变化梯度，从而为更加合理、高效地开展天然林保护提供重要科学依据。王兵等（2006）提出以中国东部南北样带（NSTEC）和中国南部东西样带（WETSC）建立生态梯度十字网，并将其成功应用于全国森林生态系统定位观测研究站的布局之中（郭慧，2014），其科学性与合理性已经过理论与实践检验。因此，本研究以中国东部南北样带和中国南部东西样带构成的生态梯度十字网为框架进行天然林保护修复时空格局演变大样带观测网络布局。

2. 中国东部南北样带

中国东部南北样带（North-South Transect of Eastern China，NSTEC）于 2000 年 5 月被 IGBP 列为第 15 条陆地样带，覆盖了 40°N 以南、108°～ 118°E 和 40°N 以北、118°～ 128°E 的中国东部地区，南北相距约 3700 千米，沿热量梯度布设而成，形成世界上独特而完整的植被连续带（热量梯度驱动）。样带具有明显的热量梯度与水热组合梯度，同时具有土地利用强度的变化。气候类型从南至北分别为赤道季风气候带—干湿不明显的热带季风气候带—干湿不明显的亚热带季风气候带—湿润或半湿润暖温带季风气候带—半湿润或半干旱温带季风气候带—寒温带大陆东岸季风气候带等 6 个气候带（滕菱等，2000）。

天然林类型从南至北依次为热带的常绿阔叶雨林—热带的常绿阔叶、落叶阔叶混交的季雨林—亚热带和热带竹林—亚热带常绿阔叶林—亚热带落叶阔叶、常绿阔叶混交林—亚热带的针叶林—暖温带和北亚热带山地的落叶阔叶林—暖温带的针叶林—温带的针叶、落叶阔叶混交林—温带山地和亚热带高山落叶针叶林—温带山地的常绿针叶林—寒温带针叶林等（王兵等，2018）。

3. 中国南部东西样带

王兵等（2006）将长江流域 25°～ 35°N 范围定义为中国南部东西样带（West-East Transect of Southern China，WETSC）。本研究对该样带进行微调，北部以中国南北分界线、温带与亚热带分界线、湿润与半湿润地区分界线长江与黄河流域的分水岭——秦岭淮河线及其延长线作为北界，具体区位以郑度院士在《中国生态地理区域系统研究》中秦岭主脊与淮河一线为准，界线纬度在 32°～ 35°N 之间。南部以长江流域与珠江流域的分水岭，南亚热带与中亚热带分界线南岭的石坑崆主脊线及其延长线为界，纬度在 24°37′ ~ 24°57′N。世界同纬度地带多为沙漠，由于印度洋暖湿气流跨越喜马拉雅山脉进入我国云南省并沿长江一直向东移动，太平洋暖湿气流从东南沿海进入我国，两股气流在我国腹部地带汇聚，给该地区带来丰沛降水，形成同纬度地带的巨大"绿洲"。

中国南部东西样带的大部分区域位于亚热带，一小部分区域位于亚热带向暖温带或亚热带与青藏高原高寒区温带的过渡带中。样带涵盖了长江流域的大部分地区。长江流域分布的绿色植被是流域生态环境保护的生态屏障和社会经济可持续发展的重要基础。长江经济带是具有全局性控制作用的生态功能带、绿色经济示范带，有大量的重点生态功能区和生物多样性保护优先区，同时，也涉及《全国重要生态系统保护和修复重大工程总体规划（2021—2035 年)》中长江重点生态区的生态保护和修复。此外，长江流域也是天然林保护修复重要生态工程区，流域内天然林生态系统具有涵养水源、净化水质、水土保持和抵御各种自然灾害的作用。该样带对研究长江流域天然林生态系统的结构、功能和演变规律具有十分重要的意义。

随着样带内南、北部热量的差异和东、西部湿度的不同，由北到南依次出现各种森林土壤，如北亚热带有黄褐土和黄棕壤、中亚热带有红壤和黄壤、南亚热带有红壤和砖红壤性红壤。四川省西部的主要植被为亚热带常绿阔叶林、常绿阔叶与落叶阔叶混交林带、温带针阔混交林带、寒温带暗针叶林带，土壤类型主要为棕色针叶林土；四川省东部的主要植被为暗针叶林，土壤类型主要以山地棕壤、山地暗棕壤为主；贵州省的主要植被为中亚热带常绿阔叶林，土壤类型主要为石灰土、黄棕壤、黄壤和紫色土；陕西南部的主要植被为常绿落叶阔叶混交林，土壤类型主要为棕色森林土；湖南省的主要植被为中亚热带常绿阔叶林，土壤类型主要为黄壤；河南南部的主要植被为常绿阔叶林、针叶与落叶阔叶林混交林、落叶阔叶林，土壤类型主要为山地棕壤与山地褐壤；江西西部主要为中亚热带常绿阔叶林，土壤类型主要为长江中下游低山丘陵红壤、黄壤；福建北部的植被主要为以甜槠为建群种的亚热带常绿阔叶林，土壤类型主要为赤红壤；江苏南部的植被主要为带有常绿成分的落叶阔叶林，土壤类型为红棕壤（王兵，2006）。

位于样带中的江苏、安徽、河南、湖北、陕西五省份的部分地区，地处暖温带和亚热带之间的过渡区域，气候属亚热带东部湿润气候带，植被区系组成较丰富，兼有我国南北植物种类。样带中的江苏、安徽、江西、福建、湖南、湖北、贵州、四川等省份全部或部分地区处于中亚热带，组成地带性植被常绿阔叶林的优势树种主要为壳斗科的青冈属、栲属，山茶科的木荷属，樟科的润楠属、樟属的种类（王兵，2006）。

4. 空间分析

在进行坐标转换、校正、配准等预处理步骤后，利用第二章的空间方法将中国东部南北样带与中国南部东西样带交叉构成的生态梯度十字网与天然林保护修复生态功能监测区划及天然林保护修复生态功能监测网络布局进行叠置分析，获得天然林保护修复时空格局演变大样带观测空间数据库，得出十字网空间区域与天然林保护修复时空格局演变大样带观测网络布局。

（三）天然林保护修复时空格局演变大样带观测网络布局

1. 中国东部南北样带观测网络布局

中国东部南北样带时空格局演变观测网络共布设天然林保护修复生态效益监测站47个（表4-2），监测范围涵盖从暖温带至热带的各个温度带。兼容型监测站共布设34个，其中一级站14个，二级站20个；专业型监测站共布设13个，其中一级站9个，二级站4个。

表4-2 中国东部南北样带天然林保护修复生态效益监测站

台站	站点类型	级别	天保工程区
黑龙江漠河站	兼容型	二级站	1998—1999年试点工程区
黑龙江嫩江源站	兼容型	一级站	1998—1999年试点工程区
内蒙古大兴安岭站	兼容型	一级站	1998—1999年试点工程区
吉林长白山站	兼容型	一级站	1998—1999年试点工程区
吉林长白山西坡站	兼容型	二级站	1998—1999年试点工程区
陕西秦岭站	兼容型	二级站	1998—1999年试点工程区
陕西桥山站	专业型	一级站	1998—1999年试点工程区
贵州梵净山站	兼容型	二级站	1998—1999年试点工程区
重庆武陵山站	兼容型	二级站	1998—1999年试点工程区
内蒙古赛罕乌拉站	兼容型	一级站	1998—1999年试点工程区
黑龙江黑河站	兼容型	一级站	天保工程一期
内蒙古海拉尔站	兼容型	二级站	天保工程一期
黑龙江帽儿山站	兼容型	二级站	天保工程一期
吉林松江源站	兼容型	二级站	天保工程一期
陕西黄龙山站	兼容型	一级站	天保工程一期
山西汾河源站	专业型	一级站	天保工程一期
陕西商洛站	专业型	一级站	天保工程一期
湖北神农架站	兼容型	一级站	天保工程一期
湖北恩施站	兼容型	一级站	天保工程一期

（续）

台站	站点类型	级别	天保工程区
海南五指山站	兼容型	一级站	天保工程一期
海南霸王岭站	兼容型	二级站	天保工程一期
海南尖峰岭站	兼容型	二级站	天保工程一期
陕西榆林站	专业型	一级站	天保工程一期
河南宝天曼站	兼容型	一级站	天保工程二期
辽宁白石砬子站	兼容型	二级站	天然林保护扩大范围（纳入国家政策）
辽宁医巫闾山站	专业型	一级站	天然林保护扩大范围（纳入国家政策）
内蒙古七老图山站	兼容型	二级站	天然林保护扩大范围（纳入国家政策）
内蒙古特金罕山站	兼容型	二级站	天然林保护扩大范围（纳入国家政策）
广西十万大山站	专业型	二级站	天然林保护扩大范围（纳入国家政策）
河北秦皇岛站	专业型	一级站	天然林保护扩大范围（纳入国家政策）
辽宁冰砬山站	兼容型	一级站	天然林保护扩大范围（纳入国家政策）
河北秦皇岛站	专业型	二级站	天然林保护扩大范围（纳入国家政策）
河北小五台山站	兼容型	二级站	天然林保护扩大范围（纳入国家政策）
河南云台山站站	专业型	二级站	天然林保护扩大范围（纳入国家政策）
山西太行山站	兼容型	二级站	天然林保护扩大范围（纳入国家政策）
河南鸡公山站	兼容型	二级站	天然林保护扩大范围（纳入国家政策）
江西武夷山西坡站	专业型	一级站	天然林保护扩大范围（纳入国家政策）
江西庐山站	兼容型	二级站	天然林保护扩大范围（纳入国家政策）
江西大岗山站	兼容型	一级站	天然林保护扩大范围（纳入国家政策）
广东东江源站	兼容型	二级站	天然林保护扩大范围（纳入国家政策）
广西漓江源站	兼容型	一级站	天然林保护扩大范围（纳入国家政策）
广西大瑶山站	兼容型	二级站	天然林保护扩大范围（纳入国家政策）
广东南岭站	兼容型	一级站	天然林保护扩大范围（纳入国家政策）
广东韩江源站	专业型	一级站	天然林保护扩大范围（纳入国家政策）
广东鹅凰嶂站	专业型	一级站	天然林保护扩大范围（纳入国家政策）
天津盘山站	专业型	二级站	天然林保护扩大范围（未纳入国家政策）
山东泰山站	兼容型	二级站	天然林保护扩大范围（未纳入国家政策）

2. 中国南部东西样带观测网络布局

中国南部东西样带时空格局演变观测网络共布设天然林保护修复生态效益监测站31个（表4-3），监测范围从青藏高原边缘一直到长江入海口，涵盖长江流域绝大部分地区。兼容型监测站共布设24个，其中一级站10个，二级站14个；专业型监测站共布设7个，5个一级站和2个二级站。

表 4-3　中国南部东西样带天然林保护修复生态效益监测站

台站	站点类型	级别	天保工程区
云南高黎贡山站	兼容型	二级站	1998—1999年试点工程区
云南滇中高原站	兼容型	二级站	1998—1999年试点工程区
青海大渡河源站	兼容型	二级站	1998—1999年试点工程区
四川峨眉山站	兼容型	二级站	1998—1999年试点工程区
四川稻城站	专业型	一级站	1998—1999年试点工程区
四川卧龙站	兼容型	二级站	1998—1999年试点工程区
甘肃白龙江站	兼容型	一级站	1998—1999年试点工程区
重庆缙云山站	兼容型	二级站	1998—1999年试点工程区
陕西秦岭站	兼容型	二级站	1998—1999年试点工程区
贵州梵净山站	兼容型	二级站	1998—1999年试点工程区
贵州喀斯特站	兼容型	一级站	1998—1999年试点工程区
重庆武陵山站	兼容型	二级站	1998—1999年试点工程区
贵州遵义站	专业型	二级站	1998—1999年试点工程区
青海三江源特灌林站	专业型	二级站	天保工程一期
西藏林芝站	兼容型	一级站	天保工程一期
陕西商洛站	专业型	一级站	天保工程一期
四川巴中站	专业型	一级站	天保工程一期
湖北神农架站	兼容型	一级站	天保工程一期
湖北恩施站	兼容型	一级站	天保工程一期
河南宝天曼站	兼容型	一级站	天保工程二期
四川贡嘎山站	兼容型	一级站	天然林保护扩大范围（纳入国家政策）
广西漓江源站	兼容型	一级站	天然林保护扩大范围（纳入国家政策）
河南鸡公山站	兼容型	二级站	天然林保护扩大范围（纳入国家政策）
江西大岗山站	兼容型	一级站	天然林保护扩大范围（纳入国家政策）
广东南岭站	兼容型	一级站	天然林保护扩大范围（纳入国家政策）
江西庐山站	兼容型	二级站	天然林保护扩大范围（纳入国家政策）
浙江古田山站	兼容型	二级站	天然林保护扩大范围（纳入国家政策）
安徽黄山站	兼容型	二级站	天然林保护扩大范围（纳入国家政策）
浙江凤阳山站	兼容型	二级站	天然林保护扩大范围（纳入国家政策）
江西武夷山西坡站	专业型	一级站	天然林保护扩大范围（纳入国家政策）
浙江舟山群岛站	专业型	一级站	天然林保护扩大范围（纳入国家政策）

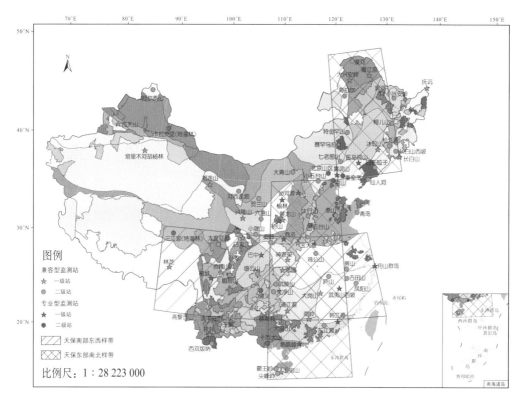

图 4-4　天然林保护修复时空格局演变大样带观测网络布局

三、天然林保护修复 CO_2/ 水 / 热通量观测（全口径碳汇观测）计划

（一）天然林保护修复 CO_2/ 水 / 热通量观测的意义

物质循环与能量流动是生态系统运行的关键基础。天然林生态系统的碳循环、水循环与能量流动等都与通量密切相关。通过对天然林生态系统碳、水、热通量的观测，可以更好地对天然林涵养水源、固碳释氧等生态功能进行深入研究。20 世纪 50 年代初，Swinbank（1951）首次提出涡度相关法，并应用到草地生态系统显热通量和潜热通量的测定中。20世纪 70 年代末至 90 年代初期该方法得到迅速发展，80 年代初期首次被应用到大面积尺度植被和大气间 CO_2 通量的测定中（Vemm et al.，1986；Hollinger et al.，1994）。进入 90 年代后，涡度相关法逐渐被应用到森林生态系统碳通量测定中（Wilson and Meyers，2001），并开始用于森林生态系统长期连续的碳通量动态观测。至今涡度相关技术已经被广泛应用到森林生态系统碳水测量中，并且取得了一系列成果（Foken et al.，2012）。净生态系统碳交换法通过直接测定林木上方 CO_2 湍流传递速率，从而计算出森林生态系统的 CO_2 通量。涡度相关法（eddy covariance method）是利用微气象学原理测定 CO_2 湍流通量的主要方法。该方法通过计算 CO_2、H_2O、温度等物理量脉动和风速脉动之间的协方差，从而获得湍流通量，因此也被称为湍流脉动法。涡度相关技术作为一种非破坏性的微气象方法，是当前生物圈和大气圈 CO_2 通量测量的最直接的标准方法（Wofsy，1993；Baldocchi et al.，1996；Aubinet et al.，2000；Baldocchi et al.，2003）。

我国已经具有较好的天然林生态系统 CO_2、水、热通量观测基础。在天然林保护修复生态功能监测网络中的江西大岗山站、广东南岭站等大量监测站已经配备了通量观测设施，并积累了多年的观测经验和数据，可实现天然林 CO_2、水、热通量观测。另外，中国科学院中国通量网已经实现了对我国农田、草地、森林、湿地、荒漠、城市、水域多种生态系统的通量观测，其中多个森林站点处于天然林资源保护工程区内（引自中国通量 www.chinaflux.org）。对天然林进行通量观测，要充分整合两个网络的通量观测资源就能够实现对天然林资源保护工程区的 CO_2、水、热通量观测。

以天然林保护修复生态功能监测网络、中国通量网络森林站点为依托，以微气象学的涡度相关技术为基础，建立天然林保护修复通量观测网络具有非常重要的意义。首先，对典型天然林生态系统与大气间 CO_2、水汽、热量通量的日、季、年际变化进行长期观测研究获取典型天然林生态系统的 CO_2、水、热通量的长期变化数据；其次，量化典型天然林生态系统碳源/汇的时空分布格局及其驱动力；最后，研究天然林生态系统的水循环、碳循环与能量流动，从而揭示天然林生态规律，为制定合理的工程措施、更好地保护天然林提供科学依据。

> 森林植被全口径碳汇＝森林资源碳汇（乔木林碳汇＋竹林碳汇＋特灌林碳汇）＋疏林地碳汇＋未成林造林地碳汇＋非特灌林灌木林碳汇＋苗圃地碳汇＋荒山灌丛碳汇＋城区和乡村绿化散生林木碳汇。森林全口径碳汇能更全面地评估我国的森林碳汇资源，避免我国森林生态系统碳汇能力被低估，同时还能彰显出我国林业在碳中和的重要地位。森林碳汇资源为能够提供碳汇功能的森林资源，包括乔木林、竹林、特灌林、疏林地、未成林造林地、非特灌林灌木林、苗圃地、荒山灌丛、城区和乡村绿化散生林木等。

（二）天然林保护修复 CO_2/水/热通量观测布局方法

1. 站点筛选

依据中国通量网（http://www.chinaflux.org）的台站资料信息，该网络共有农田生态系统、草地生态系统、森林生态系统、湿地生态系统、荒漠生态系统、城市生态系统、水域生态系统 7 类生态系统通量观测站点 75 个。首先，剔除其他生态系统类型，选取其中的 22 个森林生态系统站点。其次，剔除人工林站点，保留其中 19 个位于天然林资源保护工程区，以天然林为主要监测对象的通量观测站点作为天然林保护修复 CO_2、水、热通量观测网络站点。

此外，在天然林保护修复生态功能监测网络中选择具备通量观测能力的站点，根据其生态区位、观测水平、数据质量等因素筛选出适合的站点，作为天然林保护修复 CO_2、水、热通量观测网络站点。

2. 空间分析

在进行坐标转换、校正、配准等预处理步骤后，采用第二章所介绍的相关空间分析方法，将筛选出的中国通量网观测站点与天然林保护修复生态效益监测站点数据进行合并，与天然林保护修复生态功能监测区划进行叠置分析，获得天然林保护修复 CO_2/ 水 / 热通量观测空间数据库，最终形成天然林保护修复 CO_2/ 水 / 热通量观测网络布局。

（三）天然林保护修复 CO_2/ 水 / 热通量观测网络布局

天然林保护修复通量观测站共布设 23 个（图 4-6、表 4-4）。其中，12 个属于天然林保护修复生态功能监测网络：黑龙江帽儿山站、山东泰山站、河南鸡公山站、江西大岗山站、广东南岭站、甘肃祁连山站、河南宝天曼站、吉林长白山站、四川贡嘎山站、海南尖峰岭站、陕西秦岭站、云南西双版纳站；11 个属于中国通量网：内蒙古根河站、吉林长白山次生站、甘肃关滩站、黑龙江呼中站、湖南会同站、云南丽江站、贵州普定站、浙江天目湖（毛竹林）站、云南哀牢山站、云南元江站、广东鼎湖山站。河南宝天曼站、吉林长白山站、四川贡嘎山站、海南尖峰岭站、陕西秦岭站、云南西双版纳站既属于天然林保护修复生态功能监测网络也属于中国通量网。该网络可实现对寒温带针叶林、温带针阔叶混交林、杨桦次生林、亚热带常绿阔叶林、毛竹林、热带季雨林、雨林等天然林生态系统碳水通量的观测研究。

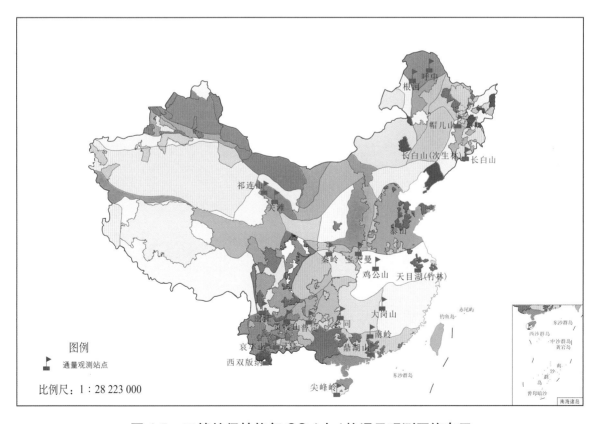

图 4-5 天然林保护修复 CO_2/ 水 / 热通量观测网络布局

表 4-4　天然林保护修复通量观测网络布局

站点名称	经度（E）	纬度（N）	植被类型	观测气体
云南哀牢山站	101°01′E	24°32′N	亚热带山地常绿阔叶林	CO_2、H_2O
河南宝天曼站	111°47′E	33°20′N	针阔叶混交林	CO_2、H_2O
吉林长白山站	128°05′45″E	42°24′9″N	针阔叶混交林	CO_2、H_2O（土壤CO_2、CH_4、N_2O）
吉林长白山次生站	128°6′11.19″E	42°24′52.57″N	东北地区典型次生森林	CO_2、H_2O
广东鼎湖山站	112°30′E	23°09′N	南亚热带典型的常绿阔叶林	CO_2、H_2O（土壤CO_2、CH_4、N_2O）
四川贡嘎山站	101°59′E	29°34′N	热带山地雨林	CO_2 H_2O（土壤CO_2、CH_4、N_2O）
内蒙古根河站	121°30.584′E	50°56.348′N	兴安落叶松	CO_2 H_2O（土壤CO_2、CH_4、N_2O）
甘肃关滩站	100°15′E	38°32′N	青海云杉	CO_2、H_2O
黑龙江呼中站	123°01′04″E	51°46′52″N	寒温性针叶林	CO_2、H_2O
湖南会同站	109°35′24.470E	26°47′23.844″N	杉木人工纯林	CO_2、H_2O
海南尖峰岭站	108°53′23.8″E	18°43′47.0″N	寒温性针叶林	CO_2、H_2O
云南丽江站	100°13′38″E	27°08′32″N	暗针叶林	CO_2、H_2O
贵州普定站	105°45′08″E	26°22′03″N	藤刺灌丛	CO_2、H_2O
陕西秦岭站	108°28′54″E	33°27′42″N	落叶阔叶混交林	CO_2、H_2O
浙江天目湖（毛竹林）站	119°24′56″E	31°10′58″N	毛竹林	CO_2、H_2O
云南西双版纳站	101°16′E	21°54′N	热带雨林	CO_2、H_2O
云南元江站	102°10′E	23°28′N	季雨林	CO_2、H_2O
黑龙江帽儿山站	127°40′38″E	45°24′19″N	阔叶红松林	CO_2、H_2O
山东泰山站	117°20′5″E	36°6′48″N	落叶阔叶林	CO_2、H_2O
河南鸡公山站	114°1′6″E	31°46′52″N	落叶、常绿混交林	CO_2、H_2O
江西大岗山站	114°30′E	27°30′N	常绿阔叶林	CO_2、H_2O
广东南岭站	113°1′3″E	24°55′43″N	常绿阔叶林	CO_2、H_2O
甘肃祁连山站	100°17′20″E	39°24′5″N	山地针叶林	CO_2、H_2O

四、天然林保护修复植被物候观测计划

（一）天然林保护修复植被物候观测的意义

物候学是研究环境因子驱动的动、植物活动季节性变化的传统学科，是研究自然界的植物（包括农作物）、动物与环境条件（气候、水文、土壤条件）周期变化之间相互关系的科学（竺可桢和宛敏渭,1999），环境因子的地带性决定生命周期规律的区域性（冯艾琳，2016）。

森林物候是反映短期或长期气候变化对森林生长阶段影响的综合性生物指标（李明，2011）。物候与森林植被生长周期、功能性状（Jorge et al.，2019）、竞争策略（Poveda et al.，2018）等息息相关。有充分的证据表明物候变化能够调节生态系统碳、水和能量平衡，同时森林植被物候变化对蜜蜂等昆虫及以树叶等为食的食草动物群落具有影响（Delpierre et al.，2016）。例如，春季物候学被认为对温带和北方生态系统的碳平衡有重要影响（Andrew，2009）。物候事件的发生时间对生态系统的功能起着很强的控制作用，并导致对气候系统的多重反馈（Keenan et al.，2012），这与温度、降水等环境要素、森林生物特性、群落结构与森林演替阶段（Cardoso et al.，2019）有关。物候研究能够阐明森林植被的物候规律，从而为植树造林（Silvestro，2019）、森林保护、生态修复、入侵物种防治（Bajocco et al.，2019）等提供指导（图4-6）。

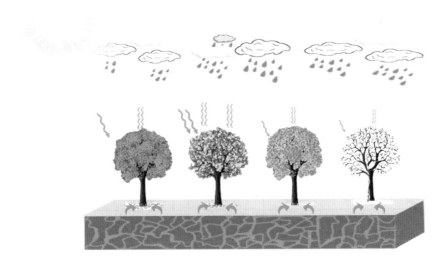

图4-6　植被物候变化示意图

传统的物候观测主要以人工肉眼（辅以望远镜）观测为主。观测员按照"定点、定时、定株"的原则，按照统一的观测标准进行物候观测并记录（李明，2011）。此方法简单易行、操作方便，但是耗时耗力（董奎，2015），且观测范围有限。随着卫星遥感技术的发展，基于卫星遥感的物候观测研究技术迅速发展，遥感的发展为森林物候监测提供了新的手段和途径，使大区域、长时间序列的物候监测成为可能（侯学会等，2014），特别是在不易到达且缺乏原位观测数据地区的物候观测中，多时相遥感观测成为研究植被物候学的一个重要工具（Pastor et al.，2018）。但分辨率、云层遮挡及大气条件等限制了物候遥感观测的精度，难以实现小尺度范围上的精准观测。

近些年来，利用野外高清摄像头开展近地面的植物物候遥感观测能够有效克服人工观测与遥感观测的众多问题，被越来越多地应用到植物物候监测中，成为了小区域植物物候监测的最新手段（董奎，2015）。将近地面遥感与卫星遥感以及人工观测相结合，融合多源数据是当前物候观测的最佳手段。IPCC、IGBP、DIVERSITAS等国际组织与科学计划，以及美国、加拿大、英国、德国、澳大利亚、日本等许多国家都对物候变化研究极为重视，均正在或已经形成自己的国家物候观测网，并建成有价值的、长期序列的资料库，我国也建立了国家物候观测网络（中国物候观测网，http://www.cpon.ac.cn）。但对我国天然林物候观测还不够充足，尤其是基于野外高清摄像头的物候监测点数量有限，尚未建立较全面的天然林物候监测网络，无法满足当前我国天然林物候观测需求。

此外，过去的工作仍侧重于少数植物种的物候变化现象描述，尚缺乏全国范围多物种的定量统计与生态机理阐述，缺乏对区域间和物种间的差异分析。因此，开展天然林物候研究对于掌握天然林物候规律、比较不同物种和不同区域间的物候变化差异、深化天然林对气候变化的时空响应、揭示中国不同地区物候变化的特征、阐明天然林生态系统服务功能形成机制具有重要意义，为未来气候变化对生态系统的影响预测提供科学依据。

（二）天然林保护修复植被物候观测布局方法

1. 植被区划

植被物候观测基于《中国植被图》中的植被信息，利用空间统计方法，对全国植被物候进行观测布局。在综合分析的基础上，以满足对寒温带针叶林区域，暖温带落叶阔叶林区域，青藏高原高寒植被区域，热带季雨林、雨林区域，温带草原区域，温带荒漠区域，温带针叶、落叶阔叶混交林区域，亚热带常绿阔叶林区域主要天然林物候监测的条件下，进行植被物候观测布局。

2. 空间分析

在坐标转换、校正、配准后，采用第二章所绍的空间分析方法，将植被区划与天然林保护修复生态功能监测区划和网络布局进行叠置分析，最终形成天然林保护修复植被物候观测网络布局。

（三）天然林保护修复植被物候观测网络布局

我国幅员辽阔，植被地带性差异较大，天然林保护修复植被物候观测覆盖全国，因此，在物候观测网络布局时，选择所有天然林保护修复生态效益监测站进行物候观测。天然林保护修复植被物候观测网络，主要覆盖东部地区（图4-8、表4-5）。根据中国植被分区，这些观测点多数位于亚热带常绿阔叶林区（43%），其次为暖温带落叶阔叶林区域（18%），温带针叶、落叶阔叶混交林区（11%），温带草原区（11%），温带荒漠区（6%），热带季风雨林、雨林区域（6%），寒温带针叶林区域（3.6%），青藏高原高寒植被区域（1.4%）。天然林保护修复植被物候观测网络可实现我国植被区划物候观测全覆盖，监测地带性植被区域26个，监测覆盖度为72%。

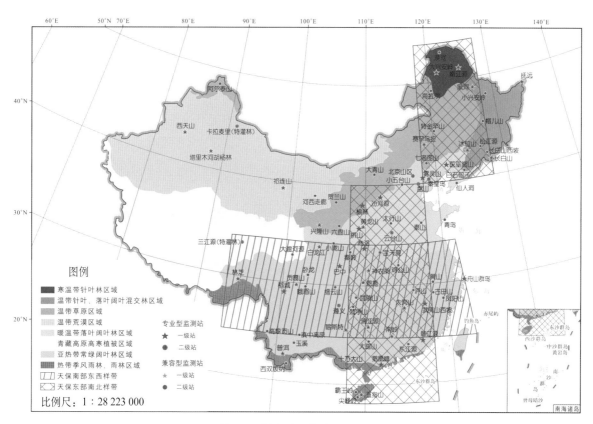

图 4-7 天然林保护修复植被物候观测网络布局

此外，在天然林保护修复大样带监测基础上，对植被物候进行观测，可实现植被区划物候观测。除温带荒漠区外，其余 7 个区域全覆盖，监测地带性植被区域 15 个，监测覆盖度接近一半，其中东部南北样带覆盖 11 个地带，南部东西样带覆盖 7 个地带，十字样带覆盖 2 个地带（表 4-5）。

表 4-5 天然林保护修复植被物候观测网络布局

区域	建站数量	地带	天然林保护修复生态效益监测站	
寒温带针叶林区域	3	南寒温带落叶针叶林地带	内蒙古大兴安岭站 黑龙江嫩江源站 黑龙江漠河站	东部南北样带
温带针叶、落叶阔叶混交林区域	9	温带北部针叶、落叶阔叶混交林地带	黑龙江黑河站 黑龙江小兴安岭站 黑龙江抚远站 黑龙江帽儿山站	— — — 东部南北样带
		温带南部针叶、落叶阔叶混交林地带	吉林长白山站 吉林长白山西坡站 吉林松江源站 辽宁白石砬子站 辽宁冰砬山站	东部南北样带

（续）

区域	建站数量	地带	天然林保护修复生态效益监测站	
暖温带落叶阔叶林区域	15	暖温带北部落叶栎林地带	辽宁仙人洞站 河北雾灵山站 北京山区站 陕西榆林站 辽宁医巫闾山站 山西汾河源站 天津盘山站 河北小五台山站 河北秦皇岛站	东部南北样带 —
		暖温带南部落叶栎林地带	陕西桥山站 陕西黄龙山站 山西太行山站 河南云台山站站 山东泰山站 山东青岛站	东部南北样带 —
亚热带常绿阔叶林区域	36	北亚热带常绿、落叶阔叶混交林地带	甘肃白龙江站 甘肃小陇山站 陕西秦岭站 陕西商洛站 河南宝天曼站 河南鸡公山站	南部东西样带 — 十字样带
		中亚热带常绿阔叶林地带	云南滇中高原站 四川贡嘎山站	南部东西样带
		南亚热带季风常绿阔叶林西部亚地带	云南高黎贡山站 云南普洱站 云南玉溪站	南部东西样带 — 南部东西样带
		南亚热带季风常绿阔叶林东部亚地带	广西大瑶山站 广东韩江源站 广东鹅凰嶂站	东部南北样带
		中亚热带常绿阔叶林北部亚地带	贵州遵义站 贵州梵净山站 湖北神农架站 湖北恩施站 广西漓江源站 江西大岗山站 江西庐山站 江西武夷山西坡站 广东南岭站 重庆武陵山站 贵州喀斯特站 四川卧龙站 四川巴中站 重庆缙云山站 安徽黄山站 浙江古田山站 浙江凤阳山站 广东东江源站 浙江舟山群岛站	十字样带 南部东西样带 东部南北样带

（续）

区域	建站数量	地带	天然林保护修复生态效益监测站	
亚热带常绿阔叶林区域	36	中亚热带常绿阔叶林南部亚地带	—	—
		南亚热带季风常绿阔叶林地带	—	—
		亚热带山地寒温性针叶林地	西藏林芝站 四川稻城站 四川峨眉山站	南部东西样带
热带季风雨林、雨林区域	5	北热带半常绿季雨林、湿润雨林地带	广西十万大山站	东部南北样带
		南热带季雨林、湿润雨林地带	海南五指山站 海南尖峰岭站 海南霸王岭站	东部南北样带
		北热带季节雨林、半常绿季雨林地带	云南西双版纳站	—
温带草原区域	9	温带北部草甸草原亚地带	内蒙古海拉尔站 内蒙古特金罕山站	东部南北样带
		温带北部典型草原亚地带	内蒙古赛罕乌拉站	东部南北样带
		温带北部荒漠草原东部亚地带	—	—
		温带南部森林（草甸）草原亚地带	内蒙古七老图山站 甘肃兴隆山站 宁夏六盘山站	东部南北样带 — —
		温带南部典型草原亚地带	内蒙古大青山站	—
		温带南部荒漠草原亚地带	宁夏贺兰山站	—
		温带北部荒漠草原西部亚地带	新疆阿尔泰山站	—
温带荒漠区域	5	温带半灌木、矮乔木荒漠地带	新疆西天山站	—
		温带灌木、禾草半荒漠亚地带	甘肃河西走廊站	—
		温带灌木、半灌木荒漠亚地带	甘肃祁连山站	—
		温带灌木，半灌木裸露荒漠亚地带	新疆卡拉麦里特灌林站	—

（续）

（续）

区域	建站数量	地带	天然林保护修复生态效益监测站	
温带荒漠区域	5	暖温带灌木、半灌木、裸露极旱荒漠亚地带	—	—
		暖温带灌木、半灌木荒漠亚地带	新疆塔里木河胡杨林站	—
青藏高原高寒植被区域	2	高寒灌丛，草甸地带	青海大渡河源站	南部东西样带
		高寒草甸地带	青海三江源特灌林站	南部东西样带
		高寒草原地带	—	—
		温性草原地带	—	—
		高寒荒漠地带	—	—
		温性荒漠地带	—	—

　　天然林保护修复物候观测网络是根据国家标准《森林生态系统长期定位观测指标体系》（GB/T 35377—2017）中物候相关指标，通过在中国东部南北样带和中国南部东西样带内的天然林保护修复生态功能监测站内，配置符合世界主流物候观测网络标准级物候观测规范的物候观测系统，实现对我国天然林分布区温度、水分、海拔等生态要素梯度变化的十字大样带内天然林物候的标准化、规范化、统一化的联网监测，充分掌握十字样带内天然林物候变化规律，探讨温度、水分、海拔等环境要素对天然林保护修复生态功能的影响。

　　天然林保护修复植被物候观测系统由数据采集器、野外观测摄像机、网络化管理平台三部分组成，获取野外观测影像的同时直接输出 NDVI、EVI、RVI 等植被指数（图4-9），数据实时传输，网络管理平台进行物候数据的综合传输存储管理。数据采集器在物候观测系统中的主要作用是在网络不好的条件下存储图片。野外观测摄像机的主要作用是在野外拍摄、存储、输出高清图片与视频。网络化管理平台采用世界物候管理网络的通用算法，在保存物候图片的同时，对物候图片进行算法处理，可以直接提取到需要的 NDVI、RVI、EVI 信息，同时保留原有图片以便进行二次处理。网络化管理平台可以包含以下几大系统：通信系统、数据入库系统、基础数据管理系统及数据在线监控系统。

图 4-8　天然林保护修复植被物候观测系统示意

注：(a) 塔式野外观测摄像机；(b) 卫星传感器；(c) 观察员；(d) RGB 数据；(e) 涡动相关系统。

第五章
天然林保护修复生态功能监测评估实践

　　森林的空间异质性、生态系统结构复杂性与功能多样性决定了森林尤其是天然林生态功能核算与评估十分复杂。从 20 世纪 50 年代开始，苏联、美国、日本等国家相继开展森林生态效益的相关研究。自 20 世纪 80 年代以来，我国科学家对森林生态系统服务功能与价值评估方面进行过探索，2020 年发布的国家标准《森林生态系统服务功能评估规范》(GB/T 38582—2020)，从宏观层面为森林生态系统的保护及科学评估提供理论指导，为未来全国林业规划与建设提供科学依据，为自然资源和环境因素纳入国民经济核算体系提供基础。本章以东北、内蒙古重点国有林区、黄河流域中上游和长江流域上游生态功能监测与评估的实践阐述天然林保护修复生态功能监测区划和布局的具体应用，为国家生态文明建设提供战略支撑。

一、天然林保护修复生态连清体系

　　森林生态系统服务功能及价值评估涉及林学、生态学、经济学等诸多学科，需要大量的基础数据。研究表明，要科学有效地计量森林生态效益，必须获取准确的资源数据和详实的生态参数，采用规范化、标准化、科学化的计量评估方法，才能够保证评估结果的科学性、准确性和可靠性。由于缺乏对某些必要的森林生态系统指标连续监测数据，导致在评估效益时缺乏系统、可靠的基础数据的支撑，因而对其生态系统服务功能的部分评估数据只能采用固定数据，致使结果不能很好地反映在特定地点或特殊环境下森林的生态系统服务功能和价值。王兵（2015）在借鉴国内外森林生态系统服务研究成果基础上，结合中国国情和林情，提出森林生态连清体系，有效地解决了上述问题。森林生态连清体系是森林生态系统连续观测与清查的简称，指以生态地理区划为单位，以国家现有森林生态站为依托，采用长期定位观测技术和分布式测算方法，定期对同一森林生态系统进行重复的全指标体系观测与清查。它与资源调查数据相耦合，评估一定时期和范围内的森林生态系统服务功能，进一步了解森林生态系统服务功能的动态变化（图 5-1）。

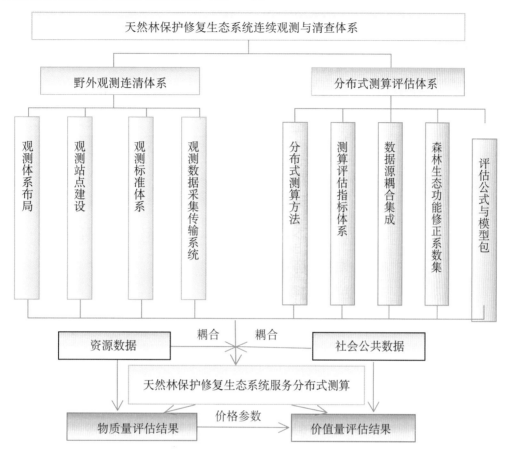

图 5-1　天然林保护修复生态连清体系框架结构

二、天然林保护修复生态连清监测评估标准体系

天然林保护修复生态连清监测评估所依据的标准体系如图 5-2 所示，包含了从森林生态系统服务监测站点建设到观测指标、观测方法、数据管理乃至数据应用各个阶段的标准。天然林保护修复生态系统服务监测站点建设、观测指标、观测方法、数据管理及数据应用的标准化保证了不同监测站点所提供生态连清数据的准确性和可比性，为天然林保护修复生态系统服务评估的顺利进行提供了保障。

三、监测评估指标体系

如何真实地反映森林生态系统服务对人类生存与发展的贡献，监测评估指标体系的建立非常重要。在满足代表性、全面性、简明性、可操作性以及适应性等原则的基础上，通过总结近年的工作及研究经验，依据国家标准《森林生态系统服务功能评估规范》（GB/T 38582—2020），结合天然林保护修复的实际情况，选取涵养水源、保育土壤、固碳释氧、林木养分固持、净化大气环境、生物多样性保护等指标对天然林保护修复生态系统服务功能进行评价（图 5-3）。

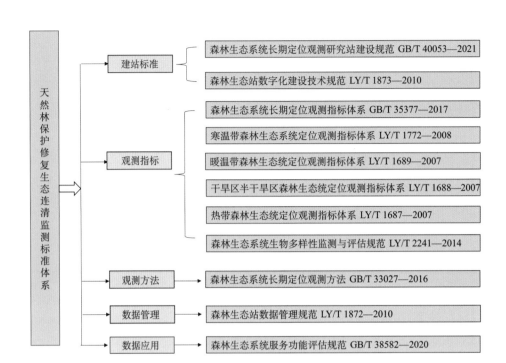

图 5-2   天然林保护修复生态连清监测标准体系

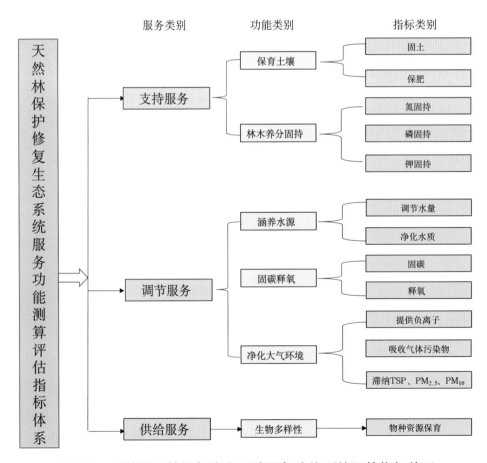

图 5-3   天然林保护修复生态系统服务功能测算评估指标体系

天然林保护修复生态系统服务功能评估分为物质量和价值量两大部分。物质量评估所需数据来源于天然林保护修复生态连清数据集和天然林资源二类调查数据集；价值量评估所需数据除上述两个数据来源外还包括社会公共数据集。

（1）天然林保护修复生态连清数据主要来源于天然林保护修复生态功能监测网络以及辅助观测点的监测结果。

（2）天然林保护修复资源数据包括了天然林资源保护工程实施前的资源数据和天然林资源保护工程实施后的资源数据。数据来自森林资源二类调查。

（3）社会公共数据来源于我国权威机构所公布的社会公共数据，包括《中国水利年鉴》、农业部网站（www.moa.gov.cn）、卫生部网站（http://wsb.moh.gov.cn/）、国家发展改革委发布的《排污征收标准及计算方法》等。

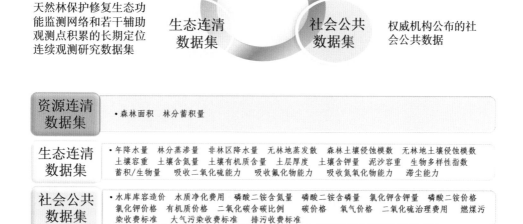

图 5-4　天然林保护修复数据源耦合集成

将上述 3 类数据源有机地耦合集成，应用于一系列的评估公式中，最终获得天然林保护修复生态效益评估结果。

四、东北、内蒙古重点国有林区天然林保护修复生态功能监测评估实践

作为我国天然林资源分布最集中、资源最丰富、生态地位非常重要的区域，东北、内蒙古重点国有林区天然林保护修复生态系统服务功能评估基于天然林保护修复生态连清体系，以生态地理区划为单位，依托天然林保护修复生态功能监测网络和该区域其他辅助监测点，采用长期定位观测和分布式测算方法，定期对东北、内蒙古重点国有林区天然林保护修复生态系统服务进行全指标体系观测与清查，并与东北、内蒙古重点国有林区森林资源二类

调查数据相耦合，评估天然林资源保护工程实施前后东北、内蒙古重点国有林区生态系统服务及动态变化。

（一）东北、内蒙古重点国有林区天然林保护修复生态功能监测区划

本节只考虑了天然林保护工程实施前后生态效益的动态变化，因此东北、内蒙古重点国有林区天保工程覆盖区域划分为11个区域，如图5-5。

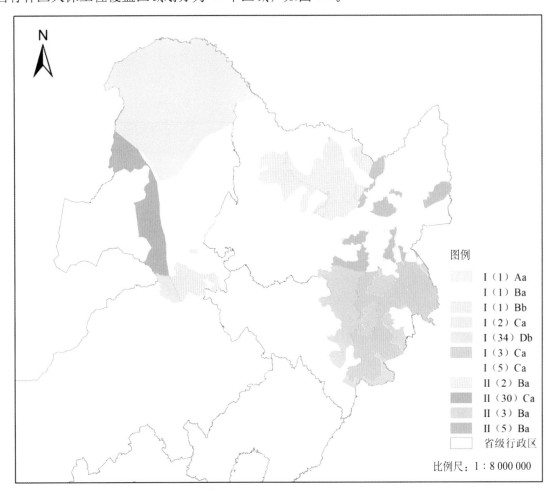

图5-5　东北、内蒙古重点国有林区天然林保护修复生态功能监测与评估区划示意

东北、内蒙古重点国有林区天然林保护修复各生态功能监测区见表5-2。

表5-2　东北、内蒙古重点国有林区天然林保护修复生态功能监测区

编号	编码	生态功能监测区
1	I（1）Aa	大兴安岭山地兴安落叶松寒温带湿润1998—1999年试点工程国有林区
2	I（1）Bb	大兴安岭山地兴安落叶松林中温带半湿润1998—1999年试点工程非国有林区
3	I（1）Ba	大兴安岭山地兴安落叶松林中温带半湿润1998—1999年试点工程国有林区
4	I（2）Ca	小兴安岭山地丘陵阔叶与红松混交林中温带湿润1998—1999年试点工程国有林区
5	I（3）Ca	长白山山地红松与阔叶混交林中温带湿润1998—1999年试点工程国有林区
6	I（5）Ca	三江平原草甸散生林中温带湿润1998—1999年试点工程国有林区

（续）

编号	编码	生态功能监测区
7	I （34）Db	内蒙古东部森林草原中温带半干旱1998—1999年试点工程非国有林区
8	II （2）Ca	小兴安岭山地丘陵阔叶与红松混交林中温带湿润天保工程一期工程国有林区
9	II （3）Ca	长白山山地红松与阔叶混交林中温带湿润天保工程一期工程国有林区
10	II （5）Ca	三江平原草甸散生林中温带湿润天保工程一期工程国有林区
11	II （30）Ba	呼伦贝尔及内蒙古东南部森林草原中温带半湿润天保工程一期工程国有林区

（二）东北、内蒙古重点国有林区天然林保护修复生态功能监测网络布局

野外观测技术体系是构建东北、内蒙古重点国有林区天然林保护修复生态连清体系的重要基础。为了做好这一基础工作，需要考虑如何构建观测体系布局，天然林保护修复生态功能监测网络、国家森林生态站与东北、内蒙古重点国有林区各类林业监测点作为东北、内蒙古重点国有林区天然林保护修复生态系统服务监测的三大平台，在坚持"工程导向，天然林特色；统一规划，科学布局；标准规范，开放共享"的原则下进行建设。

东北、内蒙古重点国有林区的天然林保护修复生态功能监测网络在布局上能够充分体现区位优势和地域特色，兼顾了国家和地方等层面的典型性和重要性。目前，已形成层次清晰、代表性强的生态站网络布局，可以负责相关站点所属区域的森林生态连清工作。由于生态效益测算是一项非常庞大、复杂的系统工程，为进一步保障生态效益评估结果的精度，在天然林保护修复生态功能监测网络的基础上，选择相同或邻近生态区位内的其他森林生态站监测数据，进行数据补充。除天然林保护修复生态功能监测网络外，国家森林生态站对东北、内蒙古重点国有林区天然林保护修复生态系统服务监测同样发挥着重要作用。

东北、内蒙古重点国有林区天然林保护修复生态功能监测网络由 20 个站点构成。其中天然林保护修复生态效益监测站 15 个，补充其他森林生态站 5 个、辅助生态站 2 个。天然林保护修复生态效益监测站均为兼容型监测站，一级站占比 47%，二级站占比 53%，具体见表 5-3。

表5-3　东北、内蒙古重点国有林区天然林保护修复生态效益监测站

天然林保护修复生态效益监测站	站点类别	级别	天然林保护修复生态效益监测站	站点类别	级别
内蒙古大兴安岭站	兼容型监测站	一级站	黑龙江黑河站	兼容型监测站	一级站
黑龙江嫩江源站	兼容型监测站	一级站	黑龙江小兴安岭站	兼容型监测站	二级站
黑龙江漠河站	兼容型监测站	二级站	黑龙江抚远站	兼容型监测站	一级站
吉林松江源站	兼容型监测站	二级站	黑龙江帽儿山站	兼容型监测站	二级站
吉林长白山西坡站	兼容型监测站	二级站	内蒙古海拉尔站	兼容型监测站	二级站
吉林长白山站	兼容型监测站	一级站	内蒙古七老图山站	兼容型监测站	二级站
内蒙古赛罕乌拉站	兼容型监测站	一级站	辽宁冰砬山站	兼容型监测站	一级站
内蒙古特金罕山站	兼容型监测站	二级站			

此外，补充 5 个森林生态站分别为分布在黑龙江省的雪乡森林生态站（牡丹江市）、牡丹江森林生态站（牡丹江市）、七台河森林生态站（七台河市）、伊勒呼里山森林生态站（大兴安岭地区），分布在内蒙古自治区的伊图里河森林生态站（牙克石市）。在此基础上，还有辅助监测站点、固定样地（2000 多个）、实验基地等（图 5-6）。

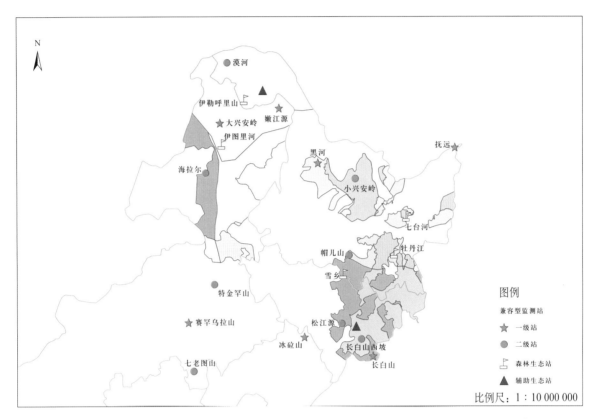

图 5-6 东北、内蒙古重点国有林区天然林保护修复生态功能监测网络示意

借助上述东北、内蒙古重点国有林区生态功能监测网络，可以满足东北、内蒙古重点国有林区天然林保护修复生态系统服务监测和科研需求。随着政府对生态环境建设形势认识的不断发展，天然林保护修复生态功能监测网络在东北、内蒙古重点国有林区必将得到进一步完善，并发挥其重要作用，为科学全面地评估东北、内蒙古重点国有林区天然林保护修复成效奠定坚实的基础。同时，通过天然林保护修复生态功能监测网络站点作用长期、稳定的发挥，必将为健全和完善国家生态功能监测网络，特别是构建完备的林业及生态建设监测评估体系作出重大贡献。

（三）东北、内蒙古重点国有林区天然林保护修复分布式测算评估体系

分布式测算源于计算机科学，是研究如何把一项整体复杂的问题分割成相对独立运算的单元，并将这些单元分配给多个计算机进行处理，最后将计算结果综合起来，统一合并得出结论的一种科学计算方法（Niu et al.，2014）。分布式测算方法已经被用于使用世界各地成千上万位志愿者的计算机的闲置计算能力，来解决复杂的数学问题（如 GIMPS 搜索梅森

素数的分布式网络计算）和研究寻找最为安全的密码系统（如 RC4）等，这些项目都很庞大，需要惊人的计算量，而分布式测算研究如何把一个需要非常巨大计算能力才能解决的问题分成许多小块，然后将这些小块分配给许多计算机处理，最后把这些计算结果综合起来得到最终的结果。随着科学的发展，分布式测算是一种廉价的、高效的、维护方便的计算方法。

东北、内蒙古重点国有林区天然林保护修复生态效益评估是一项非常庞大、复杂的系统工程，很适合划分成多个均质化的生态测算单元来开展评估。因此，分布式测算方法是目前评估森林生态系统服务功能所采用的较为科学有效的方法。并且，通过第一次（2009 年）、第二次（2014 年）和第三次（2019 年）全国森林生态系统服务评估以及许多省级尺度的评估已经证实，分布式测算方法能够保证结果的准确性及可靠性。

东北、内蒙古重点国有林区天然林保护修复生态效益评估分布式测算方法：①按照东北、内蒙古重点国有林区天然林保护修复生态功能监测区分为一级测算单元；②每个一级测算单元按照各林业局划分成二级测算单元；③每个二级测算单元按照优势树种组划分成三级测算单元；④每个三级测算单元按照林龄组划分为幼龄林、中龄林、近熟林、成熟林、过熟林四级测算单元。最后，结合不同立地条件的对比观测，确定相对均质化的生态服务评估单元（图 5-7）。

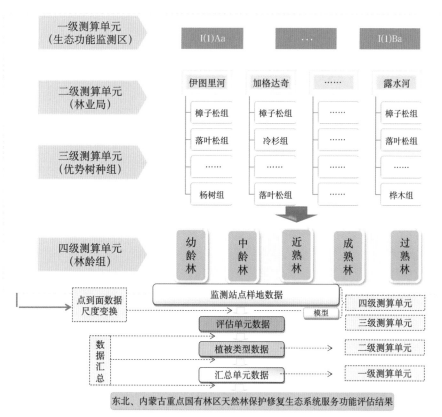

图 5-7　东北、内蒙古重点国有林区天然林保护修复生态系统服务评估分布式测算方法

基于生态系统尺度的定位实测数据，运用遥感反演、模型模拟等技术手段，进行由点到面的数据尺度转换，将点上实测数据转换至面上测算数据，得到各生态系统服务评估单元的测算数据；以上均质化的单元数据累加的结果即为东北、内蒙古重点国有林区天然林保护修复评估区域生态系统服务测算结果。

（四）东北、内蒙古重点国有林区天然林保护修复生态功能监测评估结果

　　运用东北、内蒙古重点国有林区森林生态系统连续观测与清查体系，以森林资源二类调查数据为基础，结合中国森林生态系统定位观测研究网络多年连续观测的数据、国家权威部门发布的公共数据，以《森林生态系统服务功能评估规范》（GB/T 38582—2020）为依据，采用分布式计算方法，对东北、内蒙古重点国有林区天保工程试点、一期和二期及实施期间的涵养水源、保育土壤、净化大气环境、林木养分固持、生物多样性保护等功能的生态效益进行了评价。

　　工程实施期间，森林生态系统涵养水源、固土量、保肥量、固碳量、林木养分固持量、提供负离子量、吸收污染气体量、滞纳 TSP 量、滞纳 PM_{10} 量、滞纳 $PM_{2.5}$ 有大幅度提升（图 5-8）。

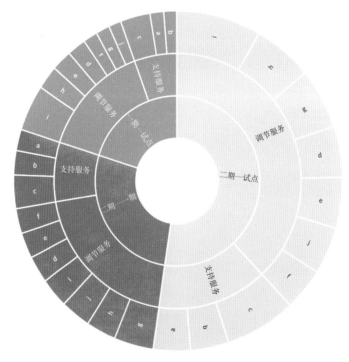

图 5-8　东北、内蒙古重点国有林区天保工程不同阶段各项生态效益物质量增长幅度

注：a. 调节水量；b. 固土量；c. 保肥量；d. 固碳量；e. 林木养分固持量；f. 提供负离子量；g. 吸收污染气体量；h. 滞纳 TSP 量；j. 滞纳 PM_{10} 量；i. 滞纳 $PM_{2.5}$ 量；每个圆环的宽度代表增长的幅度。

　　东北内蒙古重点国有林区天然林资源保护工程三个实施阶段生态效益总价值量明显提升。天然林资源保护工程实施期间，各项生态系统服务功能增幅大小排序为生物多样性保

护、净化大气环境、保育土壤、涵养水源、保育土壤、林木养分固持（图5-9）。

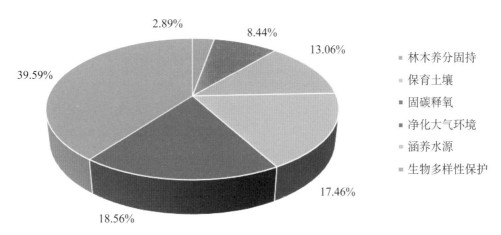

图 5-9　东北内蒙古重点国有林区天保工程实施期间各项生态功能价值量占比

此外，2020 年由中国林业出版社出版的"中国森林生态系统连续观测与清查及绿色核算"系列丛书第 15 卷：《内蒙古大兴安岭重点国有林管理局森林与湿地生态系统服务功能研究与价值评估》，依据国家标准《森林生态系统服务功能评估规范》（GB/T 38582—2020），采用了 4 个生态系统服务类别、8 个生态系统功能类别和 22 个生态系统指标类别，运用拥有自主知识产权的分布式测算方法和生态连清技术体系，开展内蒙古大兴安岭重点国有林管理局森林与湿地生态系统服务功能评估与绿色价值核算，客观、动态、科学地评估 20 年来内蒙古大兴安岭重点国有林区森林生态系统所产生的生态效益，从森林生态系统服务功能物质量和价值量两个方面作了全面评估，客观反映天然林资源保护工程对内蒙古大兴安岭重点国有林区社会经济发展发挥的巨大作用。

截至 2018 年，内蒙古大兴安岭重点国有林区森林面积 837.02 万公顷，森林覆盖率 78.39%，森林蓄积量 9.41 亿立方米。与 1998 年相比，林地面积净增加 138.74 万公顷，森林面积净增 99.45 万公顷，森林覆盖率增加 9.25%，森林蓄积量净增加 3.02 亿立方米，森林生态系统各项服务均有不同程度的增长，各项服务功能增长幅度的排序为林木养分固持（63.29%）、净化大气环境（44.86%）、涵养水源（41.17%）、生物多样性保护（40.31%）、保育土壤（34.92%）、固碳释氧（37.14%）。内蒙古大兴安岭重点国有林区实现了面积、蓄积量和生态功能"三增长"的态势。森林资源量的增加和质的提升，是重点国有林区经济社会可持续发展的重要基础。在 2021 年"两会"期间，习近平总书记对该评估工作作出肯定，提出"生态本身就是价值。这里面不仅有林木本身的价值，还有绿肺效应，更能带来旅游、林下经济等。'绿水青山就是金山银山'，这实际上是增值的。"习近平总书记感叹："从'砍树人'到'看树人'，你的这个身份转变，正是我们国家产业结构转变的一个缩影"。习近平总书记的重要点评，充分证明了在"新发展理念"的指引下，通过国家产业结构转变，让森林生态系统努力提供更多更优质生态产品，并让生态产品价值实现成为推进美丽中国建设、实现人与自然和谐共生的现代化增长点、支撑点、发力点。

五、黄河流域中上游天然林保护修复生态功能监测评估实践

黄河发源于青藏高原巴颜喀拉山北麓海拔 4500 米的约古宗列盆地，流经青海、四川、甘肃、宁夏、内蒙古、山西、陕西、河南、山东 9 省份，注入渤海。干流河道全长 5464 千米。与其他江河不同的是，黄河流域中上游地区的面积占总面积的 92%。黄河流域幅员辽阔，山脉纵多，东西高差悬殊，各区地貌差异也很大。由于流域处于中纬度地带，受大气环流和季风环流影响的情况比较复杂，因此，流域内不同地区的气候差异显著，气候要素的年季变化大。流域气候主要特征：光照充足，太阳辐射较强；季节差别大、温差悬殊；降水量集中、分布不均、年际变化大；湿度小、蒸发大；冰雹多、沙尘暴、扬沙多；无霜期短。黄河流域西北紧邻干旱的戈壁荒漠，流域内大部分地区也属于干旱、半干旱区，北部有大片沙漠和风沙区，西部是高寒地带，中部是黄土高原，干旱、风沙、水土流失严重，生态环境脆弱。流域内风力侵蚀严重的土地面积约 11.7 万平方千米，水力侵蚀面积约 33.7 万平方千米，统称水土流失面积 45.4 平方千米。严重的水土流失使黄河多年平均来沙量达 16 亿吨，年最大来沙量达 39 亿吨，成为世界上泥沙最多的河流。全流域多年年均降水量 466 毫米，由东南向西北递减，降水量多的是流域东南部湿润、半湿润地区，如秦岭、伏牛山及泰山一带年降水量达 800 ～ 1000 毫米；降水量最少的是流域北部的干旱地区，如宁蒙河套平原年降水量只有 200 毫米左右。

（一）黄河流域中上游天然林保护修复生态功能监测区划

黄河流域中上游天然林保护修复覆盖区域划分为 20 个生态功能监测区（图 5-10）。

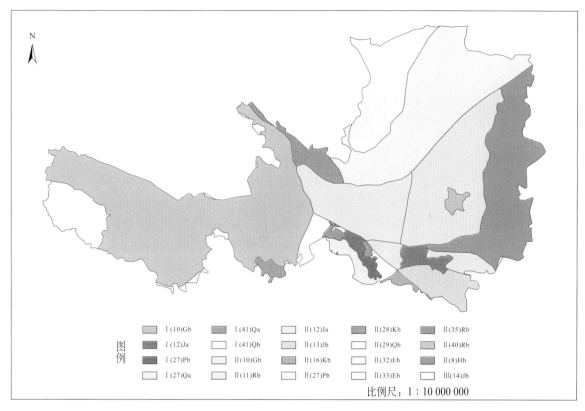

图 5-10　黄河流域中上游天然林保护修复生态功能监测区划示意图

黄河流域中上游各生态功能监测区见表5-6。

表 5-6　黄河流域中上游天然林保护修复生态功能监测区

编号	编码	生态功能监测区
1	I（10）Gb	陕西陇东黄土高原落叶阔叶林及松（油松、华山松、白皮松）侧柏林温带半湿润1998—1999年试点工程非国有林区
2	I（12）Ja	秦岭落叶阔叶林和松（油松、华山松）栎林、落叶常绿阔叶混交林北亚热带湿润1998—1999年试点工程国有林区
3	I（41）Qb	青藏高原草原草甸及荒漠高原温带湿润/半湿润1998—1999年试点工程非国有林区
4	I（41）Qa	青藏高原草原草甸及荒漠高原温带湿润/半湿润1998—1999年试点工程国有林区
5	I（27）Qa	西南高山峡谷云杉冷杉针叶林高原温带湿润/半湿润1998—1999年试点工程国有林区
6	I（27）Pb	西南高山峡谷云杉冷杉针叶林高原亚寒带半湿润1998—1999年试点工程非国有林区
7	II（10）Gb	陕西陇东黄土高原落叶阔叶林及松（油松、华山松、白皮松）侧柏林温带半湿润天保工程一期工程非国有林区
8	II（11）Rb	陇西黄土高原落叶阔叶林森林草原高原温带半干旱天保工程一期工程非国有林区
9	II（12）Ja	秦岭北坡落叶阔叶林和松（油松、华山松）栎林北亚热带湿润天保工程一期工程国有林区
10	II（13）Jb	秦岭南坡大巴山落叶常绿阔叶混交林北亚热带湿润天保工程一期工程非国有林区

（续）

编号	编码	生态功能监测区
11	Ⅱ（16）Kb	华中丘陵山地常绿阔叶林及马尾松杉木毛竹林中亚热带湿润天保工程一期工程非国有林区
12	Ⅱ（8）Hb	晋冀山地黄土高原落叶阔叶林及松（油松、白皮松）侧柏林暖温带半干旱天保工程一期工程非国有林区
13	Ⅱ（40）Rb	青藏高原草原草甸及荒漠高原温带半干旱天保工程一期工程非国有林区
14	Ⅱ（27）Pb	西南高山峡谷云杉冷杉针叶林高原亚寒带半湿润天保工程一期工程非国有林区
15	Ⅱ（28）Kb	大渡河雅砻江金沙江云杉冷杉林中亚热带湿润天保工程一期工程非国有林区
16	Ⅱ（29）Qb	藏东南云杉冷杉林高原温带湿润/半湿润天保工程一期工程非国有林区
17	Ⅱ（32）Eb	内蒙古西部森林草原中温带干旱天保工程一期工程非国有林区
18	Ⅱ（33）Eb	阿拉善高原半荒漠中温带干旱天保工程一期工程非国有林区
19	Ⅱ（35）Rb	祁连山山地针叶林高原温带半干旱天保工程一期工程非国有林区
20	Ⅲ（14）Jb	江淮平原丘陵落叶常绿阔叶林及马尾松林北亚热带湿润天保工程二期工程非国有林区

（二）黄河流域中上游天然林保护修复生态功能监测网络布局

黄河流域中上游生态功能监测网络由35个站点构成。其中，天然林保护修复生态效益监测站25个、补充其他森林生态站8个、辅助生态站2个。天然林保护修复生态效益监测站中兼容型监测站19个（7个一级站、12个二级站），专业型监测站6个（4个一级站、2个二级站），具体见表5-7。

表5-7　黄河流域中上游天然林保护修复生态效益监测站

天然林保护修复生态效益监测站	站点类别	级别	天然林保护修复生态效益监测站	站点类别	级别
内蒙古大兴安岭站	兼容型	一级站	宁夏贺兰山站	兼容型	二级站
内蒙古海拉尔站	兼容型	二级站	宁夏六盘山站	兼容型	二级站
内蒙古七老图山站	兼容型	二级站	陕西桥山站	专业型	一级站
内蒙古大青山站	兼容型	二级站	陕西黄龙山站	兼容型	一级站
内蒙古特金罕山站	兼容型	二级站	陕西秦岭站	兼容型	二级站
内蒙古赛罕乌拉站	兼容型	一级站	陕西商洛站	专业型	一级站
甘肃河西走廊站	兼容型	二级站	山西汾河源站	专业型	一级站
甘肃祁连山站	兼容型	一级站	山西太行山站	兼容型	二级站
甘肃兴隆山站	兼容型	一级站	河南云台山站	专业型	二级站
甘肃白龙江站	兼容型	一级站	河南宝天曼站	兼容型	一级站
甘肃小陇山站	兼容型	二级站	河南鸡公山站	兼容型	二级站
青海大渡河源站	兼容型	二级站	陕西榆林站	专业型	一级站
青海三江源特灌林站	专业型	二级站	共计：25个监测站		

此外，补充8个森林生态站分别为宁夏回族自治区的吴忠森林生态站（吴忠市）；内蒙古自治区的鄂尔多斯森林生态站（鄂尔多斯市）；山西省的吉县森林生态站（临汾市）、太岳山

森林生态站（长治市）；河南省的小浪底森林生态站（济源市）、淅川渠首森林生态站（南阳市）、四川省龙门山森林生态站（彭州市）、青海省祁连山南坡森林生态站（海东市）。此外，还有辅助监测站点、固定样地（2000多个）、实验基地，补充完善野外观测技术体系（图5-11）。

借助上述黄河流域中上游生态功能监测网络，可以满足黄河流域中上游天然林保护修复生态系统服务评估和科研需求。

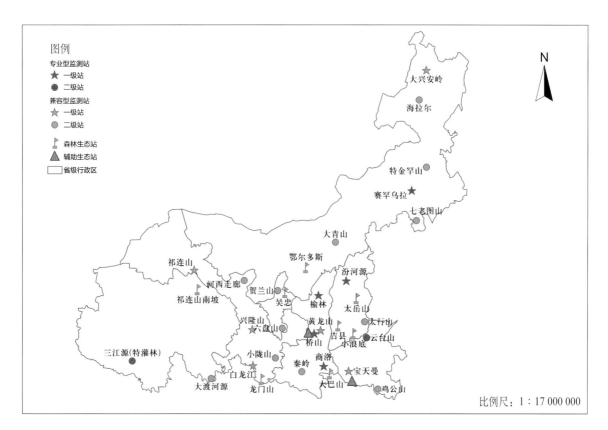

图 5-11　黄河流域中上游天然林保护修复生态功能监测网络布局示意

（三）黄河流域中上游天然林保护修复分布式测算评估体系

黄河流域中上游天然林保护修复生态系统服务功能评估分布式测算方法：①按照黄河流域中上游天然林保护修复生态功能监测区分为一级测算单元；②每个一级测算单元按照各省级行政区划分成二级测算单元；③每个二级测算单元在按照优势树种组划分成三级测算单元；④每个三级测算单元按照林龄组划分为幼龄林、中龄林、近熟林、成熟林、过熟林四级测算单元。最后，结合不同立地条件的对比观测，确定相对均质化的生态服务评估单元（图5-12）。

（四）黄河流域中上游天然林保护修复生态功能监测评估结果

监测结果显示，与试点期相比，工程一期、二期森林生态系统涵养水源、固土量、保肥量、固碳量、林木养分固持量、提供负离子量、吸收污染气体量、滞纳TSP量、滞纳PM_{10}量、滞纳$PM_{2.5}$量有大幅度增长（图5-13）。

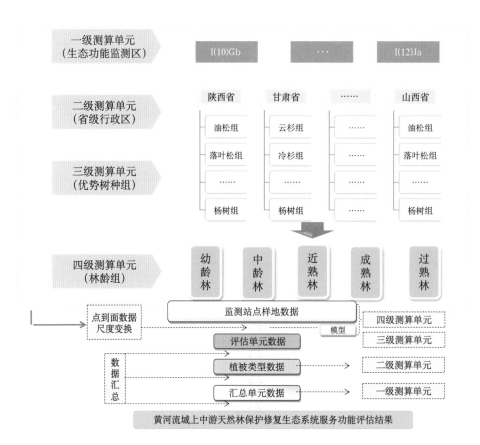

图 5-12 黄河流域中上游天然林保护修生态系统服务评估分布式测算方法

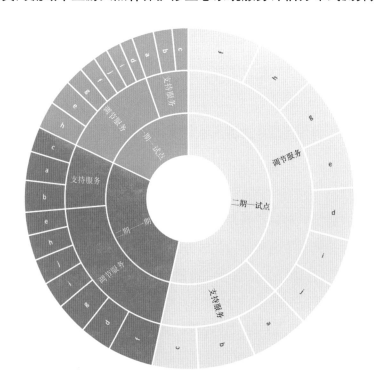

图 5-13 黄河流域上中游天保工程不同阶段各项生态效益物质量增长幅度

注：a. 调节水量；b. 固土量；c. 保肥量；d. 固碳量；e. 林木养分固持量；f. 提供负离子量；g. 吸收污染气体量；h. 滞纳 TSP 量；j. 滞纳 PM_{10} 量；i. 滞纳 $PM_{2.5}$ 量；每个圆环的宽度代表增长的幅度。

与试点期相比，工程二期生态效益提高幅度超过 50%。工程实施期间，各项生态系统服务功能排序为生物多样性保护功能 > 涵养水源功能 > 净化大气环境功能 > 保育土壤功能 > 固碳释氧功能 > 林木养分固持功能。

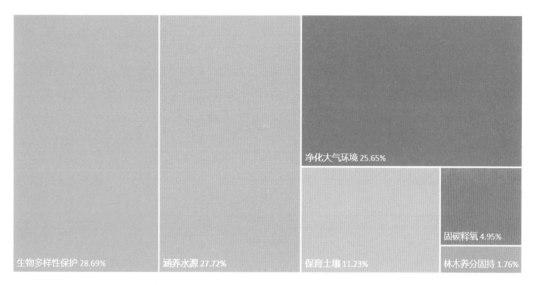

图 5-14　黄河流域上中游天然林资源保护工程实施期间各项生态功能价值量占比

黄河流域上中游天保工程区涉及到《全国重要生态系统保护和修复重大工程总体规划 (2021—2035 年)》中的青藏高原生态屏障区、黄河重点生态区。天然林资源保护工程水土保持能力的不断提升，为江河源头水源涵养能力的增强以及完善黄河流域水沙调控、水土流失综合防治、水资源合理配置和高效利用提供保障。另外，净化大气环境功能中滞纳颗粒物作用的发挥，能够消减空气中颗粒物浓度，减少了沙尘对东部经济发达地区的危害，对受益区社会经济的发展发挥了重要作用。黄河流域上中游天然林资源保护工程生态效益的不断增强，能够为统筹推进山水林田湖草沙综合治理、系统治理、源头治理，改善黄河流域生态环境，优化水资源配置，促进全流域高质量发展打下了坚实的基础。

六、长江流域上游天然林保护修复生态功能监测评估实践

目前尚未有详实的数据表明长江流域上游天然林保护修复所带来的生态效益。如何能更科学、客观地评估长江流域上游天然林保护修复生态系统服务功能及价值，从而将长江流域上游天然林保护修复巨大的生态价值更直观、准确地体现出来，向国家和人民交出一份答卷是当前工作的重中之重。

长江流域上游位于我国西南部，流域出口为湖北省宜昌市，流域面积约 100 万平方千米。长江流域上游西高东低，河道总河长为 4511 千米，总落差达到了 5300 米，地形地貌复杂，且差异巨大，包含有高耸的青藏高原、山川骈列的横断山脉、崎岖不平的云贵高原、地势平缓的四川盆地等多种地形。流域多年平均降雨量为 800.7 毫米，总体位于湿润区，但是

时空分布十分不均。降水量主要集中在夏季（6～9月），占全年总降水量的60～80%，冬季（12～翌年2月）降水很少；降水量最丰富的地区位于四川盆地的东西边缘，年降水量均超过了1000毫米。源头区至金沙江区间子流域降水相对较少，尤其在青藏高原上，年降水量少于400毫米，为半干旱区。高低起伏的地形，以及相对集中的降雨，是导致坡面侵蚀的强大动力，为流域泥沙及营养物质的大量流失创造了条件。长江流域上游大部分地区属于亚热带季风气候，四季分明，温暖湿润。但长江源区属于高寒高原气候，常年气温偏低；而金沙江谷地、四川盆地气温相对较高，其中四川盆地西部的重庆是著名的火炉城市。

（一）长江流域上游天然林保护修复生态功能监测区划

长江流域上游天然林保护修复覆盖区域划分为17个生态功能监测区（图5-15），各生态功能监测区见表5-8。

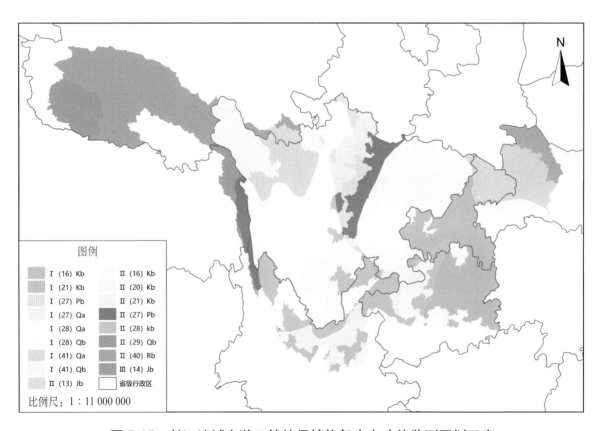

图5-15　长江流域上游天然林保护修复生态功能监测区划示意

表5-8　长江流域上游天然林保护修复生态功能监测区

编号	编码	生态功能监测区
1	Ⅰ(16)Kb	华中丘陵山地常绿阔叶林及马尾松杉木毛竹林中亚热带湿润1998—1999年试点工程林非国有区
2	Ⅰ(21)Kb	云贵高原亚热带常绿阔叶林及云南松林中亚热带湿润1998—1999年试点工程非国有林区

（续）

编号	编码	生态功能监测区
3	Ⅰ（41）Qb	青藏高原草原草甸及荒漠高原温带湿润/半湿润1998—1999年试点工程非国有林区
4	Ⅰ（41）Qa	青藏高原草原草甸及荒漠高原温带湿润/半湿润1998—1999年试点工程国有林区
5	Ⅰ（27）Qa	西南高山峡谷云杉冷杉针叶林高原温带湿润/半湿润1998—1999年试点工程国有林区
6	Ⅰ（27）Pb	西南高山峡谷云杉冷杉针叶林高原亚寒带半湿润1998—1999年试点工程非国有林区
7	Ⅰ（28）Qb	西南高山峡谷云杉冷杉针叶林高原温带湿润/半湿润1998—1999年试点工程非国有林区
8	Ⅰ（28）Qa	西南高山峡谷云杉冷杉针叶林高原温带湿润/半湿润1998—1999年试点工程国有林区
9	Ⅱ（13）Jb	秦岭南坡大巴山落叶常绿阔叶混交林北亚热带湿润天保工程一期工程非国有林区
10	Ⅱ（16）Kb	华中丘陵山地常绿阔叶林及马尾松杉木毛竹林中亚热带湿润天保工程一期工程非国有林区
11	Ⅱ（20）Kb	云贵高原亚热带常绿阔叶林中亚热带湿润天保工程一期工程非国有林区
12	Ⅱ（21）Kb	云贵高原亚热带常绿阔叶林及云南松林中亚热带湿润天保工程一期工程非国有林区
13	Ⅱ（27）Pb	西南高山峡谷云杉冷杉针叶林高原亚寒带半湿润天保工程一期工程非国有林区
14	Ⅱ（28）Kb	大渡河雅砻江金沙江云杉冷杉林中亚热带湿润天保工程一期工程非国有林区
15	Ⅱ（29）Qb	藏东南云杉冷杉林高原温带湿润/半湿润天保工程一期工程非国有林区
16	Ⅱ（40）Rb	青藏高原草原草甸及荒漠高原温带半干旱天保工程一期工程非国有林区
17	Ⅲ（14）Jb	江淮平原丘陵落叶常绿阔叶林及马尾松林北亚热带湿润天保工程二期工程非国有林区

（二）长江流域上游天然林保护修复生态功能监测网络布局

长江流域上游天然林保护修复生态功能监测网络由24个站点构成。其中，兼容型监测站19个（7个一级站、12个二级站），专业型监测站5个（3个一级站、2个二级站），具体见表5-9。长江流域上游天然林保护修复生态效益监测站点分布，如图5-16所示。

表5-9　长江流域上游天然林保护修复生态效益监测站

天然林保护修复生态效益监测站	站点类别	级别	天然林保护修复生态效益监测站	站点类别	级别
青海大渡河源站	兼容型	二级站	重庆武陵山站	兼容型	二级站
甘肃白龙江站	兼容型	一级站	贵州梵净山站	兼容型	二级站

（续）

天然林保护修复 生态效益监测站	站点类别	级别	天然林保护修复 生态效益监测站	站点类别	级别
四川卧龙站	兼容型	二级站	青海三江源特灌林站	专业型	二级站
四川稻城站	专业型	一级站	西藏林芝站	兼容型	一级站
四川峨眉山站	兼容型	二级站	云南普洱站	兼容型	一级站
湖北神农架站	兼容型	一级站	云南西双版纳站	兼容型	二级站
四川巴中站	专业型	一级站	云南玉溪站	兼容型	二级站
重庆缙云山站	兼容型	二级站	云南高黎贡山站	兼容型	二级站
湖北恩施站	兼容型	一级站	陕西商洛站	专业型	一级站
云南滇中高原站	兼容型	二级站	河南宝天曼站	兼容型	一级站
四川贡嘎山站	兼容型	一级站	河南鸡公山站	兼容型	二级站
贵州遵义站	专业型	二级站	陕西秦岭站	兼容型	二级站

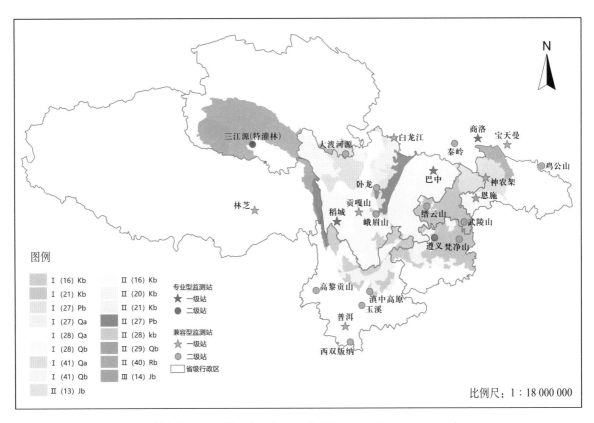

图 5-16　长江流域上游天然林保护修复生态功能监测网络布局示意

（三）长江流域上游天然林保护修复分布式测算评估体系

长江流域上游天然林保护修复生态连清评估分布式测算方法：①按照长江流域上游天然林保护修复生态功能监测区分为一级测算单元；②每个一级测算单元按照各省级行政区划分成二级测算单元；③每个二级测算单元在按照优势树种组划分成三级测算单元；④每个三级

测算单元按照林龄组划分为幼龄林、中龄林、近熟林、成熟林、过熟林四级测算单元。最后，结合不同立地条件的对比观测，确定相对均质化的生态服务评估单元（图5-17）。

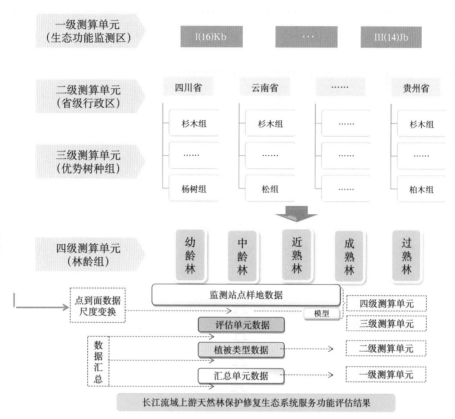

图5-17　长江流域上游天然林保护修复生态系统服务评估分布式测算方法

（四）长江流域上游天然林保护修复生态功能监测评估结果

与试点期相比，工程一期、二期生态系统涵养水源、固土量、保肥量、固碳量、林木养分固持量、提供负离子量、吸收污染气体量、滞纳 TSP 量、滞纳 PM_{10} 量、滞纳 $PM_{2.5}$ 量有较大幅度提高（图5-18）。

长江流域上游天保工程实施期间，各项服务功能价值量占比排序为生物多样性保护功能、涵养水源功能、净化大气环境功能、保育土壤功能、固碳释氧功能、林木养分固持功能（图5-19）。

长江上游天然林资源保护工程区涉及《全国重要生态系统保护和修复重大工程总体规划（2021—2035年)》中的青藏高原生态屏障区、长江重点生态区。天然林资源保护工程区森林生态系统生物多样性保护功能稳定持续的发挥，对于原生地带性植被、特有珍稀物种及其栖息地的保护，促进区域植物种群恢复和生物多样性保护，提升高原生态系统结构完整性和功能稳定性起到了积极的作用。另外，天然林资源保护工程区水土保持能力的不断提升，对于进一步增强区域水源涵养、水土保持等生态功能具有巨大的推动作用，为打造长江绿色生态廊道提供坚实的保障。

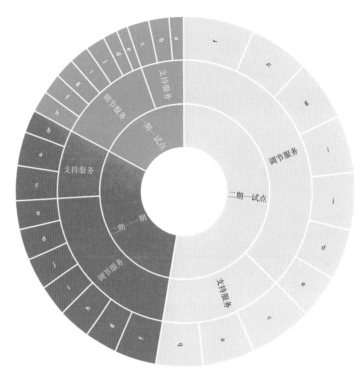

图 5-18　长江流域上游天保工程不同阶段各项生态效益物质量增长幅度

注：a. 调节水量；b. 固土量；c. 保肥量；d. 固碳量；e. 林木养分固持量；f. 提供负离子量；g. 吸收污染气体量；h. 滞纳 TSP 量；j. 滞纳 PM_{10} 量；i. 滞纳 $PM_{2.5}$ 量；每个圆环的宽度代表增长的幅度。

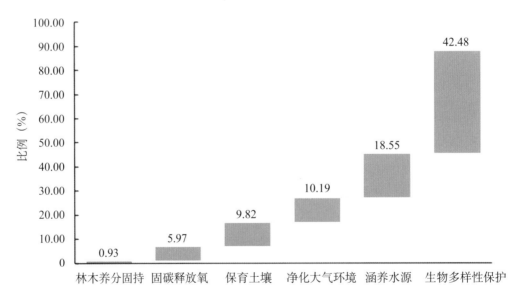

图 5-19　长江流域上游天保工程实施期间各项生态功能价值量占比

参考文献

傅伯杰，牛栋，于贵瑞，2007. 生态系统观测研究网络在地球系统科学中的作用 [J]. 地理科学进展，26（1）:1-16.

傅伯杰，刘宇，2014. 国际生态系统观测研究计划及启示 [J]. 地理科学进展，33(07):893-902.

郭慧，2014. 森林生态系统长期定位观测台站布局体系研究 [D]. 北京：中国林业科学研究院.

国家林业局，2016. 天保工程东北内蒙古重点国有林区效益监测国家报告（2015）[M]. 北京：中国林业出版社.

国家林业局中国森林生态系统服务功能评估项目组，2018. 中国森林资源及其生态功能四十年监测与评估 [M]. 北京：中国林业出版社.

韩玉洁，李琦，王兵，等，2018. 上海市森林生态连清与生态系统服务研究 [M]. 北京：中国林业出版社.

黄秉维，1989a. 中国气候区划与自然地理区划的回顾与展望 [J]. 地理集刊，21: 9.

黄秉维，1989b. 中国综合自然区划纲要 [J]. 地理集刊，21: 21.

黄秉维，1989c. 中国综合自然区划图，中国自然保护图集 [M]. 北京：科学出版社.

黄秉维，1992. 关于中国热带界线问题:I. 国际上热带和亚热带定义 [J]. 地理科学，12（2）: 8.

黄秉维，1993. 自然地理综合工作六十年——黄秉维文集 [M]. 北京：科学出版社.

黄秉维，2003. 新时期区划工作中应当注意的几个问题，自然地理综合研究——黄秉维文集 [M]. 北京：商务出版社.

黄秉维，1959. 中国综合自然区划草案 [J]. 科学通报，18: 5.

黄秉维，1965. 论中国综合自然区划 [J]. 新建设，（3）: 10.

蒋有绪，2001. 森林可持续经营与林业的可持续发展 [J]. 世界林业研究，14（02）: 1-8.

蒋有绪，郭泉水，马娟，1998. 中国森林群落分类及其群落学特征 [M]. 北京：科学出版社.

李文华，2014. 森林生态服务核算——科学认识森林多种功能和效益的基础 [J]. 国土绿化，11:7.

李景全，牛香，曲国庆，等，2017. 山东省济南市森林与湿地生态系统服务功能研究 [M]. 北京：中国林业出版社.

李文华，张彪，谢高地，2009. 中国生态系统服务研究的回顾与展望 [J]. 自然资源学报（01）:1-10.

马克平，2008. 大型固定样地:森林生物多样性定位研究的平台 [J]. 植物生态学报（02）:237.

马克平，2014. 中国森林生物多样性监测网络十年发展 [J]. 科学通报，59（24）:2331-2332.

牛香，胡天华，王兵，等，2017.宁夏贺兰山国家级自然保护区森林生态系统服务功能评估 [M].北京：中国林业出版社．

牛香，薛恩东，王兵，等，2017.森林治污减霾功能研究——以北京市和陕西关中地区为例 [M].北京：中国科学出版社．

任军，宋庆丰，山广茂，等，2016.吉林省森林生态连清与生态系统服务研究 [M].北京：中国林业出版社．

唐守正，张会儒，2002.森林资源调查监测体系文集 [M].北京：中国科学技术出版社．

王兵，2015.森林生态连清技术体系构建与应用 [J].北京林业大学学报，37（01）:1-8.

王兵，2016.生态连清理论在森林生态系统服务功能评估中的实践 [J].中国水土保持科学，14（01）:1-11+151.

王兵，牛香，陶玉柱，2018.森林生态学方法论 [M].北京：中国林业出版社．

王兵，王雪松，赵博，等，2018.辽宁省生态公益林资源及其生态系统服务动态监测与评估 [M].北京：中国林业出版社．

王兵，牛香，蒋有绪，等，2017.森林生态系统长期定位观测指标体系（GB/T 35377—2017）[M].北京：中国标准出版社．

王兵，牛香，蒋有绪，等，2016.森林生态系统长期定位观测方法（GB/T 33027—2016）[M].北京：中国标准出版社．

王兵，党景中，王华青，等，2017.陕西省森林与湿地生态系统治污减霾功能研究 [M].北京：中国林业出版社．

吴征镒，1980.中国植被 [M].北京：科学出版社．

吴中伦，1997.中国森林 [M].北京：中国林业出版社．

于贵瑞，王秋凤，2003.我国水循环的生物学过程研究进展 [J].地理科学进展,22（2）:111-117.

赵士洞，2005.美国国家生态观测站网络（NEON）——概念、设计和进展 [J].地球科学进展（05）:578-583.

郑度，2008.中国生态地理区域系统研究 [M].北京：商务印书馆．

郑度，葛全胜，张雪芹，等，2005.中国区划工作的回顾与展望 [J].地理研究（3）:330-334.

郑度，欧阳，周成虎，2008.对自然地理区划方法的认识与思考 [J].地理学报（6）：563-573.

郑度，杨勤业，赵名茶，1997.自然地域系统研究 [M].北京：中国环境科学出版社．

中华人民共和国国务院，2010.全国主体功能区规划 [R].

中华人民共和国环境保护部，2010.中国生物多样性保护战略与行动计划 [R].

中国森林生态系统服务功能评估项目组，2010.中国森林生态系统服务功能评估 [M].北京：中国林业出版社．

中国森林资源核算研究项目组，2015.生态文明制度构建中的中国森林资源核算研究 [M]. 北京：中国林业出版社.

中国科学院中国植被图编辑委员会，2007a. 中国植被及其地理格局（中华人民共和国植被图 1：1000000 说明书）[M]. 北京：地质出版社.

中国科学院中国植被图编辑委员会，2007b. 中华人民共和国植被图（1：1000000）[M]. 北京：地质出版社.

周广胜，王玉辉，蒋延玲，2002. 全球变化与中国东北样带（NECT）[J]. 地学前缘（01）:198-216.

竺可桢，1931. 中国气候区域论 [J]. 气象研究所集刊（1）:124-129.

竺可桢，宛敏渭，1999．物候学 [M]．长沙：湖南教育出版社.

国家发展改革委，自然资源部，2020. 全国重要生态系统保护和修复重大工程总体规划（2021—2035 年)》[R].

Chen J，Ban Y F，Li S N，2014. China: Open access to Earth land-covermap[J]. Nature，514: 434.

Committee on the National Ecological Observatory Network，2004. NEON-Addressing the nation's environmental challenges[M]. Washington: The National Academy Press.

Costanza R，d'Arge R，de Groot R，et al，1997. The value of the world's ecosystem services and natural capital[J]. Nature，387(15): 253-260.

Dick J，Andrews C，Beaumont D A，et al，2016. Analysis of temporal change in delivery of ecosystem services over 20 years at long term monitoring sites of the UK Environmental Change Network[J]. Ecological Indicators，68: 115-125.

Franklin J F，Bledsoe C S，Callahan J T，1990. Contributions of the long term ecological research program[J]. Bioscience，40: 509-523.

Guohua L，Bojie F，1998. The principle and characteristics of ecological regionalization[J]. Technigues and Equipment For Enviro. poll. cont.

Hanson A U L，2003. NSF hopes Congress will see the light on NEON.

Hobbie J E，Carpenter S R，Grimm N B，et al，2003. The US long term ecological research program[J]. Bioscience，53(1): 21-32．

Koch G W，S choles R J，S teffen W L，et al，The IG BP T errestrial T ransects: Science Plan [M] IG BP Report No1361 S tockholm: IG-BP，1995.

Lehtonen R，Särndal C E，Veijanen A，2003. The effect of model choice in estimation for domains, including small domains[J]. Survey Methodology，29(1): 33-44.

Niu X，Wang B，2013b. Assessment of forestecosystem services in China: A methodology[J].

Journal of Food, Agriculture & Environment, 11(3&4): 2249-2254.

Niu X, Wang B, Wei W J, 2013a. Chinese forest ecosystem research network: A platform for observing and studying sustainable forestry[J]. Journal of Food, Agriculture & Environment, 11(2): 1008-1016.

Patrick S. Bourgeron, Hope C. Humphries, Mark E, 2010. Jensen.ecosystem characterization and ecological assessments[J].A Guidebook for Integrated Ecological(3): 27-30.

Risto Lehtonen, Erkki Pahkinen, 2007. Basic sampling techniques[M]. Wiley-Interscience

Strayer D, Glitzenstein J S, Jones C G, et al, 1986. Long-term ecological studies: An illustrated account of their design, operation, and importance to ecology[J]. Occasional Pulication of the Institute of Ecosystem Studies Number 2.

Wang B , Wei W J , Liu C J , et al, 2013a. Biomass and carbon stock in moso bamboo forests in subtropical China: Characteristics and implications[J]. Journal of Tropical Forest science, 25(1): 137-148.

Wang B, Wang D, Niu X, 2013. Past, present and future forest resources in China and the implications for carbon sequestration dynamics[J]. Journal of Food Agriculture & Environment, 11(1): 801-806.

表 1 天然林保护修复生态功能监测区基础信息

编号	编码	林区名	天保工程实施阶段	气候区	权属	地形地貌	年均降水量（毫米）	年均温（℃）	土壤类型
1	I（1）Aa	大兴安岭山地兴安落叶松寒温带湿润1998—1999年试点工程国有林区	1998—1999年试点工程期	寒温带湿润	国有林区	山地	200~280	-2~3	棕色针叶林土
2	I（1）Bb	大兴安岭山地兴安落叶松林中温带半湿润1998—1999年试点工程非国有林区	1998—1999年试点工程期	中温带半湿润	非国有林区	山地	500	2~4	棕色针叶林土
3	I（1）Ba	大兴安岭山地兴安落叶松林中温带半湿润1998—1999年试点工程国有林区	1998—1999年试点工程期	中温带半湿润	国有林区	山地	480.3	2~4	棕色针叶林土
4	I（2）Ca	小兴安岭山地丘陵红松混交林阔叶—中温带湿润1998—1999年试点工程国有林区	1998—1999年试点工程期	中温带湿润	国有林区	山地	630.8	0.4	暗棕壤，黑土
5	I（3）Ca	长白山山地红松—阔叶混交林中温带湿润1998—1999年试点工程国有林区	1998—1999年试点工程期	中温带湿润	国有林区	熔岩高原，中低山丘陵	840	6.6	黑土，草甸土，棕色森林土
6	I（5）Ca	三江平原草甸散生林中温带湿润1998—1999年试点工程国有林区	1998—1999年试点工程期	中温带湿润	国有林区	平原	510	25.21	暗棕壤，草甸土
7	I（10）Gb	陕西陇东黄土高原落叶阔叶林及松（油松，白皮松）侧柏林温带半湿润1998—1999年试点工程非国有林区	1998—1999年试点工程期	温带半湿润	非国有林区	沟壑丘陵	530~740	8~12.3	黑垆土，黄绵土，风沙土

（续）

编号	编码	林区名	天保工程实施阶段	气候区	权属	地形地貌	年均降水量（毫米）	年均温（℃）	土壤类型
8	I（12）Ja	秦岭落叶阔叶林和松（油松、华山松）栎林、落叶常绿阔叶林北亚热带湿润1998—1999年试点工程国有林区	1998—1999年试点工程期	北亚热带湿润	国有林区	宽谷峡谷交替，有少数山间盆地	700~1000	6~14	黄土、棕壤、褐土
9	I（15）Kb	四川盆地常绿阔叶林及马尾松柏木慈竹林中亚热带湿润1998—1999年试点工程非国有林区	1998—1999年试点工程期	中亚热带湿润	非国有林区	川中丘陵	900~1100	16~18	紫色土、冲积土、山地黄黄壤
10	I（16）Kb	华中丘陵山地常绿阔叶林及马尾松杉木毛竹湿润1998—1999年试点工程林非国有林区	1998—1999年试点工程期	中亚热带湿润	非国有林区	低山丘陵	1500~2000	16~19	红壤、紫色土、黄色土壤、黑色石灰石
11	I（21）Kb	云贵高原亚热带松林及云南松林中亚热带湿润1998—1999年试点工程非国有林区	1998—1999年试点工程期	中亚热带湿润	非国有林区	高原盆地	1000~1270	13.2~19.7	黑色石灰土、棕色石灰土、黄灰土、黄棕壤
12	I（22）La	云贵高原热带常绿阔叶林及云南松林南亚热带湿润1998—1999年试点工程国有林区	1998—1999年试点工程期	南亚热带湿润	国有林区	中山山原与峡谷	800~1000	14.8~21.9	黄壤、石灰土、燥红土
13	I（41）Qb	青藏高原草甸及荒漠高原温带湿润/半湿润1998—1999年试点工程非国有林区	1998—1999年试点工程期	高原温带湿润/半湿润	非国有林区	高原	763.19	4.8	高山灌丛草甸土、高山草甸土
14	I（41）Qa	青藏高原草甸及荒漠高原温带湿润/半湿润1998—1999年试点工程国有林区	1998—1999年试点工程期	高原温带湿润/半湿润	国有林区	高原	763.19	4.8	高山灌丛草甸土、黑色高山草甸土

（续）

编号	编码	林区名	天保工程实施阶段	气候区	权属	地形地貌	年均降水量（毫米）	年均温（℃）	土壤类型
15	I（27）Qa	西南高山峡谷云杉冷杉针叶林高原温带湿润半湿润1998—1999年试点工程国有林区	1998—1999年试点工程期	高原温带湿润半湿润	国有林区	山地	720.4	13.1	高山灌丛草甸土、高山草甸土
16	I（27）Pb	西南高山峡谷云杉冷杉针叶林高原亚寒带半湿润1998—1999年试点工程非国有林区	1998—1999年试点工程期	高原亚寒带半湿润	非国有林区	盆地向高原过度	528.7~1332.2	13.5~14.1	山地褐土、山地棕褐土、黄壤
17	I（28）Qb	西南高山峡谷云杉冷杉针叶林高原温带湿润半湿润1998—1999年试点工程非国有林区	1998—1999年试点工程期	高原温带湿润半湿润	非国有林区	盆地向高原过度	528~1332	13.5~14.1	山地褐土、山地棕褐土、黄壤
18	I（28）Qa	西南高山峡谷云杉冷杉针叶林高原温带湿润半湿润1998—1999年试点工程国有林区	1998—1999年试点工程期	高原温带湿润半湿润	国有林区	盆地向高原过度	528~1332	13.5~14.1	山地褐土、山地棕褐土、黄壤
19	I（34）Db	内蒙古东部森林草原中温带半干旱1998—1999年试点工程非国有林区	1998—1999年试点工程期	中温带半干旱	非国有林区	山地	400~450	-2~4	草甸土、棕色针叶林土
20	I（36）Ea	天山山地针叶林温带干旱1998—1999年试点工程国有林区	1998—1999年试点工程期	温带干旱	国有林区	山地	11.5~200	1.3	栗钙土、草甸土、棕色森林土
21	I（37）Ea	阿尔泰山山地针叶林温带干旱1998—1999年工程国有林区	1998—1999年试点工程期	温带干旱	国有林区	山地	191.3	4.5	草原土、草甸土、棕钙土

（续）

编号	编码	林区名	天保工程实施阶段	气候区	权属	地形地貌	年均降水量（毫米）	年均温（℃）	土壤类型
22	II（2）Ca	小兴安岭山地丘陵阔叶-红松混交林中温带湿润天保工程一期工程国有林区	天保工程一期	中温带湿润	国有林区	山地	592.1	-1.1	黑土、草甸土、栗钙土
23	II（3）Ca	长白山山地红松—阔叶混交林中温带湿润天保工程一期工程国有林区	天保工程一期	中温带湿润	国有林区	熔岩高原、中低山丘陵	840	6.6	黑土、草甸土、暗棕色森林土
24	II（5）Ca	三江平原草甸散生林中温带湿润天保工程一期工程国有林区	天保工程一期	中温带湿润	国有林区	中低山丘陵	666.1	2.3	暗棕壤、草甸土
25	II（10）Gb	陕西陇东黄土高原落叶阔叶林及松（油松、白皮松）侧柏松温带半湿润天保工程一期工程非国有林区	天保工程一期	温带半湿润	非国有林区	沟壑丘陵	530~740	8~12.3	黑垆土、黄绵土、风沙土
26	II（11）Rb	陇西黄土高原高原温带草原草甸半干旱天保工程一期工程非国有林区	天保工程一期	高原温带半干旱	非国有林区	黄土丘陵	400~600	3~8	黑垆土、黄绵土、棕壤、黄鳝土、红土
27	II（12）Ja	秦岭北坡落叶阔叶林和松（油松、华山松）栎林北亚热带湿润天保工程一期工程国有林区	天保工程一期	北亚热带湿润	国有林区	山地	500~800	10~14	黄土、棕壤、褐土
28	II（13）Jb	秦岭南坡大巴山落叶常绿阔叶混交林北亚热带湿润天保工程一期工程非国有林区	天保工程一期	北亚热带湿润	非国有林区	中山	1000~1400	7~16	山地褐土、山地黄棕壤

（续）

编号	编码	林区名	天保工程实施阶段	气候区	权属	地形地貌	年均降水量（毫米）	年均温（℃）	土壤类型
29	Ⅱ（8）Hb	晋冀山地黄土高原落叶阔叶林及松（油松、白皮松）侧柏林暖温带半干旱天保工程一期非国有林区	天保工程一期	暖温带半干旱	非国有林区	沟壑丘陵	400	10	山地褐土、山地棕壤、山地草甸土
30	Ⅱ（15）Kb	四川盆地常绿阔叶林及马尾松柏木慈竹林中亚热带湿润天保工程一期国有林区	天保工程一期	中亚热带湿润	非国有林区	高山盆地	1030～1950	18	紫色土、冲积土、山地黄壤
31	Ⅱ（16）Kb	华中丘陵山地常绿阔叶林及马尾松杉木毛竹林中亚热带湿润天保工程一期国有林区	天保工程一期	中亚热带湿润	非国有林区	中低山	1400～1800	7～17	红壤、紫色土、黄壤、黑色石灰土
32	Ⅱ（20）Kb	云贵高原亚热带常绿阔叶林中亚热带湿润天保工程一期国有林区	天保工程一期	中亚热带湿润	非国有林区	高山峡谷	1000～1270	16.8	黑色石灰土、棕色石灰土、黄壤、黄棕壤
33	Ⅱ（21）Kb	云贵高原亚热带常绿阔叶林及云南松林中亚热带湿润天保工程一期非国有林区	天保工程一期	中亚热带湿润	非国有林区	高山峡谷	1000～1270	16.7	黑色石灰土、棕色石灰土、黄壤、黄棕壤
34	Ⅱ（40）Rb	青藏高原草甸及荒漠高原温带半干旱天保工程一期非国有林区	天保工程一期	高原温带半干旱	非国有林区	高原	400	14.9～17	高山灌丛草甸土、高山草甸土
35	Ⅱ（42）Ob	青藏高原草甸及荒漠高原亚寒带半干旱天保工程一期非国有林区	天保工程一期	高原亚寒带半干旱	非国有林区	山地	17	11.5	高山灌丛草甸土、高山草甸土

（续）

编号	编码	林区名	天保工程实施阶段	气候区	权属	地形地貌	年均降水量（毫米）	年均温（℃）	土壤类型
36	II（25）Mb	滇南及滇西南丘陵盆地热带雨林雨季雨林边缘热带湿润天保工程一期工程非国有林区	天保工程一期	边缘热带湿润	非国有林区	山间盆地	1000～1800	20～22	燥红土、砖红壤、赤红壤、红壤
37	II（26）Mb	海南岛（包括南海诸岛）平原山地热带季雨林边缘热带湿润天保工程一期工程非国有林区	天保工程一期	南亚热带边缘热带湿润	非国有林区	丘陵台地	2200～2444	22.5	赤红壤、砖红壤、红壤、山地黄壤
38	II（27）Pb	西南高山峡谷云冷杉针叶林高原亚寒带半湿润天保工程一期工程非国有林区	天保工程一期	高原亚寒带半湿润	非国有林区	高原	764.4	0.1	山地褐土、山地棕褐土、黄壤
39	II（28）Kb	大渡河雅砻江金沙江云冷杉林中亚热带湿润天保工程一期工程非国有林区	天保工程一期	中亚热带湿润	非国有林区	高中山峡谷	1024	17	山地褐土、山地棕褐土、黄壤
40	II（29）Qb	藏东南云杉冷杉高原温带湿润/半湿润天保工程一期工程非国有林区	天保工程一期	高原温带湿润/半湿润	非国有林区	高原	1200～2600	14.9～17	褐色土、棕色森林土
41	II（32）Eb	内蒙古西部森林草原温带干旱天保工程一期工程非国有林区	天保工程一期	温带干旱	非国有林区	山地	200	8.5	草甸土、棕色针叶林土
42	II（30）Ba	呼伦贝尔及内蒙古东南部森林草原中温带半湿润天保工程一期工程国有林区	天保工程一期	中温带半湿润	国有林区	山地	480.3	2～4	棕钙土
43	II（33）Eb	阿拉善高原半荒漠温带干旱天保工程一期工程非国有林区	天保工程一期	温带干旱	非国有林区	山地	188	3.7～7.6	棕钙土、棕色荒漠土、灰棕荒漠土

（续）

编号	编码	林区名	天保工程实施阶段	气候区	权属	地形地貌	年均降水量（毫米）	年均温（℃）	土壤类型
44	Ⅱ（35）Rb	祁连山山地针叶林高原温带半干旱天保工程一期工程非国有林区	天保工程一期	高原温带半干旱	非国有林区	山地	280	0.3	灰钙土、栗钙土、棕钙土
45	Ⅱ（36）Ib	天山山地针叶林暖温带干旱天保工程一期国有林区	天保工程一期	暖温带干旱	非国有林区	山地	7	13.8	草甸土、棕色森林土
46	Ⅱ（36）Eb	天山山地针叶林温带干旱天保工程一期非国有林区	天保工程一期	温带干旱	非国有林区	山地	11.5~200	1.3	栗钙土、草甸土、棕色森林土
47	Ⅱ（36）Ea	天山山地针叶林温带干旱天保工程一期国有林区	天保工程一期	中温带干旱	国有林区	山地	204	3.6	栗钙土、草甸土、棕色森林土
48	Ⅱ（37）Ea	阿尔泰山山地针叶林温带干旱天保工程一期国有林区	天保工程一期	温带干旱	国有林区	山地	191.3	4.5	草原土、草甸土、棕钙土
49	Ⅱ（38）Ea	准噶尔盆地草旱生灌丛半荒漠温带干旱天保工程一期国有林区	天保工程一期	温带干旱	国有林区	山地	202.2	5.3	棕漠土
50	Ⅱ（39）Ia	塔里木盆地荒漠及河滩胡杨林及绿洲暖温带干旱天保工程一期国有林区	天保工程一期	暖温带干旱	国有林区	盆地荒漠	168.6~300	-0.5~3	亚高山荒漠土、高山草原土、高山草甸土
51	Ⅲ（14）Jb	江淮平原丘陵落叶常绿阔叶林及马尾松林北亚热带湿润天保工程二期非国有林区	天保工程二期	北亚热带湿润	非国有林区	中低山	800~900	13~16	黄棕壤、黄泥土、黄褐土、黄褐冲积土

（续）

编号	编码	林区名	天保工程实施阶段	气候区	权属	地形地貌	年均降水量（毫米）	年均温（℃）	土壤类型
52	IV（1）Cb	大兴安岭山地兴安落叶松林中温带湿润天然林保护扩大范围（纳入国家政策）非国有林区	天然林保护扩大范围（纳入国家政策）	中温带湿润	非国有林区	山地	350	−2.4～2.2	棕色针叶林土
53	IV（2）Cb	小兴安岭山地丘陵阔叶与红松混交林中温带湿润天然林保护扩大范围（纳入国家政策）非国有林区	天然林保护扩大范围（纳入国家政策）	中温带湿润	非国有林区	山地	630.8	0.4	黑土、草甸土、钙土、草栗
54	IV（2）Ca	小兴安岭山地丘陵中温带湿润阔叶与红松混交林天然林保护扩大范围（纳入国家政策）国有林区	天然林保护扩大范围（纳入国家政策）	中温带湿润	国有林区	山地	630.8	0.4	黑土、草甸土、钙土、草栗
55	IV（4）Bb	松嫩辽平原草甸散生林中温带中温半湿润天然林保护扩大范围（纳入国家政策）非国有林区	天然林保护扩大范围（纳入国家政策）	中温带半湿润	非国有林区	平原	721.3	10.4	草甸土、暗棕壤、黑钙土
56	IV（5）Cb	三江平原草甸散生林中温带湿润天然林保护扩大范围（纳入国家政策）非国有林区	天然林保护扩大范围（纳入国家政策）	中温带湿润	非国有林区	中低山丘陵	666.1	2.3	暗棕壤、草甸土
57	IV（5）Ca	三江平原草甸散生林中温带湿润天然林保护扩大范围（纳入国家政策）国有林区	天然林保护扩大范围（纳入国家政策）	中温带湿润	国有林区	波状起伏平原	549.1	1.57	暗棕壤、草甸土
58	IV（9）Gb	华北平原散生林及农田防护林温带半湿润天然林保护扩大范围（纳入国家政策）非国有林区	天然林保护扩大范围（纳入国家政策）	温带半湿润	非国有林区	低山丘陵	400～800	5～11	草甸土、棕壤、褐土、潮土

（续）

编号	编码	林区名	天保工程实施阶段	气候区	权属	地形地貌	年均降水量（毫米）	年均温（℃）	土壤类型
59	IV（6）Fb	辽东半岛山地丘陵（赤松及油松）栎林温带温带湿润（纳入国家有林区）天然林保护扩大范围	天然林保护扩大范围（纳入国家政策）	温带湿润	非国有林区	熔岩高原，中低山丘陵	840	6.6	棕壤
60	IV（7）Gb	燕山山地落叶阔叶林及油松侧柏林温带半湿润天然林保护扩大范围（纳入国家政策）非国有林区	天然林保护扩大范围（纳入国家政策）	温带半湿润	非国有林区	高山	350~700	4~8	栗钙土、灰褐土、棕壤、盐化潮土
61	IV（8）Gb	晋冀山地黄土高原落叶阔叶林及松（油松、白皮松）侧柏林温带半湿润天然林保护扩大范围（纳入国家政策）非国有林区	天然林保护扩大范围（纳入国家政策）	温带半湿润	非国有林区	中低山，山间盆地，黄土丘陵	500~700	6~13	山地褐土、山地棕壤、山地草甸土
62	IV（14）Jb	江淮平原丘陵落叶常绿阔叶林及马尾松林北亚热带湿润天然林保护扩大范围（纳入国家政策）非国有林区	天然林保护扩大范围（纳入国家政策）	北亚热带湿润	非国有林区	低山丘陵	1400	16~17	黄棕壤、黄泥土、黄褐土、冲积土
63	IV（17）Kb	华中丘陵山地常绿阔叶林及马尾松杉木毛竹天然林中亚热带湿润（纳入国家政策）天然林保护扩大范围非国有林区	天然林保护扩大范围（纳入国家政策）	中亚热带湿润	非国有林区	中低山	1100~1300	16~18	红壤、紫色土、黄壤、黑色石灰土
64	IV（18）Kb	华东南丘陵低山常绿阔叶林及马尾松黄山松（台湾松）毛竹杉木林中亚热带湿润天然林保护扩大范围（纳入国家政策）非国有林区	天然林保护扩大范围（纳入国家政策）	中亚热带湿润	非国有林区	丘陵盆地	1400~1700	16.5~17.5	冲积土、黄壤、红壤

（续）

编号	编码	林区名	天保工程实施阶段	气候区	权属	地形地貌	年均降水量（毫米）	年均温（℃）	土壤类型
65	IV（19）Lb	南岭南坡及福建沿海常绿阔叶林及马尾松杉木林南亚热带湿润天然林保护扩大范围（纳入国家政策）非国有林区	天然林保护扩大范围（纳入国家政策）	南亚热带湿润	非国有林区	中低山	1473	17.7	红壤、黄壤、黑色石灰土、赤红壤
66	IV（23）Kb	滇东南黔西南落叶常绿阔叶林及云南松林中亚热带湿润天然林保护扩大范围（纳入国家政策）非国有林区	天然林保护扩大范围（纳入国家政策）	中亚热带湿润	非国有林区	中山山原与峡谷	1517.8	17.9	黄壤、石灰土、赤红壤、红壤
67	IV（24）Lb	广东沿海平原丘陵阔叶林及马尾松林季风常绿南亚热带湿润天然林保护扩大范围（纳入国家政策）非国有林区	天然林保护扩大范围（纳入国家政策）	南亚热带湿润	非国有林区	丘陵台地	1400～1700	23～23.5	红壤、冲积土、赤红壤、红壤、滨海沙土
68	IV（30）Db	呼伦贝尔及内蒙古东南部森林草原中温带半干旱天然林保护扩大范围（纳入国家政策）非国有林区	天然林保护扩大范围（纳入国家政策）	中温带半干旱	非国有林区	平原	591.2	3.5～7	棕钙土
69	IV（33）Eb	阿拉善高原半荒漠温带干旱天然林保护扩大范围（纳入国家政策）非国有林区	天然林保护扩大范围（纳入国家政策）	温带干旱	非国有林区	山地	188	3.7～7.6	棕钙土、灰棕荒漠土
70	IV（34）Eb	河西走廊半荒漠及绿洲温带干旱天然林保护扩大范围（纳入国家政策）非国有林区	天然林保护扩大范围（纳入国家政策）	温带干旱	非国有林区	山地	188	3.7～7.6	棕钙土、灰棕荒漠土
71	IV（36）Ib	天山山地针叶林暖温带干旱天然林保护扩大范围（纳入国家政策）非国有林区	天然林保护扩大范围（纳入国家政策）	暖温带干旱	非国有林区	山地	7	13.8	草甸土、棕色森林土

（续）

编号	编码	林区名	天保工程实施阶段	气候区	权属	地形地貌	年均降水量（毫米）	年均温（℃）	土壤类型
72	IV（36）Ea	天山山地针叶林温带干旱天然林保护扩大范围（纳入国家政策）国有林区	天然林保护扩大范围（纳入国家政策）	温带干旱	国有林区	山地	204	3.6	栗钙土、草甸土、棕褐色森林土
73	IV（38）Eb	准噶尔盆地旱生灌丛半荒漠温带干旱天然林保护扩大范围（纳入国家政策）非国有林区	天然林保护扩大范围（纳入国家政策）	温带干旱	非国有林区	盆地	202.2	5.3	棕漠土
74	IV（39）Nb	塔里木盆地荒漠及河滩胡杨林及绿洲高原亚寒带干旱天然林保护扩大范围（纳入国家政策）非国有林区	天然林保护扩大范围（纳入国家政策）	高原亚寒带干旱	非国有林区	盆地荒漠	300	-7~0.6	高山荒漠土、高山草原土、亚高山草原土
75	IV（39）Ib	塔里木盆地荒漠及河滩胡杨林及绿洲暖温带干旱天然林保护扩大范围（纳入国家政策）非国有林区	天然林保护扩大范围（纳入国家政策）	暖温带干旱	非国有林区	盆地荒漠	168.6~300	-0.5~3	亚高山荒漠草原土、高山草原土、高山草甸土
76	V（9）Gb	华北平原散生落叶阔叶林及农田防护林温带半湿润天然林保护扩大范围（未纳入国家政策）非国有林区	天然林保护扩大范围（未纳入国家政策）	温带半湿润	非国有林区	山地丘陵	774.8	13	草甸土、棕壤、褐土
77	V（14）Jb	江淮平原丘陵落叶阔叶林及马尾松林北亚热带湿润天然林保护扩大范围（未纳入国家政策）非国有林区	天然林保护扩大范围（未纳入国家政策）	北亚热带湿润	非国有林区	平原	1000	15~16	黄棕壤、黄泥土、黄褐土、冲积土

（续）

编号	编码	林区名	天保工程实施阶段	气候区	权属	地形地貌	年均降水量（毫米）	年均温（℃）	土壤类型
78	VI（9）Gb	华北平原散生落叶阔叶林温带半湿润非天保工程非国有林区	非天保工程区	温带半湿润	非国有林区	低山丘陵	400~800	5~11	草甸土、棕壤、褐土、潮土
79	VI（18）Lb	广东沿海平原丘陵山地季风常绿阔叶林及马尾松林南亚热带湿润非天保工程非国有林区	非天保工程区	南亚热带湿润	非国有林区	丘陵台地	1400~1700	23~23.5	红壤、冲积土、赤红壤、海滨沙土
80	VI（19）Lb	台湾山地常绿阔叶林及马尾松杉木林南亚热带湿润非天保工程非国有林区	非天保工程区	南亚热带湿润	非国有林区	山地丘陵	2000	21	红壤、黄壤
81	VI（42）Nb	青藏高原高寒草甸及荒漠高原亚寒带半干旱非天保工程非国有林区	非天保工程区	高原亚寒带半干旱	非国有林区	高原	200~430	6.3	高山灌丛、草甸土、高山草甸土
82	VI（31）Eb	内蒙古东部森林草原带温带干旱非天保工程非国有林区	非天保工程区	温带干旱	非国有林区	高原，地表破碎	186	8.4	棕钙土、栗钙土

表 2　天然林保护修复生态功能监测网络布局

编号	编码	地带性森林植被	权属	气候类型	建站数量	天然林保护修复生态效益监测站	站点类别	级别	天保工程实施阶段	专项监测任务	适用国家生态规划
1	I（1）Aa	大兴安岭山地兴安落叶松林	国有林区	寒温带湿润地区	3	内蒙古大兴安岭站（01）	兼容型	一级站	1998—1999年试点工程期	生物多样性大样地观测 时空格局演变大样带观测 CO_2/水/热通量观测 植被物候观测	全国重要生态功能区 生物多样性保护优先区域 国家重要生态屏障区 全国重要生态系统保护和修复重大工程总体规划 天然林保护修复制度方案
						黑龙江嫩江源站（02）	兼容型	一级站			
						黑龙江漠河站（03）	兼容型	二级站			
2	I（1）Bb	大兴安岭山地兴安落叶松林	非国有林区	中温带半湿润地区	—	—	—	—	1998—1999年试点工程期	时空格局演变大样带观测 植被物候观测	生物多样性保护优先区域 国家生态屏障区 全国生态脆弱区 天然林保护修复制度方案
3	I（1）Ba	大兴安岭山地兴安落叶松林	国有林区	中温带半湿润地区	—	—	—	—	1998—1999年试点工程期	时空格局演变大样带观测 植被物候观测	生物多样性保护优先区域 国家生态屏障区 全国生态脆弱区 天然林保护修复制度方案
4	I（2）Ca	小兴安岭山地阔叶与红松混交林	国有林区	中温带湿润地区	1	黑龙江小兴安岭站（04）	兼容型	二级站	1998—1999年试点工程期	生物多样性大样地观测 时空格局演变大样带观测 植被物候观测	全国重要生态功能区 生物多样性保护优先区域 国家重要生态屏障区 全国重要生态系统保护和修复重大工程总体规划 天然林保护修复制度方案

（续）

编号	编码	地带性森林植被	权属	气候类型	建站数量	天然林保护修复生态效益监测站	站点类别	级别	天保工程实施阶段	专项监测任务	适用国家生态规划
5	I（3）Ca	长白山山地红松与阔叶混交林	国有林区	中温带湿润地区	1	吉林长白山西坡站（05）	兼容型	二级站	1998—1999年试点工程期	生物多样性大样地观测 时空格局演变大样带观测 植被物候观测	全国重要生态功能区 生物多样性保护保护优先区域 国家重要生态系统保护和修复重大工程总体规划 国家公园保护地 天然林保护修复制度方案
6	I（5）Ca	三江平原草甸散生林	国有林区	中温带湿润地区	—	—	—	—	1998—1999年试点工程期	植被物候观测	全国重要生态功能区 生物多样性保护优先区域 国家重要生态屏障区 天然林保护修复制度方案
7	I（10）Gb	陕西陇东黄土高原落叶阔叶林及松（油松、华山松、白皮松）侧柏林	非国有林区	暖温带半湿润地区	1	陕西桥山站（06）	专业型	一级站	1998—1999年试点工程期	时空格局演变大样带观测 植被物候观测	全国重要生态功能区 生物多样性保护优先区域 天然林保护修复制度方案
8	I（12）Ja	秦岭落叶阔叶林和阔叶松（油松、华山松）栎林、落叶常绿阔叶混交林	国有林区	北亚热带湿润地区	1	陕西秦岭站（07）	兼容型	二级站	1998—1999年试点工程期	时空格局演变大样带观测 植被物候观测	全国重要生态功能区 生物多样性保护优先区域 国家重要生态屏障区 国家重要生态系统保护和修复重大工程总体规划 全国生态脆弱区 天然林保护修复制度方案
9	I（15）Kb	四川盆地常绿阔叶林及马尾松柏木慈竹林	非国有林区	中亚热带湿润地区	—	—	—	—	1998—1999年试点工程期	时空格局演变大样带观测 植被物候观测	天然林保护修复制度方案

（续）

编号	编码	地带性森林植被	权属	气候类型	建站数量	天然林保护修复生态效益监测站	站点类别	级别	天保工程实施阶段	专项监测任务	适用国家生态规划
10	I (16) Kb	华中丘陵山地常绿阔叶林及马尾松杉木毛竹林	非国有林区	中亚热带湿润地区	4	贵州梵净山站(08)	兼容型	二级站	1998—1999年试点工程期	时空格局演变大样带观测 植被物候观测	全国重要生态功能区 生物多样性保护优先区域 国家生态屏障区 全国重要重大工程生态系统保护和修复重大工程总体规划 全国生态脆弱区 天然林保护保护修复制度方案
						重庆武陵山站(09)	兼容型	二级站			
						贵州喀斯特站(10)	兼容型	一级站			
						贵州遵义站(11)	专业型	二级站			
11	I (21) Kb	云贵高原亚热带常绿阔叶林及云南松林	非国有林区	中亚热带湿润地区	1	云南高黎贡山站(12)	兼容型	二级站	1998—1999年试点工程期	时空格局演变大样带观测 植被物候观测	全国重要生态功能区 国家生态屏障区 生物多样性保护优先区域 全国重要重大工程生态系统保护和修复重大工程总体规划 全国生态脆弱区 天然林保护修复制度方案
12	I (22) La	云贵高原亚热带常绿阔叶林及云南松林	国有林区	南亚热带湿润地区	2	云南普洱站(13)	兼容型	一级站	1998—1999年试点工程期	植被物候观测	全国生态脆弱区 天然林保护修复制度方案
						云南玉溪站(14)	兼容型	二级站			
13	I (41) Qb	青藏高原草甸草原及荒漠	非国有林区	高原温带湿润/半湿润地区	—	—	—	—	1998—1999年试点工程期	时空格局演变大样带观测 植被物候观测	全国重要生态功能区 生物多样性保护优先区域 国家生态屏障区 全国生态脆弱区 天然林保护修复制度方案
14	I (41) Qa	青藏高原草甸草原及荒漠	国有林区	高原温带湿润/半湿润地区	1	青海大渡河源站(15)	兼容型	二级站	1998—1999年试点工程期	时空格局演变大样带观测 植被物候观测	全国重要生态功能区 生物多样性保护优先区域 国家生态屏障区 全国生态脆弱区 天然林保护修复制度方案

（续）

编号	编码	地带性森林植被	权属	气候类型	建站数量	天然林保护修复生态效益监测站	站点类别	级别	天保工程实施阶段	专项监测任务	适用国家生态规划
15	I（27）Qa	西南高山峡谷云杉冷杉针叶林	国有林区	高原温带湿润/半湿润地区	1	甘肃白龙江站（16）	兼容型	一级站	1998—1999年试点工程期	时空格局演变大样带观测 植被物候观测	国家生态屏障区 全国重要生态系统保护和修复重大工程总体规划 全国生态脆弱区 国家公园保护地 天然林保护修复制度方案
16	I（27）Pb	西南高山峡谷云杉冷杉针叶林	非国有林区	高原寒带亚湿润地区	1	四川卧龙站（17）	兼容型	二级站	1998—1999年试点工程期	时空格局演变大样带观测 植被物候观测	全国重要生态功能区 生物多样性保护优先区域 国家生态屏障区 全国重要生态系统保护和修复重大工程总体规划 全国生态脆弱区 国家公园保护地 天然林保护修复制度方案
17	I（28）Qb	西南高山峡谷云杉冷杉针叶林	非国有林区	高原温带湿润/半湿润地区	1	四川稻城站（18）	专业型	一级站	1998—1999年试点工程期	时空格局演变大样带观测 植被物候观测	全国重要生态功能区 生物多样性保护优先区域 国家生态屏障区 全国重要生态系统保护和修复重大工程总体规划 天然林保护修复制度方案
18	I（28）Qa	西南高山峡谷云杉冷杉针叶林	国有林区	高原温带湿润/半湿润地区	1	四川峨眉山站（19）	兼容型	二级站	1998—1999年试点工程期	时空格局演变大样带观测 植被物候观测	全国重要生态功能区 全国生态脆弱区 天然林保护修复制度方案
19	I（34）Db	内蒙古东部森林草原	非国有林区	中温带半干旱地区	1	内蒙古赛罕乌拉站（20）	兼容型	一级站	1998—1999年试点工程期	时空格局演变大样带观测 植被物候观测	全国重要生态功能区 生物多样性保护优先区域 国家生态屏障区 全国生态脆弱区 天然林保护修复制度方案

（续）

编号	编码	地带性森林植被	权属	气候类型	建站数量	天然林保护修复生态效益监测站	站点类别	级别	天保工程实施阶段	专项监测任务	适用国家生态规划
20	I（36）Ea	天山山地针叶林	国有林区	中温带干旱地区	—	—	—	—	1998—1999年试点工程期	植被物候观测	生物多样性保护优先区域 全国生态脆弱区 天然林保护修复制度方案
21	I（37）Ea	阿尔泰山山地针叶林	国有林区	中温带干旱地区	1	新疆阿尔泰山站（21）	兼容型	二级站	1998—1999年试点工程期	植被物候观测	全国重要生态功能区 生物多样性保护优先区域 全国生态脆弱区 天然林保护修复制度方案
22	II（2）Ca	小兴安岭山地丘陵红叶与红松混交林	国有林区	中温带湿润地区	1	黑龙江黑河站（22）	兼容型	一级站	天保工程一期	时空格局演变大样带观测 植被物候观测	全国重要生态功能区 国家生态屏障区 全国重要生态系统保护和修复重大工程总体规划 天然林保护修复制度方案
23	II（3）Ca	长白山山地红松与红叶阔叶混交林	国有林区	中温带湿润地区	2	吉林长白山站（23） 吉林松江源站（24）	兼容型 兼容型	一级站 二级站	天保工程一期	时空格局演变大样带观测 CO$_2$/水热通量观测 植被物候观测	全国重要生态功能区 生物多样性保护优先区域 国家生态屏障区 全国重要生态系统保护和修复重大工程国家公园保护地 天然林保护修复制度方案
24	II（5）Ca	三江平原草甸散生林	国有林区	中温带湿润地区	1	黑龙江帽儿山站（25）	兼容型	二级站	天保工程一期	时空格局演变大样带观测 植被物候观测	全国重要生态功能区 生物多样性保护优先区域 国家生态屏障区 全国重要生态系统保护和修复重大工程国家公园保护地 天然林保护修复制度方案

（续）

编号	编码	地带性森林植被	权属	气候类型	建站数量	天然林保护修复生态效益监测站	站点类别	级别	天保工程实施阶段	专项监测任务	适用国家生态规划
25	II (10) Gb	陕西陇东黄土高原落叶阔叶林及松（油松、华山松、白皮松）侧柏林	非国有林区	温带半湿润地区	1	陕西黄龙山站 (26)	兼容型	一级站	天保工程一期	时空格局演变大样带观测 植被物候观测	全国重要生态功能区 生物多样性保护优先区域 国家生态脆弱区 全国重要大工程生态系统保护和修复大工程总体规划 天然林保护修复制度方案
26	II (11) Rb	陇西黄土高原落叶阔叶林森林草原	非国有林区	高原温带半干旱地区	2	甘肃兴隆山站 (27)	兼容型	一级站	天保工程一期	植被物候观测	全国重要生态功能区 生物多样性保护优先区域 国家生态脆弱区 全国重要大工程生态系统保护和修复大工程总体规划 天然林保护修复制度方案
						宁夏六盘山站 (28)	兼容型	二级站			
27	II (12) Ja	秦岭北坡落叶阔叶林和松（油松、华山松）栎林	国有林区	北亚热带湿润地区	2	甘肃小陇山站 (29)	兼容型	二级站	天保工程一期	时空格局演变大样带观测 植被物候观测	全国重要生态功能区 生物多样性保护优先区域 国家生态脆弱区 全国重要大工程生态系统保护和修复大工程总体规划 天然林保护修复制度方案
						陕西商洛站 (30)	专业型	一级站			
28	II (13) Jb	秦岭南坡大巴山落叶常绿叶阔叶混交林	非国有林区	北亚热带湿润地区	1	湖北神农架站 (31)	兼容型	一级站	天保工程一期	时空格局演变大样带观测 CO_2/水/热通量观测 植被物候观测	全国重要生态功能区 生物多样性保护优先区域 国家公园保护地 全国重要大工程生态系统保护和修复大工程总体规划 天然林保护修复制度方案

（续）

编号	编码	地带性森林植被	权属	气候类型	建站数量	天然林保护修复成效监测站	站点类别	级别	天保工程实施阶段	专项监测任务	适用国家生态规划
29	II (8) Hb	晋冀山地黄土高原落叶阔叶林（油松、白皮松）侧柏林	非国有林区	温带半干旱地区	2	山西汾河源站（32）	专业型	一级站	天保工程一期	生物多样性大样地观测 时空格局演变大样带观测 植被物候观测	全国重要生态功能区 生物多样性保护优先区域 全国生态脆弱区 天然林保护修复制度方案
						陕西榆林站（33）	专业型	一级站			
30	II (15) Kb	四川盆地常绿阔叶林及马尾松柏木慈竹林	非国有林区	中亚热带湿润地区	2	四川巴中站（34）	专业型	一级站	天保工程一期	时空格局演变大样带观测 植被物候观测	全国生态脆弱区 天然林保护修复制度方案
						重庆缙云山站（35）	兼容型	二级站			
31	II (16) Kb	华中丘陵山地常绿阔叶林及马尾松杉木毛竹林	非国有林区	中亚热带湿润地区	1	湖北恩施站（36）	兼容型	一级站	天保工程一期	生物多样性大样地观测 时空格局演变大样带观测 CO2/水/热通量观测 植被物候观测	全国重要生态功能区 生物多样性保护优先区域 国家公园保护地 全国重要生态系统保护和修复重大工程总体规划 天然林保护修复制度方案
32	II (20) Kb	云贵高原亚热带常绿阔叶林及云南松林	非国有林区	中亚热带湿润地区	—	—	—	—	天保工程一期	时空格局演变大样带观测 植被物候观测	全国重要生态功能区 生物多样性保护优先区域 全国生态脆弱区 天然林保护修复制度方案

（续）

编号	编码	地带性森林植被	权属	气候类型	建站数量	天然林保护修复生态效益监测站	站点类别	级别	天保工程实施阶段	专项监测任务	适用国家生态规划
33	II（20）Kb	云贵高原亚热带常绿阔叶林及云南松林	非国有林区	中亚热带湿润地区	2	云南滇中高原站（37）	兼容型	二级站	天保工程一期	时空格局演变大样带观测　CO₂/水热通量观测　植被物候观测	生物多样性保护优先区域　全国生态保护脆弱区　天然林保护修复制度方案
						四川贡嘎山站（38）	兼容型	一级站			
34	II（40）Rb	青藏高原草甸草原及荒漠	非国有林区	高原温带半干旱地区	1	青海三江源特灌林站（39）	专业型	二级站	天保工程一期	时空格局演变大样带观测　植被物候观测	全国重要生态功能区　国家重要生态屏障区　全国生态保护脆弱区　国家公园保护地　天然林保护修复制度方案
35	II（42）Ob	青藏高原草甸草原及荒漠	非国有林区	高原亚寒带干旱地区	—	—	—	—	天保工程一期	植被物候观测	全国重要生态功能区　国家重要生态屏障区　全国生态保护脆弱区　天然林保护修复制度方案
36	II（25）Mb	滇南及滇西南丘陵盆地热带季雨林及雨林	非国有林区	边缘热带湿润地区	1	云南西双版纳站（40）	兼容型	二级站	天保工程一期	生物多样性大样地观测　CO₂/水热通量观测　植被物候观测	全国重要生态功能区　生物多样性保护优先区域　全国生态保护脆弱区　天然林保护修复制度方案
37	II（26）Mb	海南岛（包括南海诸岛）平原山地热带季雨林雨林	非国有林区	南亚热带边缘热带湿润地区	3	海南五指山站（41）	兼容型	一级站	天保工程一期	时空格局演变大样带观测　植被物候观测	全国重要生态功能区　生物多样性保护优先区域　全国生态保护优先区域　国家公园保护地　全国重要生态系统保护和修复工程总体规划　天然林保护修复制度方案
						海南尖峰岭站（42）	兼容型	二级站			
						海南霸王岭站（43）	兼容型	二级站			

（续）

编号	编码	地带性森林植被	权属	气候类型	建站数量	天然林保护修复生态效益监测站	站点类别	级别	天保工程实施阶段	专项监测任务	适用国家生态规划
38	II（27）Pb	西南高山峡谷云杉冷杉针叶林	非国有林区	高原亚寒带半湿润地区	—		—	—	天保工程一期	时空格局演变大样带观测 植被物候观测	全国重要性生态功能区 生物多样性保护优先区区域 国家生态屏障区 全国生态脆弱区 天然林保护修复制度方案
39	II（28）Kb	大渡河雅砻江金沙江云杉冷杉林	非国有林区	中亚热带湿润地区	—		—	—	天保工程一期	时空格局演变大样带观测 CO2/水热通量观测 植被物候观测	全国重要性生态功能区 生物多样性保护优先区区域 国家生态屏障区 全国生态脆弱区 天然林保护修复制度方案
40	II（29）Qb	藏东南云杉冷冷杉林	非国有林区	高原温带湿润/半湿润地区	1	西藏林芝站（44）	兼容型	一级站	天保工程一期	时空格局演变大样带观测 植被物候观测	全国重要性生态功能区 生物多样性保护优先区区域 国家生态屏障区 全国生态脆弱区 天然林保护修复制度方案
41	II（32）Eb	内蒙古西部森林草原	非国有林区	中温带干旱地区	2	宁夏贺兰山站（45） 内蒙古大青山站（46）	兼容型 兼容型	二级站 二级站	天保工程一期	时空格局演变大样带观测 植被物候观测	全国重要性生态功能区 生物多样性保护优先区区域 国家生态屏障区 全国重要大型生态系统保护和修复重大工程总体规划 全国生态脆弱区 天然林保护修复制度方案
42	II（30）Ba	呼伦贝尔及内蒙古东南部森林草原	国有林区	中温带半湿润地区	1	内蒙古海拉尔站（47）	兼容型	二级站	天保工程一期	时空格局演变大样带观测 植被物候观测	全国重要性生态功能区 全国重要大型生态系统保护和修复重大工程总体规划 全国生态脆弱区 天然林保护修复制度方案
43	II（33）Eb	阿拉善高原半荒漠	非国有林区	中温带干旱地区	—		—	—	天保工程一期	植被物候观测	全国重要性生态功能区 生物多样性保护优先区区域 国家生态屏障区 全国生态脆弱区 天然林保护修复制度方案

（续）

编号	编码	地带性森林植被	权属	气候类型	建站数量	天然林保护修复生态效益监测站	站点类别	级别	天保工程实施阶段	专项监测任务	适用国家生态规划
44	II（35）Rb	祁连山山地针叶林	非国有林区	高原温带半干旱地区	1	甘肃祁连山站（48）	兼容型	一级站	天保工程一期	CO2/水热通量观测 植被物候观测	全国重要生态功能区 生物多样性保护优先区域 全国生态脆弱区 国家公园保护地 全国重要生态系统保护和修复重大工程总体规划 天然林保护修复制度方案
45	II（36）Ib	天山山地针叶林	非国有林区	暖温带干旱地区	1	新疆西天山站（49）	兼容型	一级站	天保工程一期	植被物候观测	生物多样性保护优先区域 全国生态脆弱区 全国重要生态系统保护和修复重大工程总体规划 天然林保护修复制度方案
46	II（36）Eb	天山山地针叶林	非国有林区	中温带干旱地区	—	—	—	—	天保工程一期	植被物候观测	生物多样性保护优先区域 全国生态脆弱区 国家生态屏障 天然林保护修复制度方案
47	II（36）Ea	天山山地针叶林	国有林区	中温带干旱地区	—	—	—	—	天保工程一期	植被物候观测	生物多样性保护优先区域 全国生态脆弱区 天然林保护修复制度方案
48	II（37）Ea	阿尔泰山山地针叶林	国有林区	中温带干旱地区	—	—	—	—	天保工程一期	植被物候观测	生物多样性保护优先区域 全国生态脆弱区 天然林保护修复制度方案
49	II（38）Ea	准噶尔盆地旱生灌丛半荒漠	国有林区	中温带干旱区	1	新疆卡拉麦里特灌林站（50）	专业型	二级站	天保工程一期	植被物候观测	全国重要生态功能区 全国生态脆弱区 天然林保护修复制度方案

（续）

编号	编码	地带性森林植被	权属	气候类型	建站数量	天然林保护修复生态效益监测站	站点类别	级别	天保工程实施阶段	专项监测任务	适用国家生态规划
50	II（39）Ia	塔里木盆地荒漠及河滩胡杨林及绿洲	国有林区	温带干旱地区	—		—	—	天保工程一期	植被物候观测	生物多样性保护优先区域 全国生态保护脆弱区 天然林保护修复制度方案
51	III（14）Jb	江淮平原丘陵落叶常绿阔叶林及马尾松林	非国有林区	北亚热带湿润区	1	河南宝天曼站（51）	兼容型	一级站	天保工程二期	生物多样性大样地观测 时空格局演变大样带观测 植被物候观测	全国重要生态功能区 生物多样性保护优先区域 国家公园保护地 全国重要生态系统保护和修复重大工程总体规划 天然林保护修复制度方案
52	IV（1）Cb	大兴安岭山地兴安落叶松林	非国有林区	中温带湿润地区	—	—	—	—	天然林保护扩大范围（纳入国家政策）	时空格局演变大样带观测 植被物候观测	全国重要生态功能区 生物多样性保护优先区域 国家生态屏障区 全国生态保护脆弱区 天然林保护修复制度方案
53	IV（2）Cb	小兴安岭山地丘陵阔叶与红松混交林	非国有林区	中温带湿润地区	—	—	—	—	天然林保护扩大范围（纳入国家政策）	植被物候观测	全国重要生态功能区 生物多样性保护优先区域 国家生态屏障区 全国生态保护脆弱区 天然林保护修复制度方案
54	IV（2）Ca	小兴安岭山地丘陵阔叶与红松混交林	国有林区	中温带湿润地区	—	—	—	—	天然林保护扩大范围（纳入国家政策）	时空格局演变大样带观测 植被物候观测	国家生态屏障区 天然林保护修复制度方案
55	IV（4）Bb	松嫩辽平原草原草甸原生林	非国有林区	中温带半湿润地区	—	—	—	—	天然林保护扩大范围（纳入国家政策）	植被物候观测	全国重要生态功能区 生物多样性保护优先区域 国家生态屏障区 全国生态保护脆弱区 天然林保护修复制度方案

（续）

编号	编码	地带性森林植被	权属	气候类型	建站数量	天然林保护修复生态效益监测站	站点类别	级别	天保工程实施阶段	专项监测任务	适用国家生态规划
56	IV (5) Ca	三江平原草甸散生林	非国有林区	中温带湿润地区	2	黑龙江抚远站（52）	兼容型	一级站	天然林保护扩大范围（纳入国家政策）	生物多样性大样地观测 时空格局演变大样带观测 植被物候观测	全国重要生态功能区 生物多样性保护优先区域 国家生态屏障区 全国重要生态系统保护和修复重大工程总体规划 天然林保护修复制度方案
		三江平原草甸散生林	国有林区	中温带湿润地区		辽宁水位山站（53）	兼容型	一级站			
57	IV (5) Cb	三江平原草甸散生林	国有林区	中温带湿润地区	—	—	—	—	天然林保护扩大范围（纳入国家政策）	时空格局演变大样带观测 植被物候观测	全国重要生态功能区 生物多样性保护优先区域 国家生态屏障区 天然林保护修复制度方案
58	IV (9) Gb	华北平原散生落叶阔叶林	非国有林区	温带半湿润地区	—	—	—	—	天然林保护扩大范围（纳入国家政策）	生物多样性大样地观测 时空格局演变大样带观测 CO_2/水热通量观测 植被物候观测	天然林保护修复制度方案
59	IV (6) Fb	辽东半岛山地丘陵松（赤松及油松）栎林	非国有林区	温带湿润地区	2	辽宁白石砬子站（54）	兼容型	二级站	天然林保护扩大范围（纳入国家政策）	生物多样性大样地观测 时空格局演变大样带观测 植被物候观测	天然林保护修复制度方案
						辽宁仙人洞站（55）	兼容型	二级站			

（续）

编号	编码	地带性森林植被	权属	气候类型	建站数量	天然林保护修复生态效益监测站	站点类别	级别	天保工程实施阶段	专项监测任务	适用国家生态规划
60	IV (7) Gb	燕山山地落叶阔叶林及油松侧柏林	非国有林区	温带半湿润地区	5	河北小五台山站（56）	兼容型	二级站	天然林保护扩大范围（纳入国家政策）	时空格局演变大样带观测 植被物候观测	全国重要生态功能区 生物多样性保护优先区域 国家生态屏障区 全国重要生态系统保护和修复重大工程总体规划 天然林保护修复制度方案
						辽宁医巫闾山站（57）	专业型	一级站			
						河北雾灵山站（58）	专业型	一级站			
						北京山区站（59）	专业型	二级站			
						河北秦皇岛站（60）	专业型	二级站			
61	IV (8) Gb	晋冀山地黄土高原落叶阔叶林及松（油松、白皮松）侧柏林	非国有林区	温带半湿润地区	2	山西太行山站（61）	兼容型	二级站	天然林保护扩大范围（纳入国家政策）	时空格局演变大样带观测 植被物候观测	全国重要生态功能区 生物多样性保护优先区域 国家生态屏障区 生物多样性保护优先区域 天然林保护修复制度方案
						河南云台山站（62）	专业型	二级站			
62	IV (14) Jb	江淮平原丘陵落叶阔叶常绿阔叶林及马尾松林	非国有林区	北亚热带湿润地区	2	安徽黄山站（63）	兼容型	二级站	天然林保护扩大范围（纳入国家政策）	时空格局演变大样带观测 CO2/水热通量观测 植被物候观测	生物多样性保护优先区域 全国重要生态系统保护和修复重大工程总体规划 国家生态公园保护地 天然林保护修复制度方案
						河南鸡公山站（64）	兼容型	二级站			

（续）

编号	编码	地带性森林植被	权属	气候类型	建站数量	天然林保护修复生态效益监测站	站点类别	级别	天保工程实施阶段	专项监测任务	适用国家生态规划
63	IV（17）Kb	华中丘陵山地常绿阔叶林及马尾松、杉木、毛竹林	非国有林区	中亚热带湿润地区	1	广西漓江源站（65）	兼容型	一级站	天然林保护扩大范围（纳入国家政策）	时空格局演变大样带观测植被物候观测	全国重要生态功能区生物多样性保护优先区域国家生态屏障区全国生态脆弱区全国重要大工程总体规划复天然林保护修复制度方案
64	IV（18）Kb	华东南丘陵低山常绿阔叶林及马尾松、黄山松（台湾松）毛竹、杉木林	非国有林区	中亚热带湿润地区	6	江西大岗山站（66）	兼容型	一级站	天然林保护扩大范围（纳入国家政策）	生物多样性大样地观测时空格局演变大样带观测CO₂/水热通量观测植被物候观测	全国重要生态功能区生物多样性保护优先区域国家生态屏障区全国生态脆弱区全国重要大工程总体规划复重天然林保护修复制度方案
						浙江古田山站（67）	兼容型	二级站			
						浙江凤阳山站（68）	兼容型	二级站			
						江西庐山站西坡（69）	兼容型	二级站			
						江西武夷山西坡站（70）	专业型	一级站			
						浙江舟山群岛站（71）	专业型	一级站			

（续）

编号	编码	地带性森林植被	权属	气候类型	建站数量	天然林保护修复生态效益监测站	站点类别	级别	天保工程实施阶段	专项监测任务	适用国家生态规划
65	IV (19) Lb	南岭南坡及福建沿海常绿阔叶林及马尾松杉木林	非国有林区	南亚热带湿润地区	4	广东南岭站(72)	兼容型	一级站	天然林保护扩大范围（纳入国家政策）	时空格局演变大样带观测 CO2/水/热通量观测 植被物候观测	全国重要生态功能区 生物多样性保护优先区域 国家生态屏障区 全国生态脆弱区 全国重要生态系统保护和修复重大工程总体规划 天然林保护修复制度方案
						广西大瑶山站(73)	兼容型	二级站			
						广东韩江源站(74)	专业型	一级站			
						广东东江源站(75)	兼容型	二级站			
66	IV (23) Kb	滇东南贵西南黔南落叶常绿叶林及云南常绿阔叶松林	非国有林区	中亚热带湿润地区	—	—	—	—	天然林保护扩大范围（纳入国家政策）	时空格局演变大样带观测 植被物候观测	全国重要生态功能区 生物多样性保护优先区域 国家生态屏障区 全国生态脆弱区 全国重要生态系统保护和修复重大工程总体规划 天然林保护修复制度方案
67	IV (24) Lb	广东沿海平原丘陵山地季风常绿阔叶林及马尾松林	非国有林区	南亚热带湿润地区	2	广西十万大山站(76)	专业型	二级站	天然林保护扩大范围（纳入国家政策）	时空格局演变大样带观测 CO2/水/热通量观测 植被物候观测	全国重要生态功能区 生物多样性保护优先区域 国家生态屏障区 全国生态脆弱区 全国重要生态系统保护和修复重大工程总体规划 天然林保护修复制度方案
						广东鹅凤嶂站(77)	专业型	一级站			
68	IV (30) Db	呼伦贝尔及内蒙古东南部森林草原	非国有林区	中温带半干旱地区	2	内蒙古七老图山站(78)	兼容型	二级站	天然林保护扩大范围（纳入国家政策）	时空格局演变大样带观测 植被物候观测	全国重要生态功能区 生物多样性保护优先区域 国家生态屏障区 全国生态脆弱区 全国重要生态系统保护和修复重大工程总体规划 天然林保护修复制度方案
						内蒙古特金罕山站(79)	兼容型	二级站			

（续）

编号	编码	地带性森林植被	权属	气候类型	建站数量	天然林保护修复生态效益监测站	站点类别	级别	天保工程实施阶段	专项监测任务	适用国家生态规划
69	IV（33）Eb	阿拉善高原半荒漠	非国有林区	中温带干旱地区	—	—	—	—	天然林保护扩大范围（纳入国家政策）	植被物候观测	全国生态脆弱区天然林保护修复制度方案
70	IV（34）Eb	河西走廊半荒漠及绿洲	非国有林区	中温带干旱地区	1	甘肃河西走廊站（80）	兼容型	二级站	天然林保护扩大范围（纳入国家政策）	植被物候观测	全国重要生态功能区生物多样性保护优先区域国家生态屏障区天然林保护修复制度方案
71	IV（36）Ib	天山山地针叶林	非国有林区	暖温带干旱地区	—	—	—	—	天然林保护扩大范围（纳入国家政策）	植被物候观测	天然林保护修复制度方案
72	IV（36）Ea	天山山地针叶林	国有林区	中温带干旱地区	—	—	—	—	天然林保护扩大范围（纳入国家政策）	植被物候观测	生物多样性保护优先区域天然林保护修复制度方案
73	IV（38）Eb	准噶尔盆地草灌丛半荒漠	非国有林区	中温带干旱地区	—	—	—	—	天然林保护扩大范围（纳入国家政策）	植被物候观测	全国生态脆弱区天然林保护修复制度方案
74	IV（39）Nb	塔里木盆地荒漠及河滩胡杨林及绿洲	非国有林区	高原亚寒带干旱地区	—	—	—	—	天然林保护扩大范围（纳入国家政策）	植被物候观测	全国重要生态功能区天然林保护修复制度方案
75	IV（39）Ib	塔里木盆地荒漠及河滩胡杨林及绿洲	非国有林区	温带干旱地区	1	新疆塔里木河胡杨林站（81）	兼容型	一级站	天然林保护扩大范围（纳入国家政策）	植被物候观测	全国重要生态功能区生物多样性保护优先区域全国生态脆弱区天然林保护修复制度方案

编号	编码	地带性森林植被	权属	气候类型	建站数量	天然林保护修复生态效益监测站	站点类别	级别	天保工程实施阶段	专项监测任务	适用国家生态规划
76	V (9) Gb	华北平原散生落叶阔叶林	非国有林区	温带半湿润地区	2	山东泰山站(82)	兼容型	二级站	天然林保护扩大范围（未纳入国家政策）	时空格局演变大样带观测 植被物候观测	生物多样性保护优先区域 天然林保护修复制度方案
77	V (14) Jb	江淮平原丘陵落叶常绿阔叶林及马尾松林	非国有林区	北亚热带湿润地区	—	天津盘山站(83)	专业型	二级站	天然林保护扩大范围（未纳入国家政策）	时空格局演变大样带观测 植被物候观测	天然林保护修复制度方案
78	VI (9) Gb	华北平原散生落叶阔叶林	非国有林区	暖温带半湿润区	1	山东青岛站(84)	兼容型	二级站	非天保工程区	时空格局演变大样带观测 CO_2/水/热通量观测 植被物候观测	生物多样性保护优先区域 天然林保护修复制度方案
79	VI (18) Lb	广东沿海平原丘陵山地季风常绿阔叶林及马尾松林	非国有林区	南亚热带湿润区	—	—	—	—	非天保工程区	生物多样性大样地观测 时空格局演变大样带观测 植被物候观测	全国重要生态功能区 生物多样性保护优先区域 国家生态屏障区 天然林保护修复制度方案
80	VI (19) Lb	台湾山地常绿阔叶林及马尾松木林	非国有林区	南亚热带湿润	—	—	—	—	非天保工程区	时空格局演变大样带观测 植被物候观测	—
81	VI (42) Nb	青藏高原草原草甸及荒漠	非国有林区	寒带半干旱	—	—	—	—	非天保工程区	时空格局演变大样带观测 植被物候观测	全国重要生态功能区 生物多样性保护优先区域 国家生态屏障区 全国生态脆弱区
82	VI (31) Eb	内蒙古东部森林草原	非国有林区	中温带干旱	—	—	—	—	非天保工程区	时空格局演变大样带观测 植被物候观测	全国重要生态功能区 国家生态屏障区 全国生态脆弱区

生态系统服务价值的实现路径

绿水青山就是金山银山。建立生态产品价值实现机制，把看不见、摸不着的生态效益转化为经济效益、社会效益，既是践行绿水青山就是金山银山理念的重要举措，更是完善生态文明制度体系的有益探索。

日前，记者采访了国家林业和草原局典型林业生态工程效益监测评估国家创新联盟首席科学家王兵，他从宏观理论到具体实践，讲述了生态产品价值实现的一些模式与路径，以及生态价值核算的最新进展，全方位展示了生态产品价值实现的重要意义。

早在 2009 年，我国首次公布森林生态系统服务功能的货币价值量，仅固碳释氧、涵养水源、保育土壤、净化大气环境、积累营养物质及生物多样性保护 6 项生态服务功能年价值量就达 10.01 万亿元。2014 年，我国公布第二次全国森林生态系统服务功能年价值量为12.68 万亿元。

王兵介绍，根据第九次全国森林资源清查结果估算，当前我国森林生态系统服务功能年价值量为 15.88 万亿元。在他主编的《中国森林资源及其生态功能四十年监测与评估》一书中显示，近 40 年间，我国森林生态功能显著增强，其中，固碳量、释氧量和吸收污染气体量实现了倍增，其他各项功能增幅也均在 70% 以上。

"我国具备多尺度、多目标森林生态系统服务评估能力，评估标准符合国家标准，数据科学真实。"王兵说。他介绍，科研人员在全国森林生态系统服务评估实践中，以全国历次森林资源清查数据和森林生态连清数据为基础，利用分布式测算方法，开展了全国森林生态系统服务评估；在省域尺度森林生态系统服务评估实践中，以同样的方法和科学的算法，完成了省级行政区、代表性地市、林区等 60 个区域的森林生态系统服务评估。

如安徽省，2014 年全省森林生态系统服务年价值量为 4804.79 亿元，相当于当年全省GDP 的 23.05%。再如内蒙古自治区呼伦贝尔市，2014 年全市森林生态系统服务功能年价值量为 6870.46 亿元，相当于当年全市 GDP 的 4.51 倍。

"核算生态服务功能的价值不是我们的目的，以货币化形式评价森林生态效益、衡量林业生态建设成效，不仅可以提高人们对森林生态效益重要性的认识，提升人们的生态文明意识，更有助于探索森林生态效益精准量化补偿的实现路径、自然资源资产负债表编制的实现路径、绿色碳库功能生态权益交易价值化实现路径等。也就是说，生态产品价值实现的实质就是将生态产品的使用价值转化为交换价值的过程。"王兵说。

　　森林生态效益科学量化补偿是基于人类发展指数的多功能定量化补偿，结合了森林生态系统服务和人类福祉的其他相关关系，并符合不同行政单元财政支付能力的一种给予森林生态系统服务提供者的奖励。以内蒙古大兴安岭林区森林生态系统服务功能评估为例，以此评估数据可以计算得出森林生态效益定量化补偿系数、财政相对能力补偿指数、补偿总量及补偿额度。结果表明：森林生态效益多功能生态效益补偿额度为每年每公顷 232.8 元，为政策性补偿额度的 3 倍，其中，主要优势树种（组）生态效益补偿额度最高的为枫桦，每公顷达 303.53 元。

　　自然资源资产负债表编制工作是政府对资源节约利用和生态环境保护的重要决策。内蒙古自治区已经探索出了编制路径，使国家建立这项制度、科学评价领导干部任期内的生态政绩和问责成为可能。内蒙古为客观反映森林资源资产的变化，编制负债表时创新性地设立了 3 个账户，即一般资产账户、森林资源资产账户和森林生态服务功能账户，还创新了财务管理系统管理森林资源，使资产、负债和所有者权益的恒等关系一目了然，对于在全区乃至全国推行自然资源资产负债表编制具有现实意义。

　　绿色碳库功能生态权益交易是指生产消费关系较为明确的生态系统服务权益、污染排放权益和资源开发权益的产权人和受益人之间，直接通过一定机制实现生态产品价值的模式。以广西壮族自治区森林生态系统服务的"绿色碳汇"功能为例，广西森林生态系统固定二氧化碳量为每年 1.79 亿吨，同期全区工业二氧化碳排放量为 1.55 亿吨。所以，广西工业排放的二氧化碳完全可以被森林所吸收，其生态系统服务转化率达 100%，实现了二氧化碳零排放。同时，广西还可以采用生态权益交易中的污染排放权益模式，将"绿色碳库"功能以碳封存的方式交易，用于企业的碳排放权购买。

　　王兵介绍，生态系统服务价值化实现路径可分为就地实现和迁地实现。就地实现是在生态系统服务产生区域内完成价值化实现，如固碳释氧、净化大气环境等生态功能价值化实现。迁地实现是在生态系统服务产生区域之外完成价值化实现，如大江大河上游森林生态系统涵养水源功能的价值化实现需要在中、下游予以体现。

　　森林生态系统功能所产生的服务作为最普惠的生态产品，实现其价值转化具有重大的战略作用和现实意义。王兵认为，建立健全生态系统服务实现机制，既是贯彻落实习近平生态文明思想、践行绿水青山就是金山银山理念的重要举措，也是坚持生态优先、推动绿色发展、建设生态文明的必然要求。当前，我国的科研工作者还需要开展更为广泛的生态系统服务转化率的研究，将其进一步细化为就地转化和迁地转化。这也是未来生态系统服务价值化实现途径的重要研究方向。

摘自：《中国绿色时报》2020 年 11 月 10 日第 2 版

中国森林生态系统服务评估及其价值化实现路径设计

王兵　牛香　宋庆丰

习近平总书记在《关于〈中共中央关于全面深化改革若干重大问题的决定〉的说明》中提到山水林田湖是一个生命共同体，人的命脉在田，田的命脉在水，水的命脉在山，山的命脉在土，土的命脉在树。由此可以看出，森林高居山水林田湖生命共同体的顶端，在2500年前的《贝叶经》中也把森林放在了人类生存环境的最高位置，即：有林才有水，有水才有田，有田才有粮，有粮才有人。森林生态系统是维护地球生态平衡最主要的一个生态系统，在物质循环、能量流动和信息传递方面起到了至关重要的作用。特别是森林生态系统服务发挥的"绿色水库""绿色碳库""净化环境氧吧库"和"生物多样性基因库"四个生态库功能，为经济社会的健康发展尤其是人类福祉的普惠提升提供了生态产品保障。目前，如何核算森林生态功能与其服务的转化率以及价值化实现，并为其生态产品设计出科学可行的实现路径，正是当今研究的重点和热点。本文将基于大量的森林生态系统服务评估实践，开展价值化实现路径设计研究，为"绿水青山"向"金山银山"转化提供可复制、可推广的范式。

森林生态系统服务评估技术体系

利用森林生态系统连续观测与清查体系（以下简称"森林生态连清体系"，图1），基于以中华人民共和国国家标准为主体的森林生态系统服务监测评估标准体系，获取森林资源数据和森林生态连清数据，再辅以社会公共数据进行多数据源耦合，按照分布式测算方法，开展森林生态系统服务评估。

森林生态连清技术体系

森林生态连清体系是以生态地理区划为单位，以国家现有森林生态站为依托，采用长期定位观测技术和分布式测算方法，定期对同一森林生态系统进行重复的全指标体系观测与清查的技术。它可以配合国家森林资源连续清查（以下简称"森林资源连清"），形成国家森林资源清查综合调查新体系，用以评价一定时期内森林生态系统的质量状况。森林生态连清体系将森林资源清查、生态参数观测调查、指标体系和价值评估方法集于一套框架中，即通过合理布局来制定实现评估区域森林生态系统特征的代表性，又通过标准体系来规范从观测、分析、测算评估等各阶段工作。这一套体系是在耦合森林资源数据、生态连清数据和社会经济价格数据的基础上，在统一规范的框架下完成对森林生态系统服务功能的评估。

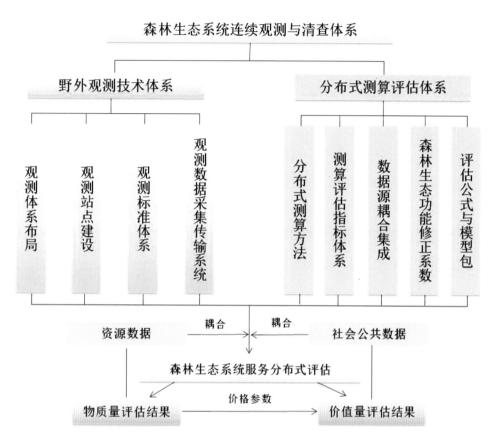

图1　森林生态系统服务连续观测与清查体系框架

评估数据源的耦合集成

第一，森林资源连清数据。依据《森林资源连续清查技术规程》（GB/T 38590—2020），从森林资源自身生长、分布规律和特点出发，结合我国国情、林情和森林资源管理特点，采用抽样调查技术和以"3S"技术为核心的现代信息技术，以省份为控制总体，通过固定样地设置和定期实测的方法，以及国家林业和草原局对不同省份具体时间安排，定期对森林资源调查所涉及到的所有指标进行清查。目前，全国已经开展了9次全国森林资源清查。

第二，森林生态连清数据。依据《森林生态系统定位观测指标体系》（GB/T 35377—2017）和《森林生态系统长期定位观测方法》（GB/T 33027—2016），来自全国森林生态站、辅助观测点和大量固定样地的长期监测数据。森林生态站监测网络布局是以典型抽样为指导思想，以全国水热分布和森林立地情况为布局基础，辅以重点生态功能区和生物多样性优先保护区，选择具有典型性、代表性和层次性明显的区域完成森林生态网络布局。

第三，社会公共数据。社会公共数据来源于我国权威机构所公布的社会公共数据，包括《中国水利年鉴》《中华人民共和国水利部水利建筑工程预算定额》、中国农业信息网(http://www.agri.gov.cn/)、卫生部网站（http://wsb.moh.gov.cn/)、《中华人民共和国环境保护税法》中的《环境保护税税目税额表》。

标准体系

由于森林生态系统长期定位观测涉及不同气候带、不同区域，范围广、类型多、领域多、影响因素复杂，这就要求在构建森林生态系统长期定位观测标准体系时，应综合考虑各方面因素，紧扣林业生产的最新需求和科研进展，既要符合当前森林生态系统长期定位观测研究需求，又具有良好的扩充和发展的弹性。通过长期定位观测研究经验的积累，并借鉴国内外先进的野外观测理念，构建了包括三项国家标准（GB/T 33027—2016、GB/T 35377—2017 和 GB/T 38582—2020）在内的森林生态系统长期定位观测标准体系（图2），涵盖观测站建设、观测指标、观测方法、数据管理、数据应用等方面，确保了各生态站所提供生态观测数据的准确性和可比性，提升了生态观测网络标准化建设和联网观测研究能力。

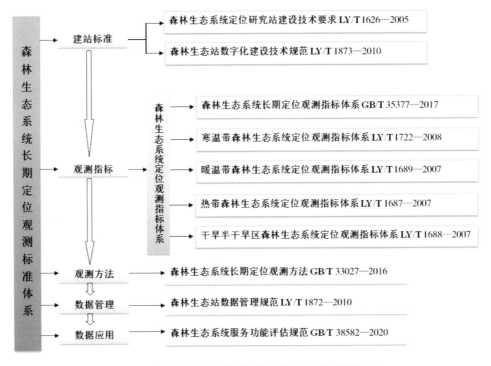

图2　森林生态系统长期定位观测标准体系

分布式测算方法

森林生态系统服务评估是一项非常庞大、复杂的系统工程，很适合划分成多个均质化的生态测算单元开展评估。因此，分布式测算方法是目前评估森林生态系统服务所采用的一种较为科学有效的方法，通过诸多森林生态系统服务功能评估案例也证实了分布式测算方法能够保证结果的准确性及可靠性。

分布式测算方法的具体思路如下：第一，将全国（香港、澳门、台湾除外）按照省级行政区划分为第 1 级测算单元；第二，在每个第 1 级测算单元中按照林分类型划分成第 2 级测算单元；第三，在每个第 2 级测算单元中，再按照起源分为天然林和人工林第 3 级测算单元；第四，在每个第 3 级测算单元中，再按照林龄组划分为幼龄林、中龄林、近熟林、成熟林、过熟林第 4 级测算单元，结合不同立地条件的对比观测，最终确定若干个相对均质化的森林生态连清数据汇总单元。

基于生态系统尺度的定位实测数据，运用遥感反演、模型模拟（如 IBIS—集成生物圈模型）等技术手段，进行由点到面的数据尺度转换。将点上实测数据转换至面上测算数据，即可得到森林生态连清汇总单元的测算数据，将以上均质化的单元数据累加的结果即为汇总结果。

多尺度多目标森林生态系统服务评估实践

全国尺度森林生态系统服务评估实践

在全国尺度上，以全国历次森林资源清查数据和森林生态连清数据（森林生态站、生态效益监测点以及 1 万余个固定样地的长期监测数据）为基础，利用分布式测算方法，开展了全国森林生态系统服务评估。其中，2009 年 11 月 17 日，基于第七次全国森林资源清查数据的森林生态系统服务评估结果公布，全国生态服务功能价值量为 10.01 万亿元 / 年；2014 年 10 月 22 日，原国家林业局和国家统计局联合公布了第二期（第八次森林资源清查数据）全国森林生态系统服务评估总价值量为 12.68 万亿元 / 年；最新一期（第九次森林资源清查）全国森林生态系统服务评估总价值量为 15.88 万亿元 / 年。《中国森林资源及其生态功能四十年监测与评估》研究结果表明：近 40 年间，我国森林生态功能显著增强，其中，固碳量、释氧量和吸收污染气体量实现了倍增，其他各项功能增长幅度也均在 70% 以上。

省域尺度森林生态系统服务评估实践

在全国选择 60 个省级及代表性地市、林区等开展森林生态系统服务评估实践，评估结果以"中国森林生态系统连续观测与清查及绿色核算"系列丛书的形式向社会公布。该丛书包括了我国省级及以下尺度的森林生态连清及价值评估的重要成果，展示了森林生态连清在我国的发展过程及其应用案例，加快了森林生态连清的推广和普及，使人们更加深入地了解了森林生态连清体系在当代生态文明中的重要作用，并把"绿水青山价值多少金山银山"这本账算得清清楚楚。

省级尺度上，如安徽卷研究结果显示，安徽省森林生态系统服务总价值为 4804.79 亿元 / 年，相当于 2012 年安徽省 GDP（20849 亿元）的 23.05%，每公顷森林提供的价值平均为 9.60

万元／年。代表性地市尺度上，如在呼伦贝尔国际绿色发展大会上公布的 2014 年呼伦贝尔市森林生态系统服务功能总价值量为 6870.46 亿元，相当于该市当年 GDP 的 4.51 倍。

林业生态工程监测评估国家报告

基于森林生态连清体系，开展了我国林业重大生态工程生态效益的监测评估工作，包括：退耕还林（草）工程和天然林资源保护工程。退耕还林（草）工程共开展了 5 期监测评估工作，分别针对退耕还林 6 个重点监测省份、长江和黄河流域中上游退耕还林工程、北方沙化土地的退耕还林工程、退耕还林工程全国实施范围、集中连片特困地区退耕还林工程开展了工程生态效益、社会效益和经济效益的耦合评估。针对天然林资源保护工程，分别在东北、内蒙古重点国有林区和黄河流域上中游地区开展了 2 期天然林资源保护工程效益监测评估工作。

森林生态系统服务价值化实现路径设计

生态产品价值实现的实质就是生态产品的使用价值转化为交换价值的过程，张林波等在国内外生态文明建设实践调研的基础上，从生态产品使用价值的交换主体、交换载体、交换机制等角度，归纳形成 8 大类和 22 小类生态产品价值实现的实践模式或路径。结合森林生态系统服务评估实践，我们将 9 项功能类别与 8 大类实现路径建立了功能与服务转化率高低和价值化实现路径可行性的大小关系（图 3）。生态系统服务价值化实现路径可分为就地实现和迁地实现。就地实现为在生态系统服务产生区域内完成价值化实现，例如，固碳释氧、净化大气环境等生态功能价值化实现；迁地实现为在生态系统服务产生区域之外完成价值化实现，例如，大江大河上游森林生态系统涵养水源功能的价值化实现需要在中、下中游予以体现。基于建立的功能与服务转化率高低和价值化实现路径可行性的大小关系，以具体研究案例进行生态系统服务价值化实现路径设计，具体研究内容如下：

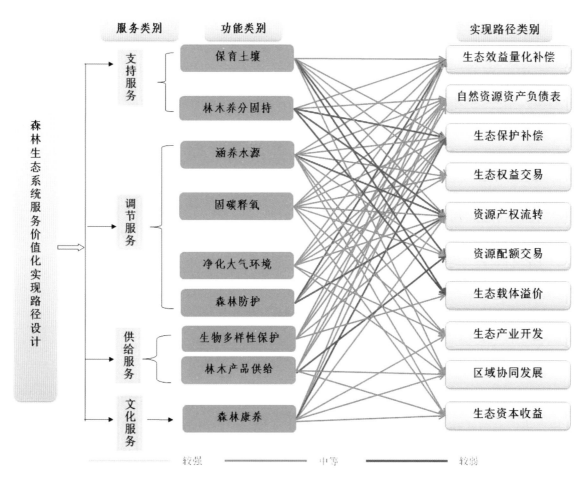

图 3　森林生态系统服务价值化实现路径设计

森林生态效益精准量化补偿实现路径

森林生态效益科学量化补偿是基于人类发展指数的多功能定量化补偿，结合了森林生态系统服务和人类福祉的其他相关关系，并符合不同行政单元财政支付能力的一种对森林生态系统服务提供者给予的奖励。探索开展生态产品价值计量，推动横向生态补偿逐步由单一生态要素向多生态要素转变，丰富生态补偿方式，加快探索"绿水青山就是金山银山"的多种现实转化路径。

例如，内蒙古大兴安岭林区森林生态系统服务功能评估，利用人类发展指数，从森林生态效益多功能定量化补偿方面进行了研究，计算得出森林生态效益定量化补偿系数、财政相对能力补偿指数、补偿总量及补偿额度。结果表明：森林生态效益多功能生态效益补偿额度为 15.52 元 /（亩·年），为政策性补偿额度（平均每年每亩 5 元）的 3 倍。由于不同优势树种（组）的生态系统服务存在差异，在生态效益补偿上也应体现出差别，经计算得出：主要优势树种（组）生态效益补偿分配系数介于 0.07% ~ 46.10%，补偿额度最高的为枫桦 303.53 元 / 公顷，其次为其他硬阔类 299.94 元 / 公顷。

自然资源资产负债表编制实现路径

目前，我国正大力推进的自然资源资产负债表编制工作，这是政府对资源节约利用和生态环境保护的重要决策。根据国内外研究成果，自然资源资产负债表包括 3 个账户，分别为一般资产账户、森林资源资产账户和森林生态系统服务账户。

例如，内蒙古自治区在探索编制负债表的进程中，先行先试，率先突破，探索出了编制森林资源资产负债表的可贵路径，使国家建立这项制度、科学评价领导干部任期内的生态政绩和问责成为了可能。内蒙古自治区为客观反映森林资源资产的变化，编制负债表时以翁牛特旗高家梁乡、桥头镇和亿合公镇 3 个林场为试点创新性地分别设立了 3 个账户，即一般资产账户、森林资源资产账户和森林生态系统服务账户，还创新了财务管理系统管理森林资源，使资产、负债和所有者权益的恒等关系一目了然。3 个林场的自然资源价值量分别为：5.4 亿元、4.9 亿元和 4.3 亿元，其中，3 个试点林场生态服务服务总价值为 11.2 亿元，林地和林木的总价值为 3.4 亿元。

退耕还林工程生态环境保护补偿与生态载体溢价价值化实现路径

退耕还林工程就是从保护生态环境出发，将水土流失严重的耕地，沙化、盐碱化、石漠化严重的耕地以及粮食产量低而不稳的耕地，有计划、有步骤地停止耕种，因地制宜地造林种草，恢复植被。集中连片特困区的退耕还林工程既是生态修复的"主战场"，也是国家扶贫攻坚的"主战场"。退耕还林作为"生态扶贫"的重要内容和林业扶贫"四个精准"举措之一，在全面打赢脱贫攻坚战中承担了重要职责，发挥了重要作用。经评估得出：退耕还林工程在集中连片特困区产生了明显的社会和经济效益。

1. 退耕还林工程生态保护补偿价值化实现路径

生态保护补偿狭义上是指政府或相关组织机构从社会公共利益出发向生产供给公共性生态产品的区域或生态资源产权人支付的生态保护劳动价值或限制发展机会成本的行为，是公共性生态产品最基本、最基础的经济价值实现手段。

退耕还林工程实施以来，退耕农户从政策补助中户均直接收益 9800 多元，占退耕农民人均纯收入的 10%，宁夏一些县级行政区达到了 45% 以上。截至 2017 年年底，集中连片特困地区的 341 个被监测县级行政区共有 1108.31 万个农户家庭参与了退耕还林工程，占这些地方农户总数的 30.54%，农户参与数分别为 1998 年和 2007 年的 369 倍和 2.50 倍，所占比重分别比 1998 年和 2007 年上升了 23.32 个百分点和 14.42 个百分点。黄河流域的六盘山区和吕梁山区属于集中连片特困地区，参与退耕还林工程的农户数分别为 16.69 万户和 31.50 万户，参与率分别为 20.92% 和 38.16%。通过政策性补助的方式，提升了参与农户的收入水平。

2. 退耕还林工程生态产品溢价价值化实现路径

一是以林脱贫的长效机制开始建立。新一轮退耕还林工程不限定生态林和经济林比例，

农户根据自己意愿选择树种，这有利于实现生态建设与产业建设协调发展，生态扶贫和精准扶贫齐头并进，以增绿促增收，奠定了农民以林脱贫的资源基础。据监测结果显示，样本户的退耕林木有六成以上已成林，且90%以上长势良好，三成以上的农户退耕地上有收入。甘肃省康县平洛镇瓦舍村是建档立卡贫困村，2005年通过退耕还林种植530亩核桃，现在每株可挂果8千克，每亩收入可达2000元，贫困户人均增收2200元。

二是实现了绿岗就业。首先，实现了农民以林就业，2017年样本县农民在退耕林地上的林业就业率为8.01%，比2013年增加了2.26个百分点。自2016年开始，中央财政安排20亿元购买生态服务，聘用建档立卡贫困群众为生态护林员。一些地方政府把退耕还林工程与生态护林员政策相结合，通过购买劳务的方式，将一批符合条件的贫困退耕人口转化为生态护林员，并积极开发公益岗位，促进退耕农民就业。

三是培育了地区新的经济增长点。第一，林下经济快速发展。2017年，集中连片特困地区监测县在退耕地上发展的林下种植和林下养殖产值分别达到434.3亿元和690.1亿元，分别比2007年增加了3.37倍和5.36倍。宁夏回族自治区彭阳县借助退耕还林工程建设，大力发展林下生态鸡，探索出"合作社＋农户＋基地"的模式，建立产销一条龙的机制，直接经济收入达到了4000万元。第二，中药材和干鲜果品发展成绩突出。2017年，集中连片特困地区监测县在退耕地上种植的中药材和干鲜果品的产量分别为34.4万吨和225.2万吨，与2007年相比，在退耕地上发展的中药材增长了5.97倍，干鲜果品增长了5.54倍。第三，森林旅游迅猛发展。2017年集中连片特困地区监测县的森林旅游人次达到了4.8亿人次，收入达到了3471亿元，是2007年的4倍、1998年的54倍。

绿色水库功能区域协同发展价值化实现路径

区域协同发展是指公共性生态产品的受益区域与供给区域之间通过经济、社会或科技等方面合作实现生态产品价值的模式，是有效实现重点生态功能区主体功能定位的重要模式，是发挥中国特色社会主义制度优势的发力点。

潮白河发源于河北省承德市丰宁县和张家口市沽源县，经密云水库的泄水分两股进入潮白河系，一股供天津生活用水；一股流入北京市区，是北京重要水源之一。根据《北京市水资源公报（2015）》，北京市2015年对潮白河的截流量为2.21亿立方米，占北京当年用水量（38.2亿立方米）的5.79%。同年，张承地区潮白河流域森林涵养水源的"绿色水库功能"为5.28亿立方米，北京市实际利用潮白河流域森林涵养水源量占其"绿色水库功能"的41.83%。

滦河发源地位于燕山山脉的西北部，向西北流经沽源县，经内蒙古自治区正蓝旗转向东南又进入河北省丰宁县。河流蜿蜒于峡谷之间，至潘家口越长城，经罗家屯龟口峡谷入冀东平原，最终注入渤海。根据《天津市水资源公报（2015）》，2015年，天津市引滦调水量

为 4.51 亿立方米，占天津市当年用水量（23.37 亿立方米）的 19.30%。同年，张承地区滦河流域森林涵养水源的"绿色水库功能"为 25.31 亿立方米／年，则天津市引滦调水量占其滦河流域森林"绿色水库功能"的 17.81%。

作为京津地区的生态屏障，张承地区森林生态系统对京津地区水资源安全起到了非常重要的作用。森林涵养的水源通过潮白河、滦河等河流进入京津地区，缓解了京津地区水资源压力。京津地区作为水资源生态产品的下游受益区，应该在下游受益区建立京津—张承协作共建产业园，这种异地协同发展模式不仅保障了上游水资源生态产品的持续供给，同时为上游地区提供了资金和财政收入，有效地减少了上游地区土地开发强度和人口规模，实现了上游重点生态功能区定位。

净化水质功能资源产权流转价值化实现路径

资源产权流转模式是指具有明确产权的生态资源通过所有权、使用权、经营权、收益权等产权流转实现生态产品价值增值的过程，实现价值的生态产品既可以是公共性生态产品，也可以是经营性生态产品。

在全面停止天然林商业性采伐后，吉林省长白山森工集团面临着巨大的转型压力，但其森林生态系统服务是巨大的，尤其是在净化水质方面，其优质的水资源已经被人们所关注。森工集团天然林年涵养水源量为 48.75 亿立方米／年，这部分水资源大部分会以地表径流的方式流出森林生态系统，其余的以入渗的方式补给了地下水，之后再以泉水的方式涌出地表，成为优质的水资源。农夫山泉在全国有 7 个水源地，其中之一便位于吉林长白山。吉林长白山森工集团有自有的矿泉水品牌——泉阳泉，水源也全部来自于长白山。

根据"农夫山泉吉林长白山有限公司年产 99.88 万吨饮用天然水生产线扩建项目"环评报告（2015 年 12 月），该地扩建之前年生产饮用矿泉水 80.12 万吨，扩建之后将会达到 99.88 万吨／年，按照市场上最为常见的农夫山泉瓶装水（550 毫升）的销售价格（1.5 元），将会产生 27.24 亿元／年的产值。"吉林森工集团泉阳泉饮品有限公司"官方网站数据显示，其年生产饮用矿泉水量为 200 万吨，按照市场上最为常见的泉阳泉瓶装水（600 毫升）的销售价格（1.5 元），年产值将会达到 50.00 亿元。由于这些产品绝大部分是在长白山地区以外实现的价值，则其价值化实现路径属于迁地实现。

农夫山泉和泉阳泉年均灌装矿泉水量为 299.88 万吨，仅占长白山林区多年平均地下水天然补给量的 0.41%，经济效益就达到了 81.79 亿元／年。这种以资源产权流转模式的价值化实现路径，能够进一步推进森林资源的优化管理，也利于生态保护目标的实现。

绿色碳库功能生态权益交易价值化实现路径

森林生态系统是通过植被的光合作用，吸收空气中的二氧化碳，进而开始了一系列生

物学过程，释放氧气的同时，还产生了大量的负氧离子、萜烯类物质和芬多精等，提升了森林空气环境质量。生态权益交易是指生产消费关系较为明确的生态系统服务权益、污染排放权益和资源开发权益的产权人和受益人之间直接通过一定程度的市场化机制实现生态产品价值的模式，是公共性生态产品在满足特定条件成为生态商品后直接通过市场化机制方式实现价值的唯一模式，是相对完善成熟的公共性生态产品直接市场交易机制，相当于传统的环境权益交易和国外生态系统服务付费实践的合集。

森林生态系统通过"绿色碳汇"功能吸收固定空气中的二氧化碳，起到了弹性减排的作用，减轻了工业减排的压力。通过测算可知广西壮族自治区森林生态系统固定二氧化碳量为 1.79 亿吨 / 年，但其同期工业二氧化碳排放量为 1.55 亿吨，所以，广西壮族自治区工业排放的二氧化碳完全可以被森林所吸收，其生态系统服务转化率达到了 100%，实现了二氧化碳零排放，固碳功能价值化实现路径则为完成了就地实现路径，功能与服务转化率达到了 100%。而其他多余的森林碳汇量则为华南地区的周边地区提供了碳汇功能，比如广东省。这样，两省（区）之间就可以实现优势互补。因此，广西壮族自治区森林在华南地区起到了绿色碳库的作用。广西壮族自治区政府可以采用生态权益交易中污染排放权益模式，将森林生态系统"绿色碳库"功能以碳封存的方式放到市场上交易，用于企业的碳排放权购买。利用工业手段捕集二氧化碳过程成本 200 ~ 300 元 / 吨，那么广西壮族自治区森林生态系统"绿色碳库"功能价值量将达到 358 亿 ~ 537 亿元 / 年。

森林康养功能生态产业开发价值化实现路径

生态产业开发是经营性生态产品通过市场机制实现交换价值的模式，是生态资源作为生产要素投入经济生产活动的生态产业化过程，是市场化程度最高的生态产品价值实现方式。生态产业开发的关键是如何认识和发现生态资源的独特经济价值，如何开发经营品牌提高产品的"生态"溢价率和附加值。

"森林康养"就是利用特定森林环境、生态资源及产品，配备相应的养生休闲及医疗、康体服务设施，开展以修身养心、调适机能、延缓衰老为目的的森林游憩、度假、疗养、保健、休闲、养老等活动的统称。

从森林生态系统长期定位研究的视角切入，与生态康养相融合，开展的五大连池森林氧吧监测与生态康养研究，依照景点位置、植被典型性、生态环境质量等因素，将五大连池风景区划分为 5 个一级生态康养功能区划，分别为氧吧—泉水—地磁生态康养功能区、氧吧—泉水生态康养功能区、氧吧—地磁生态康养功能区、氧吧生态康养功能区和生态休闲区，其中氧吧—泉水—地磁生态康养功能区和氧吧—地磁生态康养功能区所占面积较大，占区域总面积的 56.93%，氧吧—泉水—地磁生态康养功能区所包含的药泉、卧虎山、药泉山和格拉球山等景区。

2017年，五大连池风景区接待游客163万人次，接纳国内外康疗和养老人员25万人次，占旅游总人数的15.34%，由于地理位置优势，俄罗斯康疗和养老人员9万人次，占康疗和养老人数的36%。有调查表明，37%的俄罗斯游客有4次以上到五大连池疗养的体验，这些重游的俄罗斯游客不仅自己会多次来到五大连池，还会将五大连池宣传介绍给亲朋好友，带来更多的游客，有75%的俄罗斯游客到五大连池旅游的主要目的是为了医疗养生，可见五大连池吸引俄罗斯游客的还是医疗养生。

五大连池景区管委会应当利用生态产业开发模式，以生态康养功能区划为目标，充分利用氧吧、泉水、地磁等独特资源，大力推进五大连池森林生态康养产业的发展，开发经营品牌提高产品的"生态"溢价率和附加值。

沿海防护林防护功能生态保护补偿价值化实现路径

海岸带地区是全球人口、经济活动和消费活动高度集中的地区，同时也是海洋自然灾害最为频繁的地区。台风、洪水、风暴潮等自然灾害给沿海地区的生命安全和财产安全带来严重的威胁。沿海防护林能通过降低台风风速、削减波浪能和浪高、降低台风过程洪水的水位和流速，从而减少台风灾害，这就是沿海防护林的海岸防护服务。同时，海岸带是实施海洋强国战略的主要区域，也是保护沿海地区生态安全的重要屏障。

经过对秦皇岛市沿海防护林实地调查，其对于降低风对社会经济以及人们生产生活的损害，起到了非常重要的作用。通过评估得出：秦皇岛市沿海防护林面积为1.51万公顷，其沿海防护功能价值量为30.36亿元/年，占总价值量的7.36%。其中，4个国有林场的沿海防护功能价值量为8.43亿元/年，占全市沿海防护功能价值量的27.77%，但是其沿海防护林面积为5019.05公顷，占全市沿海防护林总面积的33.24%。那么，秦皇岛市可以考虑生态保护补偿中纵向补偿的模式，以上级政府财政转移支付为主要方式，对沿海防护林防护功能进行生态保护补偿，使沿海地区免遭或者减轻了风对于区域内生产生活基础设施的破坏，能够维持人们的正常生活秩序。

植被恢复区生态服务生态载体溢价价值化实现路径

以山东省原山林场为例，原山林场建场之初森林覆盖率不足2%，到处是荒山秃岭。但通过开展植树造林、绿化荒山的生态修复工程，原山林场经营面积由1996年的4.06万亩增加到2014年的4.40万亩，活力木蓄积量由8.07万立方米增长到了19.74万立方米，森林覆盖率由82.39%增加到94.4%。目前，原山林场森林生态系统服务总价值量为18948.04万元/年，其中以森林康养功能价值量最大，占总价值量的31.62%，森林康养价值实现路径为就地实现。

原山林场目前尝试了生态载体溢价的生态服务价值化实现路径，即旅游地产业，通过

改善区域生态环境增加生态产品供给能力，带动区域土地房产增值是典型的生态产品直接载体溢价模式。另外，为了文化产业的发展，依托在植被恢复过程中凝聚出来的"原山精神"，已经在原山林场森林康养功能上实现了生态载体溢价。原山林场应结合目前以多种形式开展的"场外造林"活动，提升造林区域生态环境质量，结合自身成功的经营理念，更大限度地实现生态载体溢价的生态服务价值化。

展　望

根据研究结果／案例，在生态系统服务价值化实现路径方面开展更为详细的设计，使生态系统服务价值化实现逐步由理论走向实践。生态系统服务价值化实现的实质就是生态产品的使用价值转化为交换价值的过程。虽然生态产品基础理论尚未成体系，但国内外已经在生态系统服务价值化实现方面开展了丰富多彩的实践活动，形成了一些有特色、可借鉴的实践和模式。森林生态系统功能所产生的服务作为最普惠的生态产品，实现其价值转化具有重大的战略作用和现实意义。因此，建立健全生态系统服务实现机制，既是贯彻落实习近平生态文明思想、践行"绿水青山就是金山银山"理念的重要举措，也是坚持生态优先、推动绿色发展、建设生态文明的必然要求。

生态系统功能是生态系统服务的基础，它独立于人类而存在，生态系统服务则是生态系统功能中有利于人类福祉的部分。对于两者的理论关系认识较早，但迫于技术限制开展的研究相对较少，因此在现有森林生态系统功能与服务转化率研究结果的基础上，开展更为广泛的生态系统服务转化率的研究，进一步细化为就地转化和迁地转化，这也成为未来生态系统服务价值化实现途径的重要研究方向。

摘自：《环境保护》2020 年 14 期

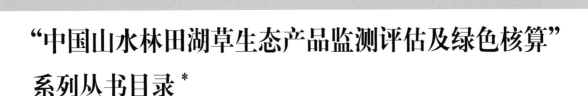

"中国山水林田湖草生态产品监测评估及绿色核算"
系列丛书目录 *

1. 安徽省森林生态连清与生态系统服务研究，出版时间：2016 年 3 月

2. 吉林省森林生态连清与生态系统服务研究，出版时间：2016 年 7 月

3. 黑龙江省森林生态连清与生态系统服务研究，出版时间：2016 年 12 月

4. 上海市森林生态连清体系监测布局与网络建设研究，出版时间：2016 年 12 月

5. 山东省济南市森林与湿地生态系统服务功能研究，出版时间：2017 年 3 月

6. 吉林省白石山林业局森林生态系统服务功能研究，出版时间：2017 年 6 月

7. 宁夏贺兰山国家级自然保护区森林生态系统服务功能评估，出版时间：2017 年 7 月

8. 陕西省森林与湿地生态系统治污减霾功能研究，出版时间：2018 年 1 月

9. 上海市森林生态连清与生态系统服务研究，出版时间：2018 年 3 月

10. 辽宁省生态公益林资源现状及生态系统服务功能研究，出版时间：2018 年 10 月

11. 森林生态学方法论，出版时间：2018 年 12 月

12. 内蒙古呼伦贝尔市森林生态系统服务功能及价值研究，出版时间：2019 年 7 月

13. 山西省森林生态连清与生态系统服务功能研究，出版时间：2019 年 7 月

14. 山西省直国有林森林生态系统服务功能研究，出版时间：2019 年 7 月

15. 内蒙古大兴安岭重点国有林管理局森林与湿地生态系统服务功能研究与价值评估，出版时间：2020 年 4 月

16. 山东省淄博市原山林场森林生态系统服务功能及价值研究，出版时间：2020 年 4 月

17. 广东省林业生态连清体系网络布局与监测实践，出版时间：2020 年 6 月

18. 森林氧吧监测与生态康养研究——以黑河五大连池风景区为例，出版时间：2020 年 7 月

19. 辽宁省森林、湿地、草地生态系统服务功能评估，出版时间：2020 年 7 月

20. 贵州省森林生态连清监测网络构建与生态系统服务功能研究，出版时间：2020 年 12 月

* 本套丛书中 1 ~ 20 种原丛书名为"中国森林生态系统连续观测与清查及绿色核算"系列丛书

21. 云南省林草资源生态连清体系监测布局与建设规划，出版时间：2021 年 8 月

22. 云南省昆明市海口林场森林生态系统服务功能研究，出版时间：2021 年 9 月

23. "互联网 + 生态站"：理论创新与跨界实践，出版时间：2021 年 11 月

24. 东北地区森林生态连清技术理论与实践，出版时间：2021 年 11 月

25. 天然林保护修复生态监测区划和布局研究，出版时间：2022 年 2 月